Berg- und Hüttenmännische Monatshefte
Supplementum I

Feuerfeste Baustoffe in der Eisenhüttenindustrie

Vortragsreihe
veranstaltet vom Technisch-wissenschaftlichen Verein
„Eisenhütte Österreich"
und der
Lehrkanzel für Gesteinshüttenkunde und feuerfeste Baustoffe
der Montanistischen Hochschule Leoben

Leoben, 2. und 3. März 1967

Herausgegeben von

H. Trenkler, Leoben
F. Trojer, Leoben

Mit 184 Textabbildungen

1967

Springer-Verlag / Wien · New York

Library of Congress Catalog Card Number: 67 - 31 358

ISBN 978-3-211-80805-4 ISBN 978-3-7091-7948-2 (eBook)
DOI 10.1007/978-3-7091-7948-2

Titel Nr. 9218

Vorwort

Die Bedeutung der feuerfesten Baustoffe für die Eisenhüttenindustrie, die der größte Abnehmer dieser Baustoffe ist, hat den technisch-wissenschaftlichen Verein „Eisenhütte Österreich“ veranlaßt, in Leoben eine Vortragstagung über Feuerfeste Baustoffe in der Eisenhüttenindustrie zu veranstalten. Ziel dieser Tagung war es, Themen der Grundlagenforschung, Entwicklung und Bewährung der feuerfesten Baustoffe durch hervorragende Fachleute darstellen zu lassen. Erfreulicherweise hat sich für diese Tagung am 2. und 3. März 1967 eine große Zahl von Vortragenden der Industrie und der einschlägigen Hochschulinstitute Deutschlands und Österreichs zur Verfügung gestellt. Erzeugung, Anwendung, Verschleiß, Prüfung, Temperaturmessung wurden ebenso wie die besonderen Probleme der Verwendung von feuerfesten Baustoffen auf der Basis von Magnesit, Dolomit und Schamotte im Ofenbau behandelt. Damit wurde ein repräsentativer Querschnitt durch das Gesamtgebiet der feuerfesten Baustoffe gegeben.

Die Eisenhütte Österreich plant auch für die Zukunft derartige Vortragstagungen, auf denen die Industrie und die Hochschulen des In- und Auslandes über ihre Erzeugnisse und ihre Erkenntnisse berichten sollen. Erleben wir doch gegenwärtig gerade auf dem Gebiet der Feuerfest-Erzeugnisse einen Umbruch, bedingt durch die immer höhere Beanspruchung, der die Feuerfest-Produkte in den Schmelz- und Brennaggregaten ausgesetzt werden, durch den teilweisen, aber immerhin bemerkenswerten Übergang von Steinmauerwerk auf monolithische Bauweisen und nicht zuletzt durch die immer größer werdende Bedeutung der Feuerleichtbaustoffe. Um so nötiger erscheint es, von Zeit zu Zeit durch solche Vortragstagungen einen Überblick über den neuesten Stand der Technik und Wissenschaft zu geben.

Leoben, im Oktober 1967

Technisch-wissenschaftlicher Verein
„Eisenhütte Österreich“
o. Prof. Dr. phil. **F. Trojer**
Vorstand der Lehrkanzel
für Gesteinshüttenkunde und feuerfeste Baustoffe
der Montanistischen Hochschule Leoben

Inhaltsverzeichnis

BEITRÄGE DER ÖSTERREICHISCHEN MAGNESIT-INDUSTRIE ZU FEUERFEST-PROBLEMEN DER STAHLINDUSTRIE IN DEN LETZTEN 5 JAHREN

Von F. TROJER, Leoben

Mit 13 Textabbildungen

Der Verschleiß der feuerfesten Magnesia-Baustoffe in Stahlschmelzaggregaten wird im allgemeinen durch eine Reihe von verschiedenen Vorgängen verursacht, die im einzelnen unterschiedliches Gewicht haben. Diese Vorgänge sind bei gebrannten Steinen:

1. Schädigung der Steine durch ungenügende Dehnungsmöglichkeiten, durch zu starken Temperaturwechsel, bei fehlender Fremdstoffzufuhr durch Degeneration des Steingefüges während der Temperatureinwirkung.

2. Schädigung des Steingefüges durch wiederholten Wechsel zwischen oxydierender und reduzierender Atmosphäre und durch Zuwanderung gasförmiger Fremdstoffe, wie Alkalien, H_2S, SO_2, SO_3 und H_2O.

3. Schädigung des Steingefüges durch Zuwanderung schmelzflüssiger Silikatphasen, ihre Reaktion mit MgO und Rückwanderung in tiefere Steinbereiche durch Thermodiffusion bis zur eutektischen Erstarrung, Verdichtung der feuerseitigen Steinbereiche und Verlust der Temperaturwechselbeständigkeit (TWB). In erschwerenden Fällen kommt dazu bei Ofenabstellungen die Zerrieselung der geschädigten Steinpartien durch Phasenumwandlung des C_2S.

4. Schädigung durch Aufnahme flüssiger Eisenoxyde, dadurch intensive Umlagerungen im Periklasgefüge und vor allem Aufbrechen von Chromit als Folge von Mischkristallbildungen.

5. Schädigung durch Aufnahme von flüssigem Eisen und nachfolgender Oxydation im Steingefüge u. a. m.

Bei chemisch gebundenen Steinen kommt im Temperaturgefälle der Verlust der chemischen Bindung im Temperaturbereich über etwa 700° C hinzu. Erst über 1100° C entsteht allmählich die keramische Bindung. In diesen Bereichen sind die Steine gegen Druck sehr empfindlich und können durch unsachgemäßen Einbau sehr leicht brechen. Kurzum, die Steine können während ihrer Verwendung nicht unverändert bleiben, sie gehen den Weg des Verschleißes.

Es liegt selbstverständlich im Interesse der Erzeuger feuerfester Baustoffe, sich um die Verschleißvorgänge besonders anzunehmen, zumal sich bei Beherrschung einer bestimmten Verschleißerscheinung Qualitätsverbesserungen ergeben. So haben die zwei großen österreichischen Erzeuger basischer-feuerfester Baustoffe, in letzter Zeit auf zwei Erfolge verweisen können, und zwar in Richtung Eliminierung gefährlicher Porenarten, größerer Stabilität des Steingefüges und der Textur während hoher Temperatur- und Fremdstoffbeanspruchung durch Aufbau der Steine aus sogenannten Simultansinter und ferner in Richtung einer Behinderung der Thermodiffusion zugewanderter Silikatschmelzen, gleichsam durch eine Vergütung der Poren mit Hilfe von Graphit in gebrannten Magnesitsteinen, die gegen Dolomitsteine in mancher Beziehung im Vorteil sind. Es versteht sich wohl, daß diese neuen Steinsorten nicht nur für die Stahlindustrie, sondern auch für die Metall-, Glas- und Zementindustrie von Bedeutung sind, zumal dort eine Anzahl der aufgezeigten Verschleißursachen ebenfalls von Bedeutung ist.

Um den Qualitätsfortschritt der feuerfesten Steine aus Simultansinter besser verstehen zu können, ist es zweckmäßig, jene nachteiligen Eigenschaften der Chrommagnesitsteine zu schildern, die sich aus der konventionellen Herstellungsweise ergeben. Die konventionell hergestellten Chrommagnesitsteine bestehen aus Chromerz und Sintermagnesia mit geeigneter mineralogischer und chemischer Zusammensetzung in geeigneten Korn- und Mischungsverhältnissen. Nach dem Steinbrand oder nach der ersten Erhitzung während der Verwendung, ergeben sich dabei immer wieder einige kaum zu beeinflussende Merkmale in den Steineigenschaften. So zeigen derartige Steine ab bestimmten Chromerzgehalten, abhängig natürlich von der Kornfeinheit, während des Steinbrandes bei 1550° bis 1600° C kaum eine Brennschwindung, ja oft sogar ein leichtes Wachstum, welches auf Reaktionsvorgänge zwischen Chromit und Sintermagnesia zurückgeführt werden kann. Dieses Wachstum, bekanntlich ein Teil der Alterung, setzt sich auch bei wiederholtem Steinbrand oder im Laufe der Verwendung stetig fort, wie es Abb. 1, entnommen einer Veröffentlichung von G. MÖRTEL, N. SKALLA, A. WEIDNER und W. ZEDNICEK[1] zeigt. Bei diesem Wachstum spielt unter anderem der Wechsel $Fe^{2+} \rightleftharpoons Fe^{3+}$ durch Oxydation und Dissoziation eine erhebliche Rolle.

Parallel dazu ergibt sich nach Abb. 2 während des Steinbrandes eine typische Texturveränderung. Unmittelbar nach dem Pressvorgang liegen bei konventioneller Herstellung Chromerzkorn, Sintermagnesiakorn und -mehl satt beieinander (siehe linken Teil der Abb.).

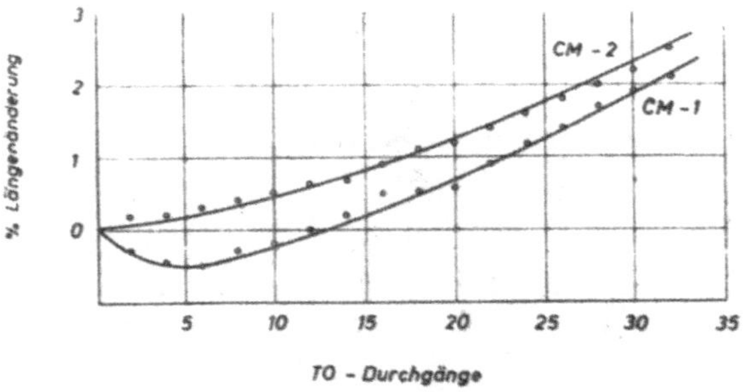

Abb. 1 : Längenänderung von Chrommagnesitsteinen bei mehrmaligem Tunnelofendurchgang

Während des Steinbrandes oder während der ersten Verwendungszeit beginnt aber bei etwa 1300° C das Sintermagnesiamehl zu re- und sammelkristallisieren, bei gleichzeitiger Schwindung. Dabei finden die Periklase an Chromit zuwenig Haftung und weichen porenfüllend nach Abb. 2, rechts, zurück. Offensichtlich spielen hier Unterschiede im Benetzungsverhalten der silikatischen Schmelzphasen zu Periklas bzw. Chromit eine entscheidende Rolle.

Die Schwindung des Magnesiaanteiles wird durch Eisen- und Chromoxyd aus dem Chromit gefördert. Es entstehen also zwei Porenarten: konzentrische um Chromit und völlig ungleichmäßige, jedoch weitgehend zusammenhängende Poren in den Sintermagnesiabereichen. Eine konzentrische Pore um Chromit gibt in natura Abb. 3 wieder.

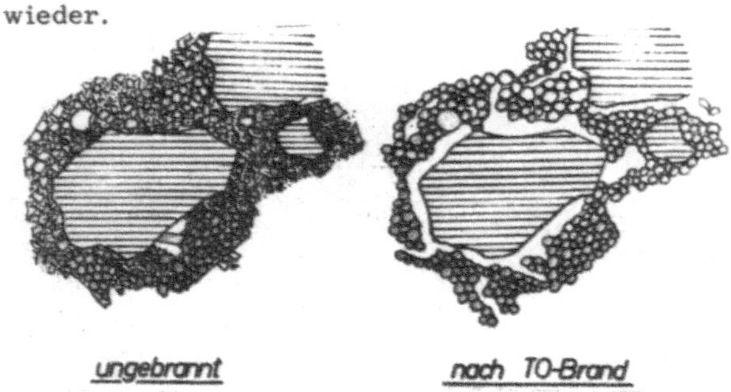

Abb. 2 : Prinzipskizze entsprechend einer 30-fachen Vergrößerung. Quergestreift: Chromit; feinsplittrig oder feinkugelig: Periklas bzw. Sintermagnesia

Während des Steinbrandes und der Verwendung tritt zusätzlich Oxydation des Chromites ein, gemäß $2\ FeCr_2O_4 + 1/2\ O_2 \longrightarrow Fe_2O_3 + 2\ Cr_2O_3$ oder $3\ (Cr_{2/3}Fe_{1/3})_2O_3$.

Von Chromoxyd weiß man, daß es bei höherer Temperatur merklich sublimiert, z. B. im Vakuum bei 1400° C und norm. Atmosphäre zu $2 . 10^{-7}$ g/cm² sec bzw. 0,02 g/cm² 24 h. Bei 1500° C ist die Sublimationsgeschwindigkeit um eine Zehnerpotenz höher[2]. Von Eisenoxyd dürfen wir ähnliches annehmen. Man kann

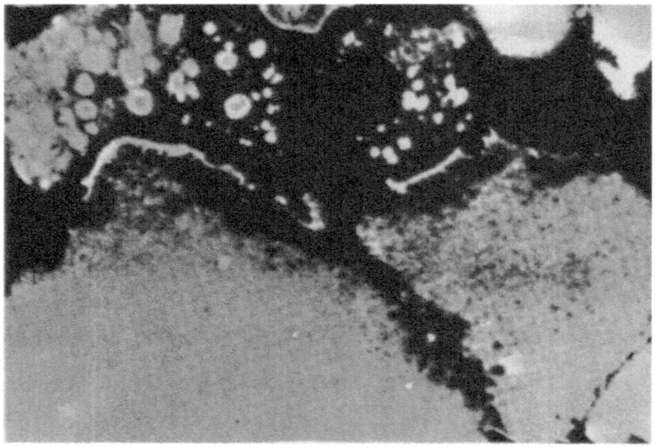

Abb. 5 : "Blockierung von zur Chromitoberfläche diffundierendem Chrom- und Eisenoxyd durch Periklas unter Bildung von hellreflektierenden Spinellphasen. Die Verarmung von Chrom- und Eisenoxyd entlang freier Chromitoberflächen und Klüften ist durch die erhebliche Erniedrigung des Reflexionsvermögens sehr gut zu erkennen. Ölimmersion, Vergr. 1100-fach

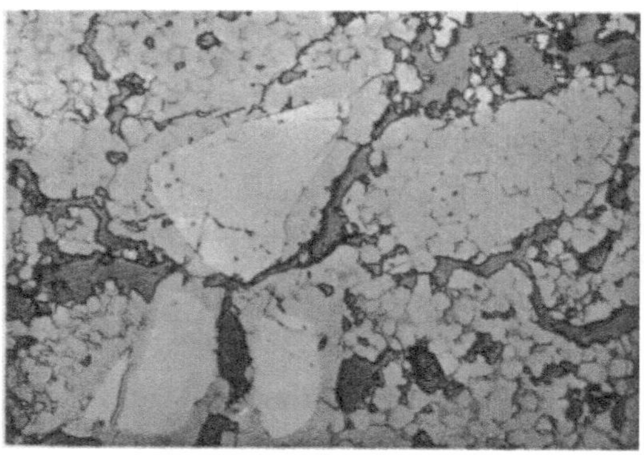

Abb. 6 : Gefüge eines gebrannten Chrommagnesitsteines aus Simultansinter, mit Chromit allseits von Periklas umgeben. Vergr. 120-fach.

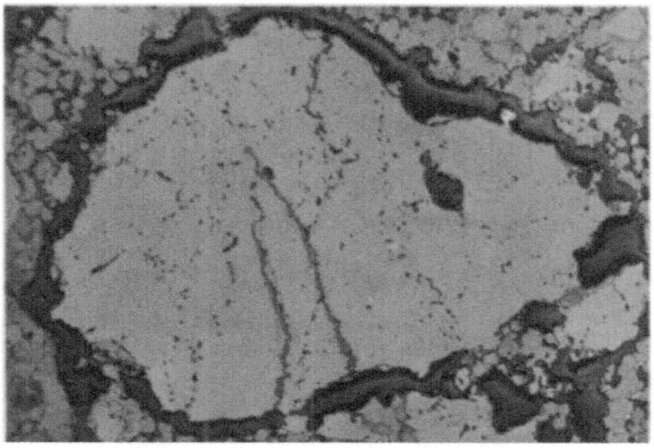

Abb. 3 : Konzentrische Poren um Chromit in einem "konventionellen Stein". (Verg. 60-fach)

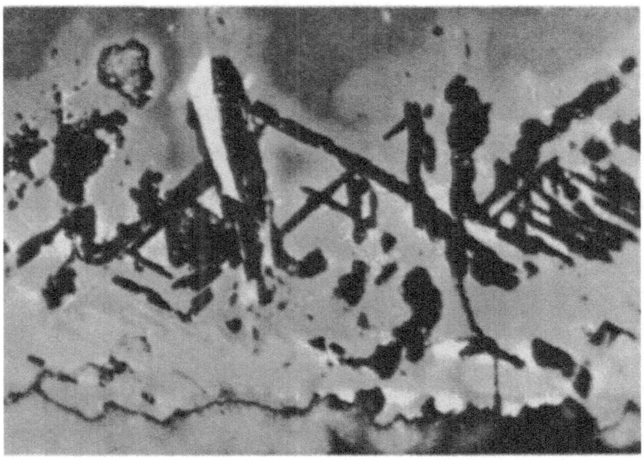

Abb. 4: Durch Eisen- und Chromoxydverdampfung entstandene Negativformen nach $(Cr_{2/3}\ Fe_{1/3})_2O_3$-Entmischung in Chromit. Ölimmersion : Vergr. 1000-fach

nun miskroskopisch feststellen, daß durch Oxydation des Chromites frei gesetzte Chrom- und Eisenoxyde zur Chromitoberfläche diffundieren, von dort zu verdampfen vermögen und mit Auftreffen auf Periklas sich wieder zu den Spinellen $MgFe_2O_4$ bzw. $MgCr_2O_4$ verbinden[3], Abb. 4 und 5. So wandert also Substanz aus nicht schwindfähigem Chromitkorn in bereits weitgehend geschwundene Sintermagnesia. Infolge Zeit- und Temperaturabhängigkeit dieses Vorganges versteht sich, daß mit wiederholtem Brand oder längerer Verwendungsdauer hier eine zweite Wachstumsursache gegeben ist, wenn die einwirkende Temperatur die Schmelzphasengehalte des Steines in gewissen Grenzen hält. Es entstehen zahlreiche Mikrorisse, die nicht restlos verheilen und der Stein verliert an Festigkeit. 1 % lineares Wachstum entspricht etwa 3. 03 Vol. % Porenzunahme.

Dazu kommt des weiteren, daß das SiO_2 in dem verwendeten Chromerz durchwegs als Serpentin, als Sammelbegriff für verschiedene Magnesiasilikathydrate, vorliegt. 1 % SiO_2 als "$Mg_3Si_2O_5(OH)_4$" entsprechen dabei 0, 3 % chemisch gebundenen H_2O. Berücksichtigt man, daß im Chrommagnesitstein mit z. B. 3 % SiO_2 etwa 2 % SiO_2 aus dem Chromerz stammen, dann entspricht dies 0, 02 g H_2O/cm^3 Stein, bzw. unter Berücksichtigung der höheren Dichte des Wassers in der chemischen Bindung (1, 3) etwa 1, 5 % zusätzlichen Porenraum nach dem konventionellen Steinbrand. Diese zusätzliche dritte Porenart wird beim ersten Steinbrand und in der ersten Verwendungszeit durch Schwindung nicht kompensiert.

Mit diesen Darlegungen lassen sich also nicht nur die ungünstigen konzentrischen Poren, sondern auch die immer wieder beobachtete, erhöhte Porigkeit und geringere KDF der Chrommagnesitsteine konventioneller Herstellung erklären. Dies spielt natürlich in stark beanspruchten Ofenteilen eine wesentliche Rolle und ist ohne geeigneten Vergleich mit Steinen gleicher Zusammensetzung, aber ohne diese Texturfehler, nicht so leicht zu überblicken.

Die Österreichisch-Amerikanische Magnesit A. G. hat nun in dieser Beziehung einen entscheidenden Schritt getan und feuerfeste Magnesitchrom- und Chrommagnesitsteine entwickelt, die die obigen Nachteile nicht mehr aufweisen. Betrachtet man in diesen Steinen nun den Verband Chromit-Sintermagnesia, so ergeben sich jetzt die Abbildungen 6 und 7. In Abb. 6 sind die hellreflektierenden Körner Chromit und die weniger hell reflektierenden Sintermagnesia mit polygonal oder kugelförmig begrenzten Periklas-Einzelkristalle. Die Chromitkörner umgeben keine konzentrischen Hohlräume mehr. Die Porigkeit des Steines ist jetzt so, wie wenn der Stein nur aus einer Komponente aufgebaut wäre, nämlich unregelmäßig, verhältnismäßig grob und größtenteils zusammenhängend.

Der Kontakt der Sintermagnesia zu Chromit ist völlig dicht, wie hier in Abb. 6 und als weiteres Beispiel Abb. 7.

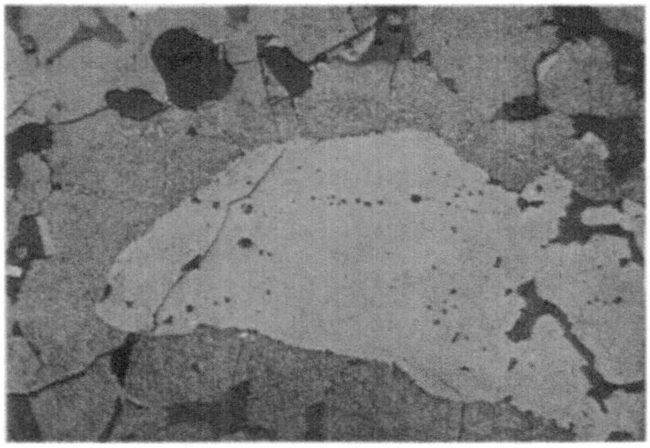

Abb. 7: "direct bond", zwischen Chromit und Periklas in einem Chrommagnesitstein aus Simultansinter; hell: Chromit; grau: Periklas, mit zahllosen Spinellentmischungen. Vergr. 180-fach

Wie kommt diese innige Bindung, die Engländer bezeichnen sie als "direct bond", zustande? Sie ist einmal durch sehr hohen, wesentlich über 1550° C liegenden Steinbrand, aber durch den stationären Brand nicht 100%ig erzielbar. Ganz anders liegen die Verhältnisse, wenn man die direkte Bindung Chromit-Periklas bereits während des Sinterbrandes und zwar im Rotierofen simultan vornimmt. Hierzu bietet sich in geradezu idealer Form feines Magnesitkonzentrat nach einer Flotation an. Im Laufe des Ofendurchganges gelangen die Chromerz-Magnesit-Briketts in die hochtemperierte Sinterzone, in der sich je nach Sintertemperatur in den Briketts, nun sind es Granalien, Schmelzphasengehalte zwischen 10 und 20 Vol. % bilden, die den Simultansinter plastisch knetbar machen. Die Knetbewegung im Materialstrom des Rotierofens, die mit jener in einer Granuliertrommel vergleichbar ist, löscht schon bei reinem Magnesitschotter als Aufgabegut die Karbonatspaltung völlig aus, und reduziert dabei die Porigkeit des Sinters auf das für Rotierofensinter so interessante Ausmaß. Durch die Knetbewegung werden im vorliegenden Falle die Periklaskristalle zu Chromit in den oben erwähnten Kontakt gebracht, der wesentlich vollständiger ist, als wenn die Briketts bei derselben Temperatur etwa in einem Schachtofen gebrannt würden.

Das Resultat ist dabei gleich wie nach einer Hochdrucksinterung. Daß sich hier durch die hohe Brenntemperatur auch große Mengen $MgFe_2O_4$ und $MgCr_2O_4$ im Periklas lösen, ist selbstverständlich. In der Sinterzone allerdings wird durch Dissoziation des Fe_2O_3 FeO vorliegen, welches sich erst während der Abkühlung in $MgFe_2O_4$ umsetzt.

Durch den gemeinsamen Sinterbrand, den Simultanbrand, sind nun zwei wesentliche Porenarten ausgeschaltet:

1. die konzentrischen Poren um Chromit und
2. die Porenräume durch Entweichen des Kristallwassers der Serpentinminerale.

So ist es viel sinnvoller, den schwierigen Hochtemperaturbrand in den Rotierofen zu verlegen. Feuerfeste Steine aus derartigem Simultansinter zeigen gegenüber gleicher Zusammensetzung, jedoch aus Chromerz und Sintermagnesia als Ausgangsstoffe hergestellt, wesentlich bessere Prüfwerte, die im Zusammenhang mit den entsprechenden Haltbarkeiten für die bessere Bewährung der Steine in den Verwendungsöfen weitgehend verantwortlich gemacht werden können. In der nachfolgenden Zahlentafel 1, die ebenfalls der obigen Veröffentlichung[1] entnommen wurde, kommen Magnesitchrom- und Chrommagnesitsteine aus Simultansinter und konventionell hergestellt, sowohl keramisch als auch chemisch gebunden zum Vergleich. Wie die chemischen Analysen zeigen, liegen wirklich saubere Vergleichsmöglichkeiten vor.

Zahlentafel 1. Eigenschaften von Magnesitchrom- und Chrommagnesitsteinen aus Simultansinter und konventionell hergestellt

	Magnesitchrom				Chrommagnesit			
	Sim.°	kon.°	Sim.ˣ	kon.ˣ	Sim.°	kon.°	Sim.ˣ	kon.ˣ
Raumgewicht g/cm^3	3,05	3,01	3,00	3,00	3,13	3,05	3,05	3,05
d	3,74	3,73	3,63	3,61	3,84	3,87	3,67	3,70
Scheinb.-Por.	17,5	18,5	12,5	13,0	17,5	19,0	12,5	12,5
Gesamt.-Por.	18,4	19,3	17,3	16,9	18,5	21,2	16,9	17,5
KDF kg/cm^2	540	290	750	750	600	310	600	650
			490	280			550	260
Torsionsfestigkeit 7 kg/cm, Verdrehungsgeschwindigkeit in °/Std. bei °C								
1100° C	0,01	0,08	---	---	0,02	0,08	---	---
1200° C	0,07	0,13	---	---	0,08	0,24	---	---
1300° C	0,29	0,93	---	---	0,30	0,69	---	---
DBF ta 1700°	1500	1550	1500	1500	1650	1600	1650	1550
DBF tb 1700°	95 %	63 %	70 %	20 %	100 %	60 %	100 %	62 %
Bursting	1	3	2	8	2	4	2	9
SiO_2	3,3	3,4	3,3	3,3	3,4	3,3	3,3	3,1
Fe_2O_3	7,2	7,2	7,1	7,5	9,1	9,6	8,7	8,5
Al_2O_3	5,2	5,4	5,5	5,0	7,9	8,0	7,4	7,9
Cr_2O_3	13,1	13,7	13,2	15,4	21,8	24,6	20,3	24,2
CaO	1,0	1,4	0,9	1,3	0,8	1,0	0,8	1,1

o = gebrannt
x = ungebrannt

Charakteristisch ist in allen Fällen schon einmal die um 1 bis 2 % niedrigere Porigkeit der keramisch gebundenen Steine aus Simultansinter gegenüber den konventionellen Steinen. Sehr beträchtlich sind die Unterschiede in der KDF, woraus wir schließen, daß die konzentrischen Poren um Chromit so wirken, als wären sie leer und nicht mit Chromit besetzt.

Den gleichen Unterschied in umgekehrter Richtung zeigen die Torsionsfestigkeiten. Auch sie sind noch bis 1300° C, abgesehen von zunehmender Kristallplastizität, durchaus Texturwerte, hier ohne Zusammenhang mit dem in allen Fällen gleichen mineralogischen Aufbau. Selbst bei $Al_2O_3 : Cr_2O_3 = 3 : 1$ im Rahmen der möglichen Sesquioxydgehalte, tritt die erste Schmelzphase aus $CaMgSiO_4 + Mg_2SiO_4 + MgO$ + Spinell erst bei 1464°C auf, Abb. 8.

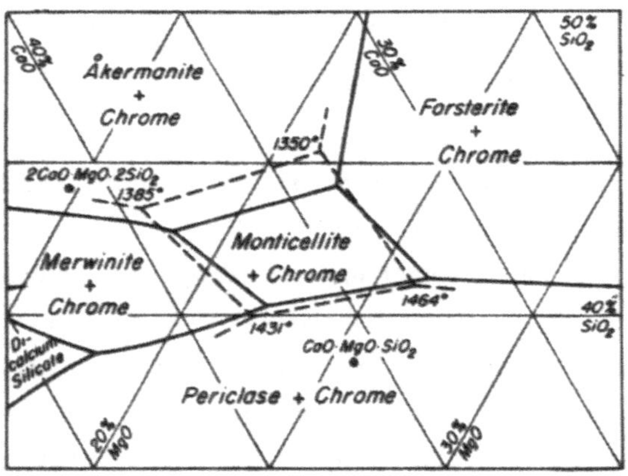

Abb. 8: Teil des Systems CaO-MgO-Al_2O_3-Cr_2O_3-SiO_2 mit 7 % R_2O_3 (75 Mg Al_2O_4, 25 Mg Cr_2O_4). Die ausgezogenen Linien zeigen die Verhältnisse des reinen Systems CaO-MgO-SiO_2.

Der Einfluß von Fe_2O_3 ist genauso gering einzuschätzen und mit Glasgehalten hat man hier keinesfalls zu rechnen. Die DFB verschiebt sich besonders in den t_b-Werten stark zugunsten der Simultansteine.

Daß beim Hochtemperaturbrand im Rotierofen in erster Linie die feinsten Chromitkörner, welche hohes Bursting verursachen, sich in Periklas lösen, ist selbstverständlich. Dementsprechend niedriger liegen auch die Bursting-Werte der Simultansteine gegenüber den konventionell hergestellten.

Unterschiede in der TWB wurden in der obigen Publikation nicht verfolgt und werden bei der sehr guten TWB nicht in Gewicht fallen.

Soweit es physikalisch-chemisch möglich ist, zeigen sich dieselben Unterschiede auch bei den chemisch gebundenen Steinen.

Nicht verleugnen läßt sich der Chromerzgehalt der Steine, gleichgültig wie die Vergangenheit der Herstellung ist, und zwar auch im Verhalten der Simultansteine bei wiederholtem Steinbrand und damit sicher im Verwendungsofen (Abb. 1). Die Simultansteine aus Chrommagnesit schwinden zuerst, wohl zu verstehen durch Rekristallisation und Sammelkristallisation des in den Steinverband einverleibten Feinkornanteiles, bei bereits vorliegender Sättigung der Periklase mit $MgFe_2O_4$ und $MgCr_2O_4$ von Seiten des Rotierofenbrandes und bei Unterbleiben des $(Cr_2O_3 + Fe_2O_3)$-Transportes über die Dampfphase. Sodann beginnt, meßbar nach dem 5. Steinbrand im Tunnelofen genau dasselbe Wachstum, wie bei den konventionell hergestellten Steinen, wieder durch den Wertigkeitswechsel $Fe^{2+} \rightleftharpoons Fe^{3+}$ und durch Mobilisation der Spinellkomponenten. Nach dem 13. TO-Brand ist der Ausgangszustand im Steinvolumen eingeholt. Jedenfalls verbleibt auf lange Zeit gesehen der Stein alterungsbeständig und diese Zeit dürfte für die wesentlich bessere Haltbarkeit der betreffenden Steine in den Verwendungsöfen mitverantwortlich sein.

Beim Einbau der Simultansteine in besonders stark beanspruchte Ofenteile, wie in Düsen-Zonen und im Mündungsbereich von Kupferkonvertern, im Bereich der "metal line" von Kupferraffinerieöfen, in Gewölben und Reaktionsschächten von Autogenschmelzöfen für die Herstellung von Cu- und Ni-Stein und besonders in Oberofenwänden und Gewölben von SM-Öfen ergeben sich gegenüber den konventionell hergestellten Steinen gleicher Ausgangszusammensetzung wesentlich bessere Haltbarkeiten. Das ist nicht allein auf die obigen Unterschiede in den Eigenschaftswerten, sonder auch auf die Sättigung der Periklase mit Spinellkomponenten und dadurch ihre geringere Auflösungsgeschwindigkeit in silikatischen Schmelzphasen durch Schlackenzuwanderung zurückzuführen und die man immer wieder an Chromit beobachten kann, Abb. 9.

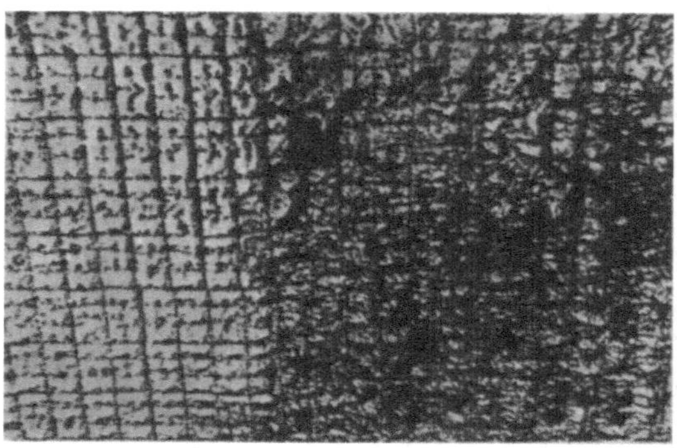

Abb. 9: Magnesitchromsteine, chemisch gebunden, im Gewölbe eines 120 t-SM-ofens, links aus Simultansinter, rechts konventionell hergestellt. Verschleiß in mm je Schmelze: Simultan 0,21 bis 0,28; konventionell 0,38 bis 0,47.

An sich ist zu erwarten, daß die Verschleißart bei den Simultansteinen gleich wie bei den konventionellen ist, nämlich durch Abschälung, nur mit wesentlich geringeren Geschwindigkeiten. Die Gleichläufigkeit der aufgezeigten Prüfwerte mit dem Verhalten in der Praxis ist hier unverkennbar und zeigt, daß man mit ihnen bei vernünftiger Auswahl und Beurteilung, doch Prognosen in bestimmter Richtung stellen kann.

Der zweite wesentliche Erfolg in der Entwicklung basischer-feuerfester Baustoffe, in Sonderheit für die Blasstahlkonverter, gelang der Veitscher-Magnesit-Werke A.G. In mancher Hinsicht sind hierfür von Seiten der Teerdolomitsteine schon einige wichtige Vorarbeiten geleistet worden. Es fehlte aber der Schritt zu gebrannten und teergetauchten Steinen aus geeigneter Sintermagnesia, die bei den hochaggressiven Schmelzbedingungen und meist starken mechanischen Beanspruchungen in den Blasstahlkonvertern gegenüber teergetauchten Dolomitsteinen entschieden im Vorteil wären. Es sei hier auf Veröffentlichungen und zwar von G. BOUVIER, H. BARTHEL, I. PASCAL, E. KALTNER und F. HÖDL Bezug genommen. Bevor jedoch die wesentlichsten Punkte dieser Arbeiten kommentiert werden, sollen die Faktoren, welche im Besonderen die Haltbarkeit der Auskleidung von Blasstahlkonvertern beeinflussen, richtige Zustellung bezüglich thermischer Ausdehnung vorausgesetzt, angeführt werden:

a) Mechanische Beanspruchung durch Schrott und Turbulenz des Konverterinhaltes.

b) Beschränkte Temperaturwechselbeständigkeit der Konverterauskleidung.

c) Die atmosphärischen und metallurgischen Verhältnisse, sie drücken die Oxydphasen des Eisens für längere Zeit auf FeO, welches gefährlicher ist als Fe_2O_3.

d) Die Schlacken enthalten verfahrensbedingt erhebliche Anteile an CaO + SiO_2, mit bei Blasbeginn jedenfalls in gefährlichen Verhältnissen, wie es die folgende Zahlentafel 2 zeigt.

Zahlentafel 2. Analysen von LD-Schlacken nach G. TRÖMEL, Gew.-%
Blaszeit

Zahlentafel 2. Analysen von LD-Schlacken nach G. TRÖMEL, Gew.-%

Blaszeit min	SiO_2	FeO	MnO	CaO	MgO	P_2O_5
10	25-30	8-15	20-25	23-36	2-3	2-3
20	18-24	12-25	14-18	34-38	2-3	4
30	8-12	25-35	7-10	43-45	2	2-3

Analysen von LDAC-Schlacken nach KOZAKEVITSCH

Blasperiode	SiO	FeO	MnO	CaO	P_2O_5
1.	6-9	4-9	1-5	49-60	21-25
2.	4-6	12-25	2-6	45-58	13-19
Endschlacke	3-4	25-33	2-4	43-57	9-13

Es dürfte heute als gesichert gelten, daß Magnesitsteine gegenüber FeO-reichen Schlacken widerstandsfähiger sind, als Dolomitsteine[7], vor allem bedingt durch die ansteifende Wirkung der Mischkristallbildung zwischen FeO und MgO, während das freie CaO des Dolomitsteines mit FeO ungünstigerweise ein Mischkristall-minimum bei 1100°C bildet. Weniger aggressiv ist Fe_2O_3, da das betreffende Eutektikum mit CaO höher, bei 1449°C liegt. Aber auch hier bei Fe_2O_3 liegen die Verhältnisse für Magnesit ungleich günstiger.

Teerbindung oder Teertränkung verbessert das Verhalten der dolomitischen Baustoffe, unter gleichen Voraussetzungen bleiben jedoch die Unterschiede zu Sintermagnesia bestehen. Bei reinen Magnesiabaustoffen wird der Vorteil des MgO jedoch durch die silikatischen Anteile der Konverterschlacke, vor allem durch SiO_2 + CaO in Verhältnissen < 1, 87 wieder zunichte gemacht, denn die silikatischen Bestandteile wandern durch Thermodiffusion in größere Steintiefen bis zur eutektischen Erstarrungstemperatur und degenerieren dabei die Steinbereiche in ihrer Textur zu geringerer TWB. Die Stärke der Degeneration beträgt je nach dem Temperaturgefälle 20 bis 50 mm.

Es gelingt aber diese Einwanderung silikatischer Schmelzphasen auch bei gebrannten Magnesitsteinen gleich wie bei gebrannten Dolomitsteinen durch möglichst ausgiebige Teerfüllung der Steinporen zu behindern.

Während des Aufheizens im Konverter verkraken in den Poren der geschmolzene Teer und seine Destillate unter Bildung von Graphitpaketen und auch reichlichem feinlamellaren Graphit, der sich an den Porenwandungen anlegt, Abb. 10. Nun besitzen silikatische Schmelzphasen zu Graphit einen größeren Benetzungswinkel als gegen Periklas. Es ergeben sich dabei die Verhältnisse etwa nach Abb. 11, die obiger Literatur entnommen wurde.
Danach behindern auch schon einzelne Graphitpakete die Einwanderung von silikatischen Schmelzen. Um auf diese Vorgänge näher eingehen zu können, wären Messungen von Randwinkeln der betreffenden Silikatphasen zu den verschiedenen Mineralkomponenten der Magnesitsteine und Graphit sehr nützlich.

Dieser Erscheinung kommt ein Umstand noch sehr zu Hilfe, und zwar die Tatsache, daß FeO, MnO und Fe_2O_3 bei CaO: SiO_2 - Verhältnissen unter 1, 87 im

Stein feuerseitig durch feste Lösung in Periklas weitgehend zurückgehalten werden.

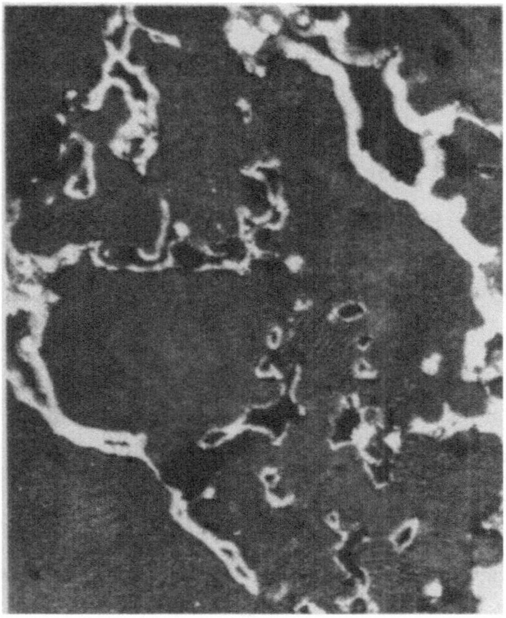

Abb. 10: Graphitauskleidung der Steinporen 280-fach

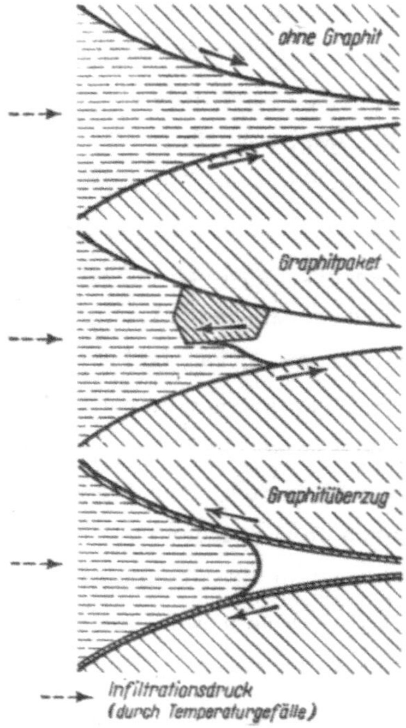

Abb. 11: Benetzung von Periklas und Graphit durch Silikatschmelzen, schematisch

Wie nun die Einwanderung der Bestandteile der Konverterschlacken in teergetränk-Magnesitsteine vor sich geht, ist der Abb. 12 zu entnehmen. Die feuerseitig angebotenen Fe- und Mn-Oxyde dringen etwa 2 mm tief bis zum Graphit des getränkten Magnesitsteines vor.

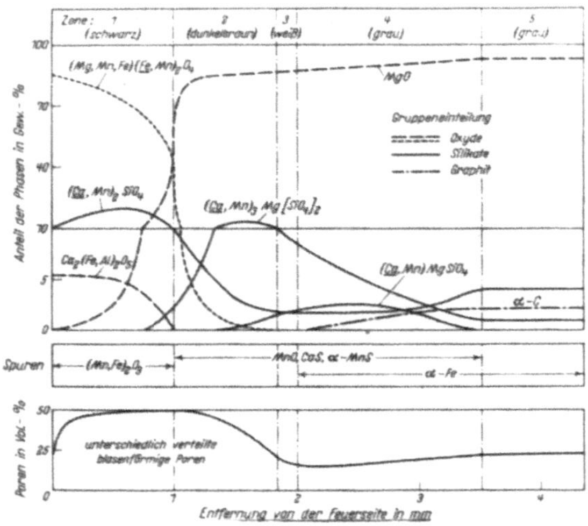

Abb. 12: Anteil der Phasen und Poren in kohlenstoffhaltigen, gebrannten Magnesitsteinen in Abhängigkeit vom Abstand von der Feuerseite. Einwanderung der Fremdstoffe.

Die Reduktion dieser Oxydphasen zu Metallphasen durch Graphit, bedeutet absoluten Stillstand in der Bildung von festen Lösungen in Periklas. Die angebotenen Eisen- und Mangan-Oxyde - am reichlichsten gegen Ende der Blaszeit - bilden mit MgO während der Blasezeit hauptsächlich sogenannte Magnesia-Wüstite, etwa (Mg, Fe, Mn)O, die während und nach dem Entleeren des Konverters durch Zutritt von Luftsauerstoff unter Verbrauch von MgO zu Spinell oxydieren. Natürlich kann dieses Diagramm in bezug auf die Kurve für die Spinellphasen nur so aussehen, weil das betreffende Steinstück erst nach dem Erkalten des Konverters entnommen werden konnte. Durch die Zuwanderung verschiedener Silikatphasen, wie Ca_2SiO_4, $Ca_3MgSi_2O_8$ und $CaMgSiO_4$ tritt weitere Verdünnung des MgO ein. Die Einwanderung dieser Silikate reicht natürlich nicht soweit, wie die Erstarrungstemperaturen der entsprechenden Eutektika und Peritektika des Systems CaO-MgO-SiO_2 es gestatten würden. Die Einwanderung wird darüberhinaus auch durch die Veränderlichkeit der Zusammensetzung der Konverterschlacken von Blasbeginn bis zum Blasende entsprechend beeinflußt. So stammt der Anteil an $Ca_2Fe_2O_5$ vom Blasende und wird zu Beginn der neuen Charge sofort wieder abgebaut, teils durch Erosion, teils durch die niedrige Basizität der Anfangsschlacke.

Beachtlich ist die geringe Eindringtiefe der silikatischen Schlackenbestandteile, nämlich nur bis maximal 4 mm. Die sich daraus ergebende geringere Stärke der verdichteten Zone behindert die Abschälung, da kleinere Einheiten größere TWB besitzen, sodaß die feuerseitige Abtragung hauptsächlich durch Erosion der dünnen erweichten Feuerseite vor sich geht.

Es ist möglich, daß die Teertränkung noch in anderer Weise vorteilhaft wirkt, doch man muß hier wohl diesen markanten Unterschied dafür in erster Linie in Betracht ziehen.

Die Feuerseite der Steine ist im erkalteten Zustand stets aufgebläht, nach allgemeiner Ansicht durch Abbrand des Kohlenstoffes aus dem Steininnern.

In reine Magnesitsteine ohne Teertränkung dringen Fremdstoffe wesentlich tiefer ein, die Schwermetalloxyde über Gitterdiffusion bis $>$ 10 mm, die silikatischen Schmelzphasen über Kapillarwanderung bis 4o mm u. m..

Dies bedingt starke Texturverdichtungen, die bei und nach dem Entleeren des Konverters abplatzen. Dadurch kann die hohe Feuerfestigkeit und das günstigere Verhalten des MgO gegenüber den Eisenoxyden nicht ausgenützt werden. Abb. 13 veranschaulicht vergleichsweise die Unterschiede. Immer wieder beobachtet man auch bei teerfreien Magnesitsteinen sehr poröse Feuerseiten, sodaß man den Abbrand des Graphites aus teergetränkten Steinen dafür nicht allein als Ursache ansehen kann; vielmehr muß man hier auch die Mitwirkung des Kohlenstoffes aus dem Roheisen und der in den einwandernden Schmelzphasen gelösten Anteile von CO bzw. CO_2 annehmen.

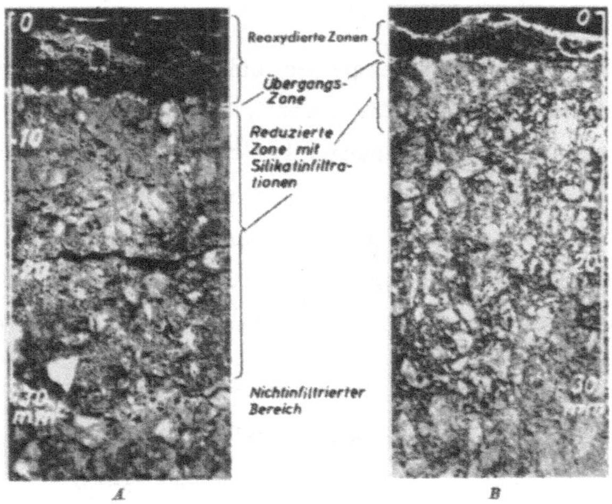

Abb. 13: Verschleißbild eines ungetränkten (A) und eines mit einem flüssigen Kohlenstoffträger getränkten (B) gebrannten Magnesitsteines

Nach den Angaben der obigen Literatur kommen die vorteilhaften Eigenschaften der teergetränkten, gebrannten Magnesitsteine in erster Linie bei strengeren Verschleißbedingungen zum Vorschein. Dort wird der höhere Preis dieser Steine auch weniger ins Gewicht fallen. Die Steine entsprechen in ihrem Aufbau natürlich allen erfüllbaren Anforderungen hinsichtlich der chemischen Zusammensetzung, des Phasen- und Körnungsaufbaues, der Brenntemperatur udgl.. Dies kann man nicht nur dem kalten Steinende der Abb. 12 mit 4 % Ca_2SiO_4 und 1% $Ca_3MgSi_2O_8$ sondern auch dem Erzeugungsprogramm der Veitscher-Magnesit-Werke A. G. wie folgt entnehmen (Zahlentafel 3):

Zahlentafel 3: Richtwerte für maschinengepreßte gebrannte Steine

		Anker-T 15	Anker T-25	Anker-T 45	
MgO		94-96	93-94	90-92	%
Raumgewicht		3,05-3,15	3,05-3,15	3,05-3,15	kg/dm^3
Kaltdruckfestigkeit		200-600	200-600	400-600	kg/cm^2
Druckfeuerbeständigkeit (DIN 51064, 2 kp/cm^2)		$t_a > 1750$	$t_a > 1750$	$t_a > 1750$	°C
		$t_b > 1750$	$t_b > 1750$	$t_b > 1750$	°C
Temperaturwechselbeständigkeit		mittel	mittel	gering	
Wärmeleitzahl	bei 500°C	3,0-4,0	3,0-4,0	3,5-4,5	WE/mh°C
	bei 1000°C	2,5-3,0	2,5-3,0	2,5-3,5	WE/mh°C
Lineare	bei 1000°C	1,3	1,3	1,3	%
Wärmedehnung	bei 1400°C	2,0	2,0	2,0	%

Wie zu ersehen, stehen mit diesen Steinen und den vorher besprochenen Steinsorten aus Simultansinter der Eisenhüttenindustrie ausgezeichnete feuerfeste Baustoffe zur Verfügung.

Zusammenfassung

In den letzten 5 Jahren haben die zwei großen österreichischen Feuerfest-Firmen zwei Steinsorten herausgebracht, die wesentliche Verbesserungen im Verschleißverhalten aufweisen. Die Verbesserungen beziehen sich auf Eliminierung gefährlicher Porenarten in Chrommagnesitsteinen durch Verwendung von Sinter, erbrannt aus Chromit und Magnesit und ferner auf Behinderung der Einwanderung von von Schmelzphasen durch Vergütung der Steinporen gebrannter Magnesitsteine durch Graphit, welcher gegenüber silikatischen Schmelzphasen geringere Benetzbarkeit aufweist.

Literaturverzeichnis

1 MÖRTL G., N. SKALLA, A. WEIDNER u. W. ZEDNICEK: Radex-Rundschau, 1965, H. 4, S. 576-589

2 KE-CHIN WANG, L. H. DREGER, V. V. DADAPE u. J. L. MAGRAVE: Journ. Amer. Ceram. Soc., 1960, Vol. 43, Nr. 10, S. 509/10

3 TROJER, F.: Radex-Rundschau, 1958, H. 3/4, S. 123-130

4 UdSSR-Pat. 104029 A. P. Panarin, Bull. f. Erf. 8 (1956) A. P. Panarin, Ognenpory 23, (1958) S. 517
A. J. Hayhurst-Lanning, Trans. Brit. Cer. Soc. 62, (1963) S. 989
A. J. Hayhurst-Lanning, Trans. Brit. Cer. Soc. 63 (1964) S. 135

5 BERRY, T. F., W. C. ALLEN u. R. B. SNOW: Journ. Amer. Cer. Soc. 33, (4), (1959) S. 126

6 BOUVIER, G: Abhandlungen d. IX. Int. Keram. Kongr. Brüssel, 1964, S. 295/305
BARTHEL, H. u. I. PASCAL: Ber. Deutsch. Keram. Gesellsch. 40, 1963, H. G. S. 373/384
BARTHEL, H.: Stahl und Eisen 86 (1966), S. 81/88
KALTNER, E. u. F. HÖDL, Berg- u. Hüttenmänn. Mh. 108 (1963), H. 7, S. 274-281

7 KIENOW, S.: Abhandlungen 3. Int. Congr. PRE Berling 1965, S. 39/47

o. Professor Dr. phil. Felix Trojer
Institut für Gesteinshüttenkunde und feuerfeste Baustoffe
Montanistische Hochschule
8700 Leoben

DER EINFLUSS DER SINTERMAGNESITQUALITÄT AUF DIE EIGENSCHAFTEN VON FEUERFESTEN BASISCHEN STEINEN

Von G. BOUVIER, Leoben

Mitteilung aus dem Forschungsinstitut der
Veitscher Magnesitwerke Actien-Gesellschaft, Leoben

Mit 11 Textabbildungen

Wer sich mit Erzeugung und Untersuchung feuerfester Produkte befaßt, wird an der Tatsache nicht vorbeigehen können, daß die Eigenschaften des Fertigproduktes ganz ausserordentlich von der Qualität der verwendeten Roh- und Zwischenprodukte bestimmt werden. Diese Feststellung gilt sowohl für lose als auch für geformte Produkte, deren Eigenschaften vom Chemismus und der Gefügeausbildung des verwendeten Sintermagnesits und des verwendeten Chromerzes getragen werden.

Hier soll nur die Qualität des Sintermagnesits interessieren, der im Normalfall bei Temperaturen erbrannt wird, die weit unter dem Schmelzpunkt der Hauptkomponente Periklas liegen und dessen Eigenschaften bereits zum Großteil im Rohmagnesit vorgebildet sind. Erst wenn Brenntemperaturen nahe an oder über dem Schmelzpunkt der Hauptkomponente zur Anwendung kommen, wird das Gefüge des Endproduktes nicht mehr von der Vorgeschichte, sondern nur mehr vom Chemismus und den Abkühlungsbedingungen beeinflußt sein.

Zur Beurteilung von Sintermagnesiten stehen vier wichtige Kennwerte zur Verfügung :

1. die chemische Analyse
2. die Phasenzusammensetzung und -verteilung
3. die Dichte des Sinterkornes und
4. die mittlere Kristallgröße des Hauptbestandteiles Periklas.

Wenn die Brenntemperatur des Magnesits so hoch ist, daß ein Phasenausgleich während des Brandes erfolgen kann, dann läßt sich überschlägig aus der chemischen Analyse die Phasenzusammensetzung errechnen.

C:S	Hauptphase	Nebenphasen		
0 – 1	M Periklas 2800 °C	M_2S Forsterit 1890 °C	CMS Monticellit ~1500 °C	M(F,A) Magnesiaferrit >1750 °C
1 – 1,5	M Periklas 2800 °C	CMS Monticellit ~1500 °C	C_3MS_2 Merwinit 1580 °C	M(F,A) Magnesiaferrit >1750 °C
1,5 – 2	M Periklas 2800 °C	C_3MS_2 Merwinit 1580 °C	C_2S Dicalciumsilikat 2130 °C	M(F,A) Magnesiaferrit >1750 °C
>2 F-reich	M Periklas 2800 °C	C_2S Dicalciumsilikat 2130 °C	$C_2(F,A)$ Dicalciumferrit 1435 °C	MF Magnesiaferrit >1750 °C
>2 C-reich	M Periklas 2800 °C	C_2S Dicalciumsilikat 2130 °C	$C_2(F,A)$ Dicalciumferrit 1435 °C	C freier Kalk 2570 °C

Zeichenerklärung: M ... MgO, C ... CaO, S ... SiO_2, F ... Fe_2O_3, A ... Al_2O_3

Abb. 1: Phasenzusammensetzung der wichtigsten Sintermagnesitqualitäten aufgrund der chemischen Analyse

In Abb. 1 ist eine Typisierung von Sintermagnesiten nach der Phasenzusammensetzung erstellt worden, wobei als charakteristisches Merkmal das Kalk/Kieselsäureverhältnis - wie das allgemein üblich ist - zur Anwendung kam. Durch dieses Verhältnis wird der Nebenphasenbestand bestimmt. Dabei ist selbstverständlich nicht nur die Qualität, sondern auch die Quantität der auftretenden Nebenphasen für die Güte des Sintermagnesits und auch für die Gefügeausbildung bestimmend.

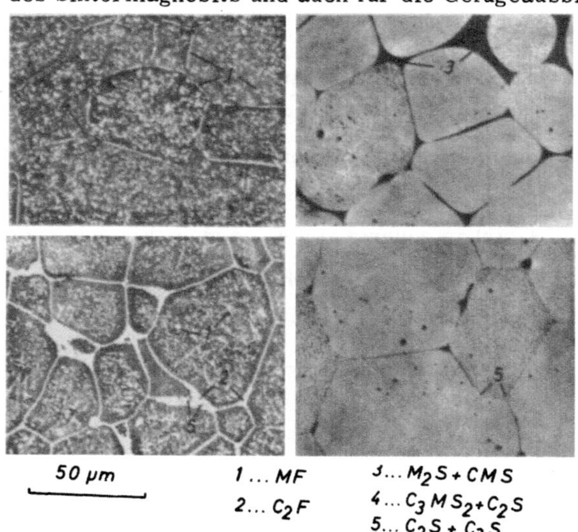

Abb. 2: Charakteristische Gefügebilder verschiedener Sintermagnesite

In Abb. 2 sind einige charakteristische Mikrobilder aus Anschliffuntersuchungen zusammengestellt, aus denen der Großteil der in der vorangegangenen Tabelle angeführten Nebenphasen zu ersehen ist. In jenen Fällen, in denen bei eisenreichen Magnesiten Magnesiaferrit als inter- bzw. intrakristalline Ausscheidungen der Periklaskristalle vorliegt, muß in Betracht gezogen werden, daß diese

Ausscheidungen nur bis etwa 1200° C in Luft existent sind. Bei Sinter- oder Betriebstemperaturen ist an Stelle von Periklas und Magnesiaferrit nur eine Phase, nämlich Magnesiawüstit, vorhanden[1, 2]

Die Dichte und die Periklaskristallgröße der Sintermagnesite sind deshalb von so großer Wichtigkeit, weil sie das praktische Verhalten der daraus hergestellten Produkte im Betrieb weitgehend beeinflussen. In den allermeisten Fällen des praktischen Einsatzes werden die Steine an ihrer Feuerseite vorerst durch Infiltrations-, Diffusions- und Lösungsvorgänge verändert. Erst durch diese Veränderungen treten im Verlauf der weiteren Ofenreise Spannungen und Lockerungen auf, so daß andere Kräfte, wie Erosion, Temperaturwechsel usw., einen Materialverlust der feuerseitigen Bereiche hervorrufen können.

Die Dichte bzw. die Porenausbildung des Sintermagnesits werden durch das Rohmaterial und auch durch das Herstellungsverfahren beeinflußt. So zeigen grobkristalline eisenreiche Rohmagnesite nach dem Brand sogenannte Karbonatspalten, das sind Reste der Spaltflächen des Karbonats, die während des Brandes zum Abtransport des freiwerdenden Kohlendioxids dienen und die trotz der hohen Brenntemperatur von 1750° C nur unvollständig ausheilen. Wird der Rohmagnesit vor dem Brand einer flotativen Aufbereitung unterworfen, so werden den Brennöfen Briketts aus feingekörntem Rohmagnesit aufgegeben, deren Korngröße so klein ist, daß solche Karbonatspaltenreste nicht mehr entstehen können. Der Porenraum zeigt dann mehr rundliche, teilweise verästelte Poren, die sich je nach Brikettierverfahren in der Größenordnung zwischen 3 bis 12 % offenen Porenvolumens bewegen.

Die Periklaskristallgröße selbst ist wenig von der Verdichtung des Materials, jedoch ausserordentlich stark von der Höhe der Brenntemperatur und der Haltedauer der Maximaltemperatur abhängig.

Die folgende Abb. 3 soll auf einen Umstand hinweisen, welcher in früheren Veröffentlichungen der Veitscher Magnesitwerke bereits erwähnt wurde[3], nämlich daß sich das Brennverhalten grobkristalliner eisenreicher Magnesite sehr deutlich von jenem feinkristalliner eisenarmer Rohstoffe unterscheidet. Im Diagramm wurden zwei grobkristalline eisenreiche (II und III) und ein feinkristalliner eisenarmer (I) Rohmagnesit mittels Differentialthermoanalyse und Thermogravimetrie untersucht. Hierbei zeigt sich deutlich, daß das Zersetzungsintervall bei eisenreichen grobkristallinen Magnesiten um 70 bzw. 95° C größer ist, als das eisenarmer Rohstoffe. Dieser durch die Kristallgröße verständliche Umstand bewirkt jedoch, daß bei feinkristallinen Magnesiten leichter und bei niedrigeren Tempera-

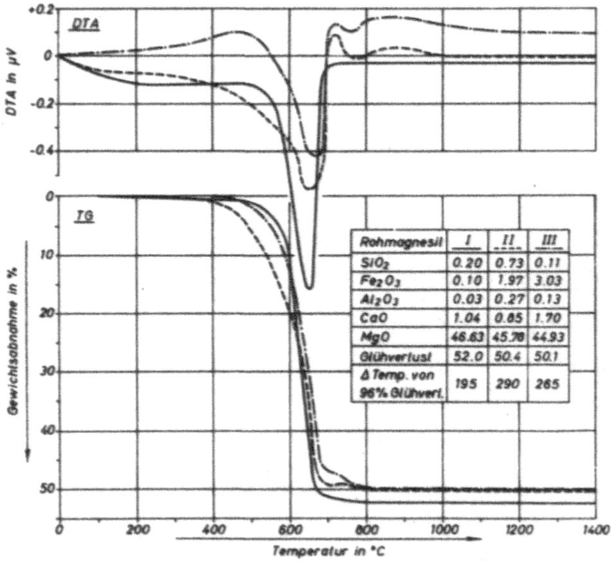

Rohmagnesit	I	II	III
SiO_2	0.20	0.73	0.11
Fe_2O_3	0.10	1.97	3.03
Al_2O_3	0.03	0.27	0.13
CaO	1.04	0.85	1.70
MgO	46.63	45.78	44.93
Glühverlust	52.0	50.4	50.1
Δ Temp. von 96% Glühverl.	195	290	265

Abb. 3: Brennverhalten von 3 Rohmagnesitarten

turen ein dichtes Sinterkorn zu erreichen ist als bei grobkristallinen Rohmagnesiten. Daraus ist zu ersehen, daß Gefügemerkmale des Sintermagnesits bereits im Rohmagnesit vorgebildet sein bzw. wie bei der Flotation durch Zerkleinerung der großen Kristalle und nachträgliche Brikettierung künstlich verändert werden können.

Das heutige Referat befaßt sich mit dem Einfluß der Sinterbrenntemperatur auf die Eigenschaften der daraus hergestellten Magnesit- und Magnesitchromsteine, wobei zwischen gebrannten und chemisch gebundenen Steinen unterschieden werden soll. Zu diesem Zweck wurden zwei Magnesitsorten, ein feinkristalliner eisenarmer Rohmagnesit (Sorte I) und ein grobkristalliner eisenreicher Flotationsrohmagnesit (Sorte II) ausgewählt und bei verschieden hohen Temperaturen zu Sintermagnesit gebrannt. Zum Vergleich wurden dieselben Magnesitsorten im elektrischen Lichtbogenofen geschmolzen, gekörnt und wie die verschieden hoch gebrannten Sintersorten zur Steinherstellung verwendet. Damit wurde erreicht, daß bei der Untersuchung der physikalischen Eigenschafswerte der daraus erzeugten Steine bzw. bei den Praxisversuchen Endwerte maximaler Verdichtung und maximaler Kristallgröße erzielt wurden, die als Vergleichswerte für die mit hochgebranntem Sinter erreichten Werte gelten dürfen.

In Abb. 4 sind die Porositätswerte und die Periklaskristallgrößen, abhängig von der Sinterbrenntemperatur, für drei verschiedene Sintersorten angegeben. Die Sintersorten I und II wurden bereits beschrieben, ihre Werte sind hier Werten eines synthetischen MgO gegenübergestellt, welches aus gefälltem $Mg(OH)_2$

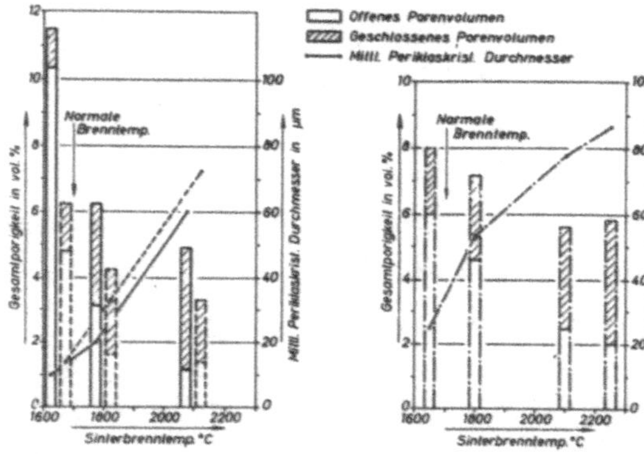

		SiO_2	Fe_2O_3	Al_2O_3	CaO	MgO
Synth. MgO aus gefälltem $Mg(OH)_2$	——	0.71	0.33	0.27	2.91	95-96
Sinter I aus feinkrist. natürl. $MgCO_3$	----	0.66	0.25	0.20	2.85	95-96
Sinter II aus natürl. Flotationsmagnesit	—·—	0.86	4.26	0.42	2.93	91-92

Abb. 4: Änderung der Porosität und der Kristallgröße in Abhängigkeit von der Sinterbrenntemperatur

gewonnen wurde. Auf einen Vergleich gegen Schmelzmagnesit wurde in diesem Diagramm deshalb verzichtet, weil dessen offenes Porenvolumen vernachlässigbar gering ist und der mittlere Periklaskristalldurchmesser weitgehend von den Abkühlungsbedingungen abhängt. Auffallend bei diesen Produkten sind - wie bereits eingangs erwähnt - das starke Anwachsen der durchschnittlichen Periklaskristallgröße bei Anwendung von Brenntemperaturen über 2000° C und die Verschiebung der Relation zwischen offenem und geschlossenem Porenvolumen. Die Porosität geht im gesamten etwas zurück, aber der Anteil an geschlossenen Poren wird deutlich größer auf Kosten des offenen Porenvolumens.

Die beiden folgenden Bilder zeigen die Verhältnisse im Mikrobild, wobei hier zur Orientierung jeweils auch ein durchschnittliches Schmelzmagnesitgefüge beigegeben wurde.

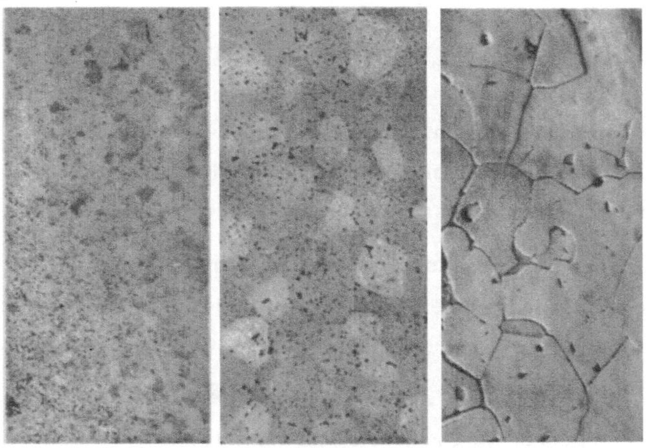

Brenntemp. 1700-1800°C | Brenntemp. 2200-2300°C | Schmelzmagnesit

250 µm

Abb. 5: Gefügebilder verschieden hoch gebrannter Sintermagnesite aus feinkristallinem eisenarmem Rohmagnesit

Abb. 5 zeigt die Verhältnisse des eisenarmen Sintermagnesits Sorte I. Die Porosität ist an sich beim Normalbrand sehr gering, jedoch sind die Periklaskristalle überaus klein und der Mittelwert des Durchmessers bewegt sich zwischen 10 und 20 μm. Beim Brand von 2250° C ist ein ganz bedeutendes Wachsen der Periklaskristalle festzustellen; die Mittelwerte der Durchmesser betragen jetzt über 70 μm und die Porosität besteht aus wenigen rundlichen Poren. Diese Tendenzen verstärken sich noch im Falle des Schmelzmagnesits.

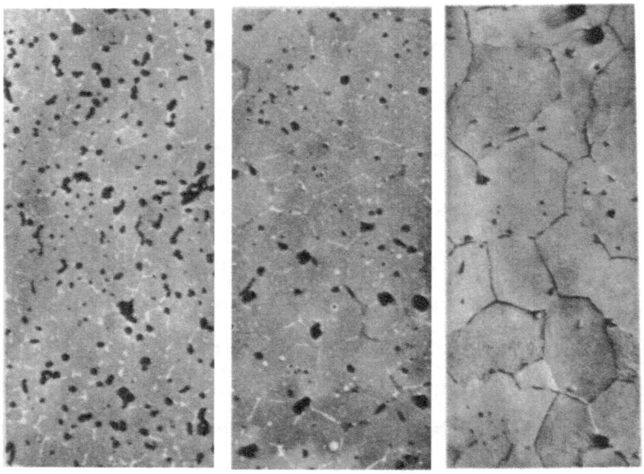

Abb. 6 : Gefügebilder verschieden hoch gebrannter Sintermagnesite aus grobkristallinem eisenreichem Flotationsrohmagnesit

In der nächsten Abb. 6 ist eine gleichartige Fotomontage für den eisenreichen Flotationssintermagnesit erstellt worden. Hier fällt auf, daß beim Normalbrand noch ein beträchtlicher Anteil offener Porosität in Form von verästelten Poren besteht. Die Periklaskristalle sind deutlich größer als beim eisenarmen Magnesit; ihr Durchmesser liegt im Mittel zwischen 30 und 40 μm. Bei den Brenntemperaturen über 2200° C ist das offene Porenvolumen weitgehend reduziert worden und der Mittelwert der Periklaskristalldurchmesser auf 80 bis 90 μm angestiegen. Auch hier bringt der Schritt zum Schmelzmagnesit noch größere Periklaskristalle und eine Verringerung der Gesamtporosität.

Um den Einfluß der Sinterbrenntemperatur auf einige physikalische Eigenschaften der daraus hergestellten Steine darzulegen, wurde im Forschungsinstitut der VMAG eine Vielzahl von Versuchen durchgeführt, wobei die folgenden Diagramme die wesentlichsten Änderungen der Prüfwerte zeigen sollen.

In Abb. 7 wurden gebrannte Grobkorn-Magnesitsteine, jeweils derselben Körnungsrezeptur, mit den Sintersorten I und II hergestellt und nach einem normalen Steinbrand bei 1650° C den Untersuchungen unterworfen. Die zur Verwendung kommende

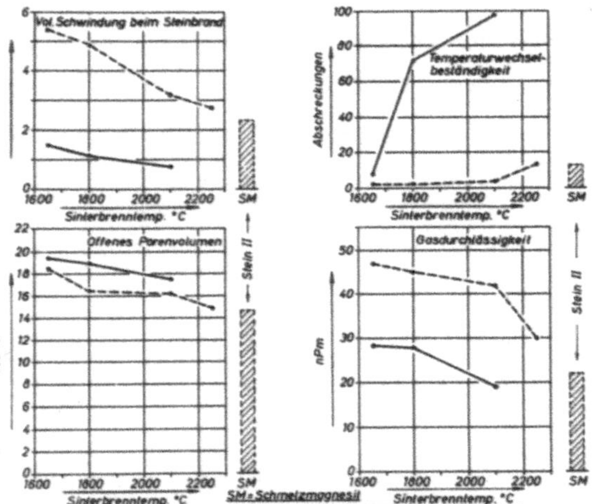

Steinanalyse	SiO_2	Fe_2O_3	Al_2O_3	CaO	MgO
Stein I ———	1.0-1.2	0.4-0.5	0.2-0.3	2.8-3.0	95-96
Stein II - - - -	0.6-0.8	3.9-4.1	0.3	2.8-3.1	91-93

Abb. 7 : Gebrannte Grobkorn-Magnesitsteine. Änderung technologischer Prüfwerte durch Verwendung verschieden hoch gebrannter Sintersorten

eisenarmen Sintermagnesite wurden bei 1650, 1800 und 2100° C gebrannt, die eisenreichen Flotationssintermagnesite bei 1650, 1800, 2100 und 2250° C. Ausserdem wurden aus gekörntem Schmelzmagnesit, der gleichen chemischen Zusammensetzung wie Stein II, Vergleichssteine hergestellt. In Abb. 7 sind nur diese Eigenschaften angeführt, die eine wesentliche Änderung durch die Verwendung verschiedenen hoch gebrannter Sintersorten erfahren haben. Es sind dies die Volumsschwindung beim Steinbrand als Charakteristikum für die Maßänderung, die Temperaturwechselbeständigkeit, das offene Porenvolumen und die Gasdurchlässigkeit. Beim eisenarmen Magnesitstein fällt auf, daß die Volumsschwindung und die Porosität nicht wesentlich beeinflußt wurden, da die Kornporosität bei normalgebranntem Sinter bereits äußerst niedrig liegt. Ganz deutlich ist die Temperaturwechselbeständigkeit gestiegen, die nach der österreichischen Methode an ganzen Steinen durch Anblasen von Preßluft mit 1 Atü in einer genormten Anordnung und mit genormtem Zeitprogramm durchgeführt wurde[4]. Wir führen diesen Umstand unter anderem darauf zurück, daß bei dem verwendeten Rohmagnesit der Phasenausgleich bei 1650° C noch nicht vollständig erfolgt ist und daß die Kornfestigkeit im heißen Zustand bei hochgebrannten Sintern ansteigt. Die Gasdurchlässigkeit zeigt ebenfalls eine schwach abfallende Tendenz. Im Falle der Grobkornsteine aus eisenreichem Flotationssintermagnesit zeigt die Volumsschwindung der Steine bei höherer Brenntemperatur des Sinters wesentlich niedrigere Werte; desgleichen geht auch die Gasdurchlässigkeit deutlich zurück. Die Porosität und die Temperawechselbeständigkeit werden wenig beeinflußt, doch zeigt auch die Temperaturwechselbeständigkeit bei 2250° C einen Anstieg. Ganz allgemein ist jedoch zu sagen, daß in allen vier betrachteten Eigenschaftswerten bei einer Brenntemperatur des Flotationssinters von 2250° C die physikalischen Prüfwerte bereits weitgehend an jene der Vergleichssteine aus Schmelzmagnesit angenähert wurden.

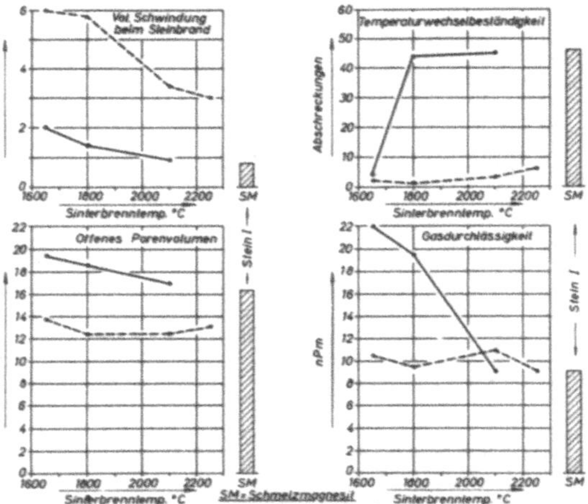

Steinanalyse		SiO_2	Fe_2O_3	Al_2O_3	CaO	MgO
Stein I	———	0.9-1.1	0.3-0.5	0.2-0.3	2.7-2.9	95-96
Stein II	- - - -	0.4-0.7	3.8-4.0	0.2-0.3	2.9-3.2	92-94

Abb. 8: Gebrannte dichte Magnesitsteine. Änderung technologischer Prüfwerte durch Verwendung verschieden hoch gebrannter Sintersorten

In Abb. 8 sind in gleicher Weise die Kennwerte für einen gebrannten dichten Magnesitstein zusammengestellt, wobei hier zu Vergleichszwecken ein Stein, hergestellt aus eisenarmem Schmelzmagnesit Sorte I, herangezogen wurde. Die Änderungen der physikalischen Eigenschaften sind sehr ähnlich jenen der Grobkorn-Magnesitsteine, wenngleich die absoluten Werte deutlich abweichen. Wieder bemerkt man den Rückgang der Volumsschwindung besonders stark im Falle der Flotationssintersteine und das starke Ansteigen der Temperaturwechselbeständigkeit der eisenarmen Steine mit steigender Brenntemperatur des Sinters. Einen etwas anderen Verlauf nimmt die Gasdurchlässigkeit. Auch hier zeigen die Steine, hergestellt aus hochgebrannten eisenarmen Magnesiten, eine praktisch vollständige Annäherung der Werte an die des Vergleichssteines aus Schmelzmagnesit, wobei aber im Gegensatz zu Abb. 7 die Grenzwerte bereits bei 2100° C Sinterbrenntemperatur erreicht werden.

Bei der Untersuchung von Magnesitchromsteinen - Abb. 9 - wurde in ähnlicher Weise vorgegangen. Aus einer größeren Versuchsreihe sollen hier zwei Typen herausgegriffen werden, von denen Typ A einen Chromoxid-Gehalt von 4 bis 5 %, Typ B einen solchen von 15 bis 16 % aufweist. Untersucht wurden die Kennwerte für chemisch gebundene Steine. Dabei wurden die Festigkeitswerte und die Steinporosität einerseits nach einem Brand bei 1000° C über 4 Stunden und andererseits nach einem Brand bei 1650° C über 5 Stunden verglichen. Die Sinterbrenntemperatur betrug in beiden Fällen 1750 und 2250° C. Zum Vergleich wurden die physikalischen Kennwerte der Steine, die unter Verwendung des entsprechenden Schmelzmagnesits gleicher chemischer Zusammensetzung erhalten wurden, angegeben. Als Sinter kam nur der Flotationsmagnesit (Sorte II) zur Anwendung. Im Falle beider untersuchter Steinqualitäten zeigt sich, daß die Heißdruckfestigkeit, bestimmt bei 1100° C, deutlich mit der Sinterbrenntemperatur ansteigt. Die Festigkeitswerte im kalten Zustand nach der Glühung bei 1000° C und auch nach dem Brand

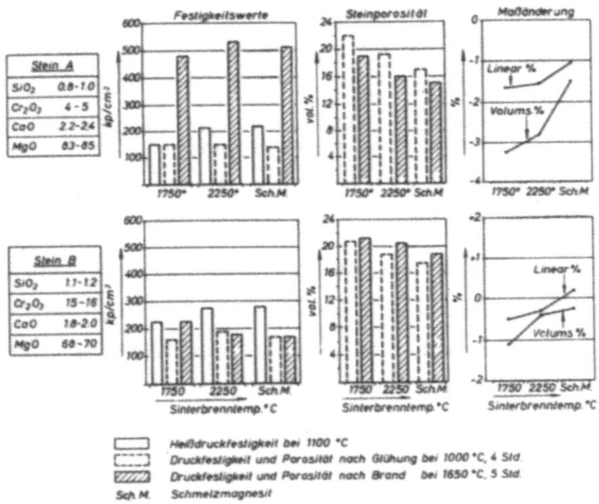

Abb. 9: Magnesit-Chromsteine. Änderung technologischer Prüfwerte durch Verwendung verschieden hoch gebrannter Sintersorten

bei 1650° C zeigen wenig Veränderungen. Die Steinporositäten als Funktion des immer dichter werdenden Sinters fallen im Falle des Steines A deutlich, im Falle des Steines B etwas schwächer durch den höheren Chromerzzusatz ab. Auch die lineare und volumsmäßige Maßänderung zeigen nach dem Brand bei 1650° C bei den Steinen aus hochgebranntem Sinter und bei den Schmelzmagnesit-Vergleichssteinen deutlich günstigere Werte. Wieder findet man keine beträchtlichen Unterschiede zwischen Steinen aus hochgebranntem Sinter und solchen aus Schmelzmagnesit.

Zur Ergänzung der bereits mitgeteilten physikalischen Prüfwerte erscheint eine nähere Untersuchung des Maßänderungs- und des Heißfestigkeits-Verhaltens der verschiedenen Steinqualitäten zweckmäßig. Deshalb wurden sowohl Magnesit- als auch Magnesitchromsteine in dieser Richtung genauer untersucht. Aus diesen Untersuchungen wurden in Abb. 10 Schwindungswerte beider Steinarten zusammengestellt.

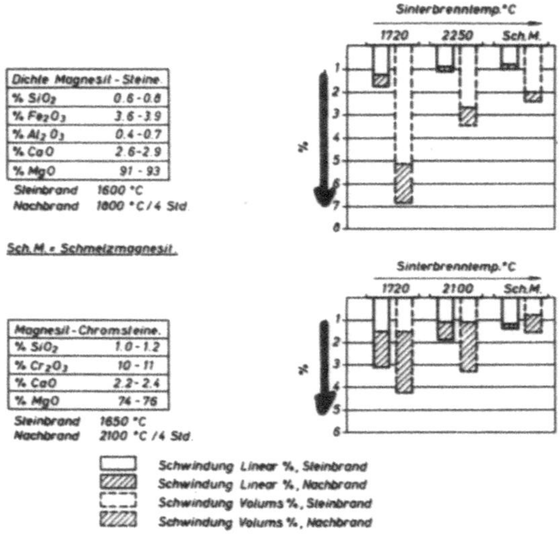

Abb. 10: Schwindungswerte von Steinen nach Brand und Nachbrand in Abhängigkeit von der Sinterbrenntemperatur

Die Schwindung von Steinen nach dem Steinbrand und einem darauf folgenden Nachbrand darf als Maß für die Korn- und Steinstabilität gelten. Das obere Diagramm Abb. 10 bezieht sich auf dichte Magnesitsteine, hergestellt aus eisenreichem Flotationssintermagnesit. Es wurde einerseits zwischen linearer und Volumsschwindung unterschieden und andererseits die Gesamtschwindung in die Schwindung beim Steinbrand bei 1600° C und die Nachschwindung bei einem Brand von 4 Stunden bei 1800° C unterteilt. Man sieht sehr deutlich, wie nicht nur die Gesamtschwindung mit steigender Sinterbrenntemperatur zurückgeht, sondern auch der Anteil der Schwindung beim Nachbrand wesentlich geringer wird. In gleicher Anordnung sind auf dem unteren Diagramm Abb. 10 die Werte für Magnesitchromsteine angeführt, wobei der Steinbrand bei 1650° C erfolgte und der Nachbrand 4 Stunden bei 2100° C. Hier ist der Anteil der Nachschwindung merklich größer, wenngleich die Gesamtschwindung aufgrund der chemischen Zusammensetzung des Magnesitchromsteines in anderer Weise erfolgt als beim reinen Magnesitstein. Wieder zeigt sich eine Verringerung der Nachbrandschwindung mit steigender Brenntemperatur des Sinters. Sie ist jedoch im Falle des bei 2100° C gebrannten Sinters noch relativ groß, weil ja die Nachbrandtemperatur die gleiche war wie die Sinterbrenntemperatur. Würde die Sinterbrenntemperatur bei 2250° C gelegen haben, so wäre der Anteil der Schwindung während des Nachbrandes noch deutlich geringer gewesen als es bei 2100° C Sinterbrenntemperatur der Fall war.

Das Heißdruckfestigkeits-Verhalten verschiedener feuerfester Steine wurde in Abb. 11 näher untersucht. Im linken Diagramm sind für einen Magnesitchromstein der einmal unter Verwendung eines bei 1700° C, das andere Mal unter Verwendung eines bei 2250° C gebrannten Sinters hergestellt worden war, die Heißdruckfestigkeiten der chemisch gebundenen Steine dargestellt. Die Bestimmung erfolgte bei 1000, 1200, 1400 und 1500° C und erbrachte in allen Fällen deutlich höhere Heißdruckfestigkeitswerte der chemisch gebundenen Steine, die unter Verwendung von hochgebranntem Magnesitsinter hergestellt wurden. Zur Ergänzung dieser Tatsache sind im rechten Diagramm verschiedene Steinqualitäten - zwei reine Magnesitsteine und drei Magnesitchromsteine - angeführt. Das Diagramm zeigt den Heißfestigkeitszuwachs in Prozent, wenn der Wert des Steines aus normalgebranntem Sintermagnesit gleich 100 % gesetzt wird. Je nach Steinqualität der Magnesitsteine wurde ein Festigkeitszuwachs von 30 bzw. 90 % festgestellt, während

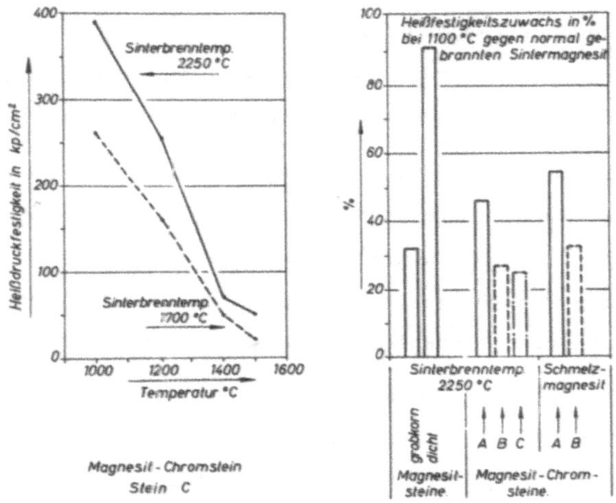

Abb. 11: Heißdruckfestigkeits-Verhalten verschiedener ff. Steine in Abhängigkeit von der Sinterbrenntemperatur

er bei den Magnesitchromsteinen niedriger lag. Auch hier sind in zwei Fällen die Vergleichswerte für Steine, hergestellt aus Schmelzmagnesit und Chromerz, angeführt. Der Festigkeitszuwachs der Steine aus hochgebranntem Sinter schwankt zwischen 25 und 45 % und bei Schmelzmagnesit-Chromsteinen zwischen 33 und 55 %, so daß auch hier von einer relativ geringen Differenz gesprochen werden darf. Dieses Heißdruckfestigkeits-Verhalten der Steine aus hochgebranntem Sinter war etwas überraschend, denn es lag die Annahme nahe, daß die Heißfestigkeit entweder nur chemisch oder aber durch den Steinbrand selbst beeinflußt werden kann, nicht aber durch die Verwendung hochgebrannter Sintersorten. Die Untersuchung der Bruchstücke von Probekörpern, die einer Heißdruckfestigkeits-Prüfung unterzogen worden waren, ergab, daß der Verlauf der Bruchlinie der geprüften Körper sehr weitgehend intragranular erfolgt, d. h. daß auch bei chemisch gebundenen Steinen die Bruchfläche nicht längs der Korngrenzen, sondern vielfach durch größere Körner verläuft[5]. Damit ist eine Abhängigkeit des Heißdruckfestigkeits-Verhaltens von der Kornstabilität und der Korndichte verständlich und der auftretende physikalische Effekt erklärbar.

Faßt man die Ergebnisse der physikalischen Prüfungen zusammen, dann zeigt sich deutlich, daß bei einem Sinterbrand von 2200 bis 2300° C - wie das in einem mit Sauerstoffzusatz betriebenen Schachtofen möglich ist - ein Material erzeugt werden kann, das in seinen Eigenschaften bereits einem Schmelzmagnesitkorn angenähert ist. Auch die daraus hergestellten Steine, seien es reine gebrannte Magnesitsteine oder chemisch gebundene oder gebrannte Magnesitchromsteine, zeigen in ihren Eigenschaften sehr ähnliche Prüfwerte wie jene Produkte, die unter Verwendung gekörnten Schmelzmagnesits hergestellt wurden. Da außerdem die Erzeugung solcher Sintersorten wesentlich billiger und in bedeutend größeren Mengen möglich ist als die Herstellung von gekörntem Schmelzmagnesit, erschien eine praktische Erprobung solcher Erzeugnisse von besonderem Interesse.

In Großversuchen, die in den vergangenen Jahren durchgeführt wurden, sind größere Mengen dieser Sinterqualitäten einschließlich von Schmelzmagnesit hergestellt und in einer Vielzahl von praktischen Versuchen erprobt worden. Bereits die ersten Ergebnisse waren so ermutigend, daß mit dem Bau einer technischen Anlage begonnen wurde, die zu Ende des vergangenen Jahres fertiggestellt werden konnte.

Als Überbegriff für die Sintersorten, welche unter Sauerstoffanwendung bei Temperaturen über 2200° C gebrannt werden, gilt die Bezeichnung MPC, aus den Worten "Macro Periclase Cristals" zusammengefaßt. Eine Variante hiervon ist der OXIFLOT-Sinter, hergestellt aus grobkristallinem eisenreichem Flotationsrohmagnesit, über dessen praktische Erprobung zum Abschluß des Berichtes eine auf das Wesentliche reduzierte Zusammenfassung gegeben wird.

Obwohl bis heute nur die wichtigsten Anwendungsgebiete dieser Materialien überprüft werden konnten, kann mal allgemein bereits folgendes sagen: Der Einsatz des OXIFLOT-Sinters hat - in gleicher Weise wie ein eisenarmer MPC-Sinter - nur dort einen Zweck, wo extreme Angriffsbedingungen herrschen. Je höher die Anwendungstemperatur, der Eisenoxid-Angriff oder der Angriff durch Lösungs- und Infiltrationsvorgänge ist, umso deutlicher wird der Unterschied zwischen Steinen aus normalgebranntem und MPC-Sinter sein. In jenen Ofenteilen, wo relativ schwache Beanspruchungen herrschen, sind nur geringe oder gar keine Unterschiede festzustellen. Daher lassen sich bereits heute aussichtsreiche Anwendungsfälle angeben.

So sind in Decken und Gewölben von scharfgehenden SM-Öfen OXIFLOT-Steine erfolgreich. Das konnte in fünf Großversuchen nachgewiesen werden, wobei drei der Versuchsöfen über 200 t und zwei unter 100 t Nenngröße hatten. In allen Fällen waren deutliche Qualitätssteigerungen gegenüber den Vergleichssteinen mit normalem Sinter festzustellen, unabhängig von der Deckenkonstruktion, ob Gewölbe oder Hängedecke. In diesen Versuchen wurden vorerst durchwegs chemisch gebundene Magnesitchromsteine eingesetzt. Die erzielten Haltbarkeitsverbesserungen lagen zwischen 15 und 65 %, soweit es an Hand von Haltbarkeiten, spezifischem Steinverbrauch bzw. Reststärkenmessungen festzustellen war.

Auch bei den Herdraumwänden, den Pfeilern und in den Spiegelwänden zeigten sich sowohl bei kleinen als auch bei großen SM-Öfen in vier Versuchen ganz deutliche Unterschiede. Die Reststärken der Steine aus OXIFLOT-Sinter, die teils als chemisch gebundene, teils als gebrannte Magnesitchromsteine erprobt wurden, wiesen nach Ende der Ofenreise eine 50 bis 120 mm größere Reststärke als die hierbei verwendeten Vergleichssteine auf. Im Falle eines kleinen, aber scharfgehenden SM-Ofens konnte etwa die doppelte Haltbarkeit gegenüber normalen Magnesitchromsteinen erzielt werden. Besonders im Bereich starken Schlackenangriffs, wenn Lösungsvorgänge eine bedeutende Rolle spielen, waren diese Unterschiede noch deutlicher.

In Lichtbogenöfen, besonders in jenen mit Edelstahlprogramm, haben sich die OXIFLOT-Steine als Seitenwandzustellung und auch in der Schlackenzone ebenfalls gut bewährt. War in den Seitenwandteilen ein eindeutig besseres Entsprechen der vorwiegend chemisch gebundenen Magnesitchromsteine aus OXIFLOT-Sinter sicher festzustellen, so sind in den Schlackenzonen auswertbare Ergebnisse schwer zu erhalten. Die Versuchssteine sind oft nur kurze Zeit dem direkten Schlackenangriff ausgesetzt und vielfach von mehr oder weniger Reparaturmaterial bedeckt. Wenn auch zur Zeit keine direkt meßbaren Vergleichsversuche vorgelegt werden können, so haben sich doch bereits in mehreren Fällen OXIFLOT-Steine in Form von gebrannten Magnesitsteine in der Schlackenzone erfolgreich bewährt und längere Haltbarkeiten bzw. weniger Reparaturarbeit erbracht.

Auch in Großversuchen in LD-Tiegeln und Kaldo-Konvertern konnte die technische Überlegenheit gebrannter teergetränkter Magnesitsteine, hergestellt aus MPC-Sinter, gegenüber der gleichen Qualität aus Normalsinter festgestellt werden, wobei hier zum Teil ebenfalls Qualitätsunterschiede bis zu 30 % beobachtet wurden.

Zusammenfassend sei festgestellt, daß diese neuentwickelten Steine, die unter Verwendung von bei Temperaturen über 2200° C gebrannten Sintermagnesiten hergestellt werden, vorwiegend in jenen Ofenteilen zur Anwendung kommen sollten, in denen ein verstärkter chemischer Angriff bei hohen Arbeitstemperaturen vorherrschend ist. Das trifft besonders für scharfgehende SM-Öfen, für Elektrolichtbogenöfen und auch für Teile von LD- oder Kaldoofenzustellungen zu. Wie bei allen neu auf den Markt gebrachten Produkten läßt sich für den einzelnen Anwendungsfall von vornherein keine sichere Aussage der Wirtschaftlichkeit treffen. Es wird vielmehr von Fall zu Fall in Form von Versuchen zu prüfen sein, ob für den Kunden im Zusammenspiel zwischen Preis und Qualität ein solcher wirtschaftlicher Erfolg erzielt werden kann. Die Veitscher-Magnesitwerke A.-G. sind der Überzeugung, daß es durch die Entwicklung der MPC-Sinter und der daraus hergestellten neuen Steinqualitäten gelungen ist, den Kunden die Möglichkeit zu bieten, ihre Öfen wirtschaftlicher zu betreiben und infolge des erzielten Haltbarkeitszuwachses besser auszunützen.

Literaturverzeichnis

1 ROBERTS, H. S. und H. E. MERWIN: "The system MgO-FeO-Fe_2O_3 in air at one atmosphere". Amer. J. Sci. 21 (1931), S. 145-157

2 NEMEC, F., H. BARTHEL und I. PASCAL: "Reduktion von an Periklaskristallgrenzen ausgeschiedenem Magnesiaferrit"
Berg- und Hüttenm. Monatshefte 108 (1963), S 265-268

3 BOUVIER, G.: "Die Anwendung der Hahn'schen Emaniermethode auf natürliche und nicht homogen indizierbare Stoffe" - Dissertation Techn. Hochschule Graz, Institut für physikal. Chemie, Prof. Dr. Karl Torkar, 1962

4 Anon.: "Die Prüfung basischer Steine auf Temperaturwechselbeständigkeit." RADEX-Rundschau (1951), S. 72-74

5 BICHLBAUER, E.: "Heißdruckfestigkeitsuntersuchung an basischen feuerfesten Steinen" - Diplomarbeit - Mont. Hochschule Leoben, Lehrkanzel für Wärmetechnik und Metallhüttenwesen, 1962

Direktor Dipl.-Ing. Dr. techn. Georg Bouvier
c/o Veitscher Magnesitwerke A.-G.
Forschungsinstitut
Magnesitstraße 2
8707 Leoben

DIE QUALITÄTSBEURTEILUNG VON SIMULTANSINTERN

Von W. ZEDNIČEK, Radenthein

Mit 12 Textabbildungen

Nachfolgendem Referat, welches sich mit der Qualitätsbeurteilung von Simultansintern befaßt, soll vorausgeschickt werden, daß es schwierig ist, über Qualitätsmerkmale, die ja günstig sein müssen um das Material auf dem Markt absetzen zu können, als Angehöriger der Herstellerfirma zu referieren. Es wird daher versucht, möglichst leidenschaftslos über die Prüfmethoden und die dabei erzielten Ergebnisse bei einer neu entwickelten Sinterqualität, nämlich dem "Simultansinter", zu berichten. Ein Außenstehender würde nicht in der Lage sein, die Probleme zu veranschaulichen, die eine Feuerfest-Firma beschäftigen und die Prüfmethoden, die in Radenthein zur Beurteilung der Qualitätsgüte angewandt werden, aufzuzeigen. Alle, die mit der Herstellung von Materialien vertraut sind, wissen aber, welche Schwierigkeiten sich oft einstellen und wieviel Kopfzerbrechen für die Aufklärung einer qualitätsvermindernden Ursache mitunter von Nöten ist.

Herr Prof. Trojer hat in seinem Referat "Beiträge der Österreichischen Magnesitindustrie zu Feuerfestproblemen der Stahlindustrie in den letzten zehn Jahren" auf den Simultansinter hingewiesen und an Hand einiger Bilder auf die markanten Merkmale dieser Sinterqualität aufmerksam gemacht. Ohne eine Wiederholung von Bildern vorzunehmen, muß jedoch zum Verständnis für die späteren Ausführungen nochmals darauf zurückgekommen werden, um den hier geprägten Begriff Simultansinter zu erläutern. Dieser Sinter wird durch gemeinsames Brennen von Rohmagnesit und Chromerz bei hohen Temperaturen gewonnen. Der Brand selbst erfolgt in Rotieröfen, wie sie zur Herstellung von Sintermagnesia zur Verfügung stehen. Während des Brandes kommt es zu Reaktionen zwischen den Chromerzkörnern und dem Rohmagnesit bzw. der schon entstandenen Sintermagnesia oder den entsprechenden Zwischenstufen. Es kommt dabei zu Gefügeausbildungen, welche für den Sinter charakteristisch sind. Wie aus den für Simultansinter typischen Bildern entnommen werden kann (1), schließen die Periklase sehr eng an die Chromerzkörner an, wobei es zu einer Abplattung der an und für sich kugeligen Periklasausbildungsform kommt. Diese Ausbildung steht krass im Gegensatz zu

Chromerzsintergefügen, wie sie bei der konventionellen Steinherstellung auftreten, wo stets um das Chromerzkorn ein Porenhof oder eine nur sehr leichte Bindung mit einzelnen Periklasen nachgewiesen werden konnte. Man ist heute durch Untersuchungen, die mit Hilfe des Lichtmikroskopes, speziell unter Zuhilfenahme des Hochtemperaturmikroskopes, durchgeführt wurden, weitgehend über die Reaktionsvorgänge, die zur direkten Bindung Chromerz/Periklas führen, informiert. Auf diese Zusammenhänge kann im Rahmen dieses Referates nicht näher eingegangen werden, da das Thema sehr umfangreich ist. Dies soll einer späteren Veröffentlichung vorbehalten bleiben. Neben der Bindung Chromerz/Periklas kommt es aber auch in den Sinteraggregaten, die nicht unmittelbar mit größeren Chromerzkörnern in Kontakt stehen, zu Gefügebildern, die für den Simultansinter typomorph sind. Es wurde auf diese Gefügemerkmale schon in einer Veröffentlichung (1) im Jahre 1965 hingewiesen. Auf Grund der vorliegenden Untersuchungsergebnisse wurde der Begriff "Simultansinter" vorerst abgegrenzt.

Es ist vorauszuschicken, daß diese Definition selbstverständlich keine Allgemeingültigkeit hat, da in der Literatur infolge der Entwicklung auf dem high-fired Sektor (2 bis 20) bezüglich des Begriffes "direct bond" etwas abweichende Ansichten vorliegen. Es wurde gefunden, daß der wesentliche Faktor im Simultansinter die direkte Bindung im engeren Sinn, nämlich die Bindung Chromerzkorn zu Periklas ist. Radenthein schließt sich aus diesem Grunde derzeit noch nicht der schon publizierten Meinung an, daß auch die direkte Bindung Periklas zu Periklas von ebenso ausschlaggebender Bedeutung einerseits als Qualitätsmerkmal, andererseits zur Steinverbesserung wäre. Dies schon deshalb, weil bei vielen konventionellen reinen Magnesitsteinen ausgezeichnete Kontaktverhältnisse Periklas zu Periklas gefunden wurden, schon lange bevor überhaupt von "high-fired"-Steinen gesprochen worden ist. Es müßten so z. B. etliche reine Magnesitsteinqualitäten, die dieses Merkmal schon vor dem letzten Krieg besonders auffällig zeigten, als direct bond-oder "high fired"- Qualitäten angesprochen werden.

Ohne Zweifel spielt die Sekundärspinellbildung eine sehr wesentliche Rolle. Sie jedoch für eine qualitative Qualitätsbeurteilung zu erfassen, ist schwierig, da die Ausbildungsgröße stärkeren Schwankungen unterworfen ist.

Daß jedoch der wesentlichste Faktor die Bindung im engeren Sinne ist, kann den nachfolgenden Ausführungen entnommen werden. Wie schon aufgezeigt, übt die Temperaturhöhe eines Brandes einen bedeutenden Einfluß auf die direkte Bindung aus (u. a. auch 10, 21, 22, 23). Beim konventionellen Brand ist die Bindung sehr gering, während, wie dies ja bei "high fired"-Steinen angestrebt wird, mit zunehmender Temperaturhöhe die Bindung Chromerz zu Periklas zunimmt. Eine obere Grenze oder ein Idealtemperaturwert kann schwer angegeben werden, da die Übergänge bis zur vollständigen Auflösung des Chromerzes in den Periklasen völlig kontinuierlich vor sich gehen. Man würde letzten Endes zu einer Schmelzmagnesia mit Chromerzzusatz kommen, wie dies beim in Radenthein entwickelten BC-Stein gegeben ist.

Mit dem Anteil an direkter Bindung Chromerz zu Periklas in einem Stein sind die physikalischen Prüfdaten innig verknüpft in der Art, daß mit zunehmender Bindung eine wesentliche Verbesserung der Prüfdaten zu verzeichnen ist, d. h. man muß, wie in unserem speziellen Fall des Simultansinters, trachten, möglichst gute Bindung bei der Herstellung des Sinters, der ja für den daraus herzustellenden Stein ausschlaggebend ist, zu erzielen. Es war daher von Wichtigkeit, eine Prüfmethode einzuführen, die eine rasche Kontrolle während des Produktionsablaufes ermöglicht, zumal die geläufigen physikalischen Prüfdaten meist erst an fertigen Steinen oder zumindest an Prüfzylindern nachgewiesen werden können. Da dies nur mit großem Zeitaufwand möglich ist, würde eine Steuerung des Sinterbrandes infolge zu spät einlangender Werte in Frage gestellt werden. Der erste Schritt war die laufende Kontrolle der Kornrohdichte an ofenfallendem und gebrochenem Material. In Kombination mit später ermittelten Prüfdaten wie Kaltdruckfestigkeit, Temperaturwechsel, Porosität etc. zeigte sich, daß für den Betrieb sehr brauchbare Anhaltspunkte geschaffen werden konnten. Mit zunehmender Kornrohdichte war die Gewähr gegeben, daß die direkte Bindung im Sinter ebenfalls angehoben wird. Es wäre aber zu einfach, wenn damit schon das Rezept für eine ausreichende Qualitätskontrolle vorliegen würde. Es zeigte sich, daß während einer Brennkampagne die Rohdichte gewissen Schwankungen unterworfen ist, die eine ständige Trennung des anfallenden Materials in "gut", "mittel" und "schlecht" zur Folge hat, wobei sich zu allem Überfluß herausstellte, daß nach Überprüfung mit anderen Methoden ein Großteil des Sinters, welcher nach der Rohdichte schon mit Vorsicht zu beurteilen war, im Steinverband noch ausreichende Eigenschaften aufwies. Es wurde daher mit der Kornrohdichte eine Grenze gesetzt, die, wenn sie überschritten ist, einwandfreies Material garantiert, wird sie aber unterschritten, kann der Sinter, er muß aber nicht, in Ordnung sein. Daraus ergab sich die Notwendigkeit eine zusätzliche Prüfung, die evtl. rasche Aussagen zuläßt, zu finden. Am günstigsten schien es dabei einen Einblick in die wirklichen Bindungsverhältnisse von Chromerz zu Periklas im

Sinter zu erhalten, was nur über die Lichtmikroskopie möglich war. Jeder, der nur eine vage Ahnung von Auflichtmikroskopie hat, weiß, wie zeitraubend und schwierig die Herstellung guter Anschliffe ist und welche Mühe die quantitative Beurteilung des Materials macht. Trotz allem war dieser Weg noch der aussichtsreichste um einigermaßen sichere Auskünfte zu erhalten. Es dürfte bekannt sein, daß Radenthein über ein Schleif- und Polierverfahren verfügt, welches die Herstellung von Anschliffen in relativ kurzer Zeit mit ausgezeichneter Güte zuläßt. Herr Prof. Trojer hat diese Methode seinerzeit entwickelt und ausgefeilt (24, 25). Diese Einrichtung war die Grundvoraussetzung für den Einsatz der Mineralogie als rasch arbeitende Qualitätskontrolle. Was den Beurteilungsschlüssel betrifft, war es notwendig, eine Verknüpfung der Bewertungsdaten mit der Praxis, bzw. den übrigen physikalischen Prüfdaten zu erhalten. Die Auszählung ist an Anschliffen gekörnter, in Kunstharzpastillen eingebetteter Proben vorgenommen worden, zu welchem Zwecke ein Kreuztisch mit schrittweiser Senkrechtverschiebung, wie dies für Punktauszählungen gebräuchlich ist, herangezogen wurde. Die Beurteilung erfolgt nach den prozentuellen Anteilen für bestimmte Bindungsarten an Chromerzkörnern, wobei sehr gute und gute Haftung, leichter Bindung, Porenhofbildung um Chromerzkörner und lose Erzkörner gegenübergestellt wurde. Die Abbildungen 1 - 9 sollen die markanten Ausbildungsmöglichkeiten, welche erfaßt werden, aufzeigen.

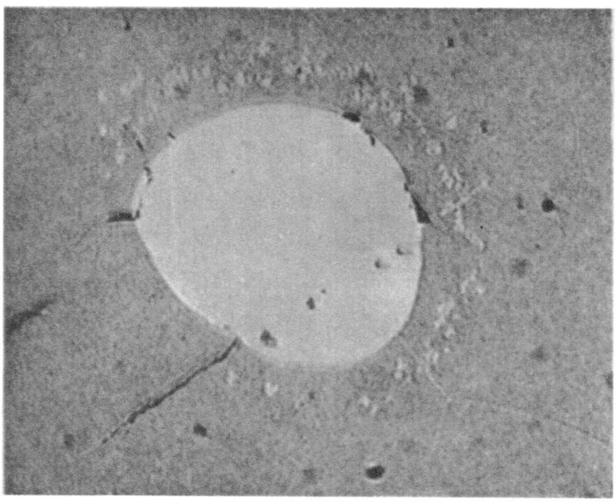

Abb. 1 : Sehr gute Bindung, Verg. 180-fach

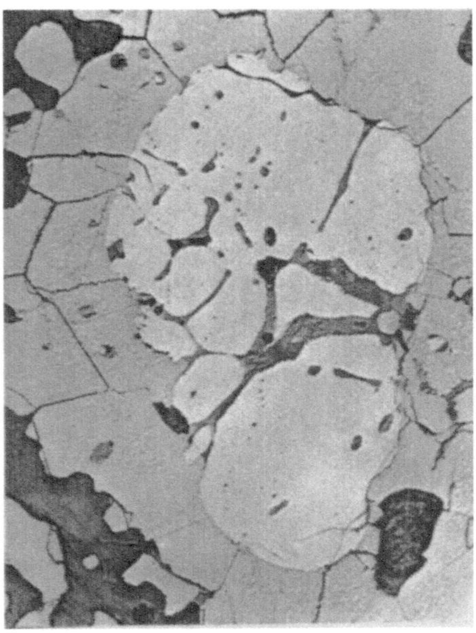

Abb. 2 : Gute Bindung , Vergr. 180-fach

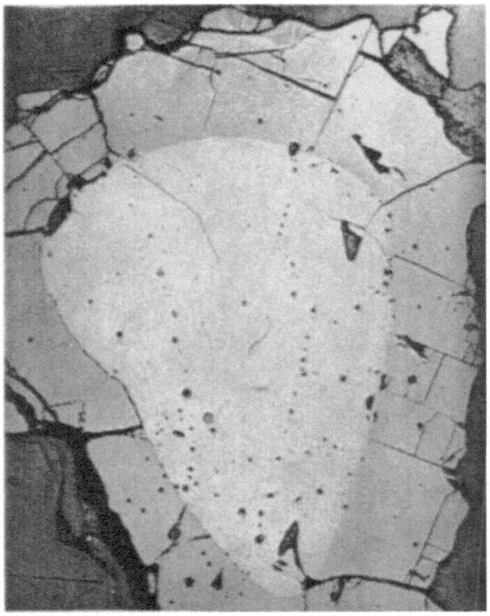

Abb. 3 : Gute Bindung bei Sintereinzellkorn, Vergr. 180-fach

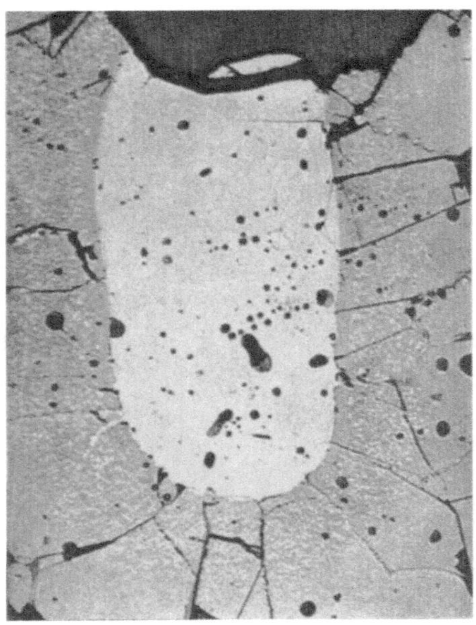

Abb. 4 : Halbe Bindung, sehr gut, Vergr. 180-fach

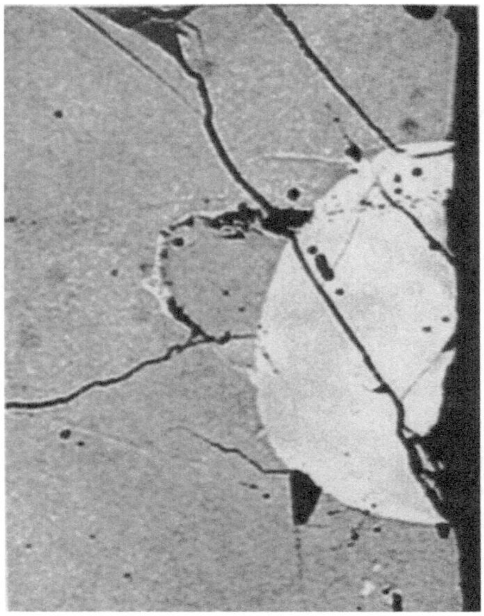

Abb. 5 : Halbe Bindung, gut, Vergr. 180-fach

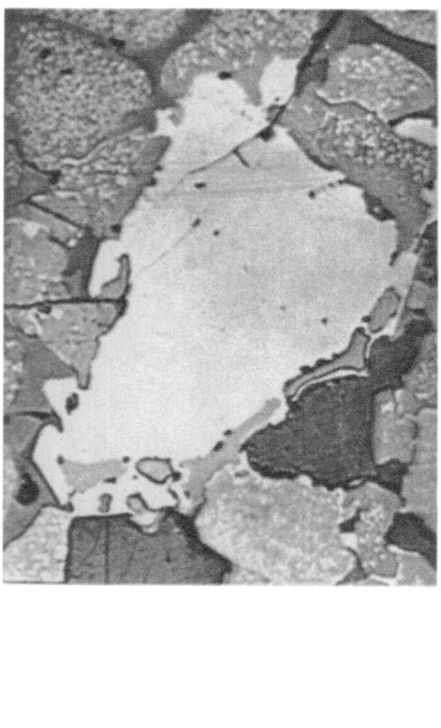

Abb. 6 : Halbe Bindung, mäßig, Vergr. 180-fach

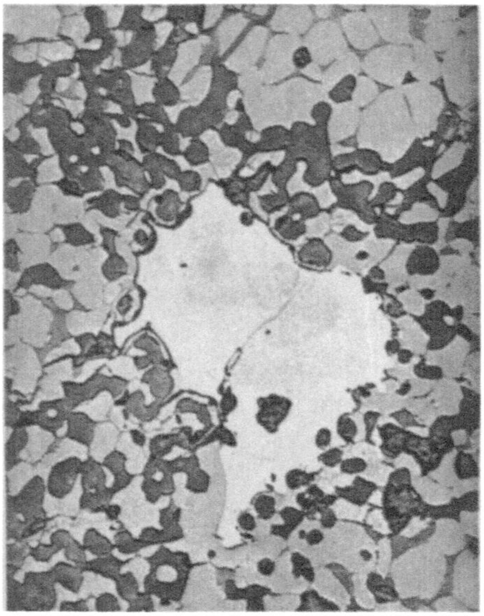

Abb. 7 : Leichte Bindung mit Ansatz zu halber Bindung
Vergr. 180-fach

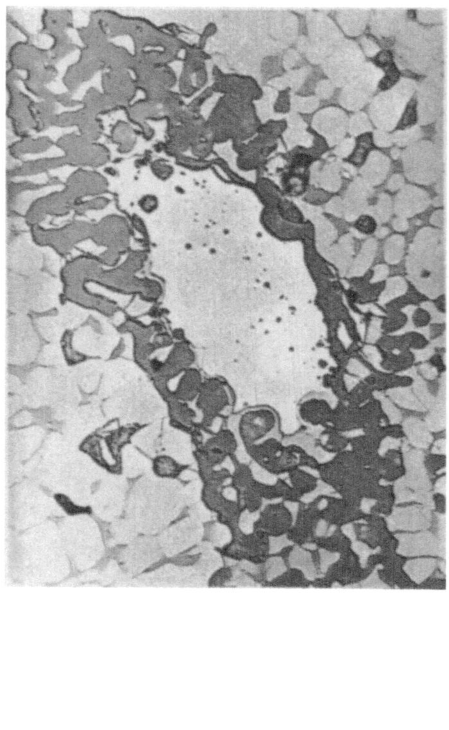

Abb. 8 : Leichte Bindung fast noch Porenhof, Verg. 180-fach

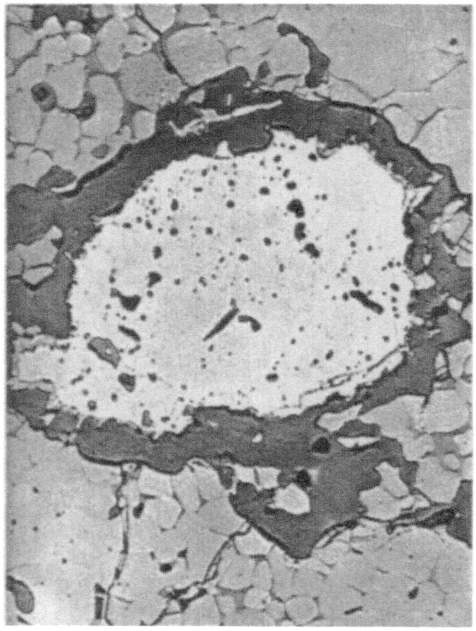

Abb. 9 : Porenhof, Vergr. 180-fach

Sehr gute und gute Bindung unterscheidet sich sehr deutlich von den schlechten Bindungstexturen. Die Körner mit halber Bindung stellen schwerer zuordenbare Körner, die zumindest die halbe Chromerzoberfläche ohne Periklaskontakt haben, dar. Sie wurden daher aus der Gesamtbetrachtung weitgehend ausgeschlossen. Es war zuerst mühsam, entsprechendes Zahlenmaterial zu sammeln und auch die Technik des raschesten Arbeitsganges zu finden. Heute ist es möglich, innerhalb eines Tages über die Verwendbarkeit eines Materials auf mikroskopischem Wege die Entscheidung zu treffen, so daß die notwendige Zwischenlagerung, die auf Grund von Rohdichte-Bestimmungen erfolgen und in einem Betrieb immer stark störend wirken, höchstens für 24 Stunden vorgenommen werden müssen. Die Kontrolle muß sehr streng sein, da für eine gute Simultansteinqualität eine erstklassige Simultansinterqualität Voraussetzung ist.

Es wurde dieser Weg der Auszählung gewählt, da, abgesehen von der noch immer etwas zeitraubenden Schliffvorbereitung, ein statistisch gesicherter Weg heute immerhin innerhalb 20 Minuten ermittelt werden kann und die Auszählung selbst sogar von einem Praktikanten nach Einschulung durchzuführen ist. Wäre die Auszählmethodik, wie sie in der Literatur schon beschrieben wurde, herangezogen worden, so wäre es unmöglich gewesen, eine größere Anzahl von Schliffen, wie dies für die Produktionsüberwachung unbedingt erforderlich ist, zu erfassen. Zweifelsohne ist das Verfahren einer linearen Auszählung, wobei alle Bindungsarten - wie Chromerz zu Periklas, Chromerz zu Silikat, Periklas zu Periklas, Periklas zu Silikat, dann Bindungen von Silikaten und Periklasen mit Sekundärspinellen und außerdem Grenzflächen aller Komponenten zu Poren - erfaßt werden, nicht zu unterschätzen, nur kann diese Auszählung ausschließlich von einem auf dem Feuerfest-Sektor ausgebildeten Mikroskopiker durchgeführt werden. Hinzu kommt die zeitliche Gegenüberstellung der beiden Auszählmethoden in einem Falle max. 20 Minuten, im anderen bis zu 6 Stunden, um die fast gleiche Aussagemöglichkeit zu erhalten. Ausserdem muß bei der Schliffherstellung schon der späteren Arbeitsmethodik Rechnung getragen werden, da im Falle der linearen Auszählung erstklassige Polituren Voraussetzung für einwandfreie quantitative Aussagen sind. Es müssen ja sämtliche Bindungsarten, die von einer über den Schliff gezogenen gedachten Linie geschnitten werden, genau erkannt werden und die Kontaktgrenzen der einzelnen Mineralphasen müssen eindeutig zu unterscheiden sein. Daraus resultiert, daß neben dem schon aufgezeigten größeren Zeitaufwand bei der Auszählung selbst, noch ein wesentlich längerer Arbeitsprozeß bei der Schliffherstellung notwendig ist. Dieser Faktor wirkt sich bei einer

Produktionsüberwachung auf diesem Wege besonders negativ aus, da wichtige Resultate viel zu spät einlangen würden.

Bei dem sehr eingehenden Studium des linearen Auszählverfahrens konnte festgestellt werden, daß in Fällen, wo Sinterkörner mit guter Sekundärspinellbildung vorliegen, gute quantitative Aussagewerte über dieselben erhalten werden können. Dies wird besonders dann sehr wesentlich sein, wenn das zum Einsatz gelangende Chromerz relativ feinkörnig ist. Man hat mit dieser Methode die Möglichkeit, Bindungen von Periklas mit Sekundärspinell zu erfassen und, wie dies mitunter vorkommt, auch die Bindung von aus der Silikatschmelze ausgeschiedenem Sekundärperiklas, welcher seinerseits wieder auf dem Sekundärspinell aufgewachsen ist, nachzuweisen (Abb. 10).

Abb. 10: Aus Silikatschmelze ausgeschiedene Sekundärperiklase aufgewachsen in direkter Bindung auf Sekundärspinell, Vergr. 720-fach

Diese Methode hat aber auch gewisse Nachteile, soferne man nicht eine undiskutabel große Zahl an Kontaktgrenzen erfaßt, d. h., die Auszählung über sehr große Strecken ausdehnt, was ja vor allem eine Zeitfrage ist. Es wurde die Erfahrung gemacht, daß z. B. bei Verwendung eines Sinters, der nur wenig Silikatphasen als zwickelfüllendes Material aufweist, Aussageungenauigkeiten resultieren. Bei einem derartigen Sinter stoßen die Periklase sehr eng aneinander, wie dies an Hand der Abb. 11 demonstriert werden kann.

Die lineare Auszählung erfaßt, wie schon aufgezeigt, auch die Bindung Periklas-Periklas, welche von vielen Autoren als ebenso wichtig für die Qualitätsgüte eines Steines angesehen wird. Dadurch wird der Anteil an direkter Bindung stark erhöht trotz möglicher ungenügender direkter Bindung Chromerz zu Periklas. Ein derartiger Stein, dessen Gefügebild die Abb. 12 zeigt, weist keine wesentlich verbesserten physikalischen Prüfeigenschaften gegenüber einem konventionellen

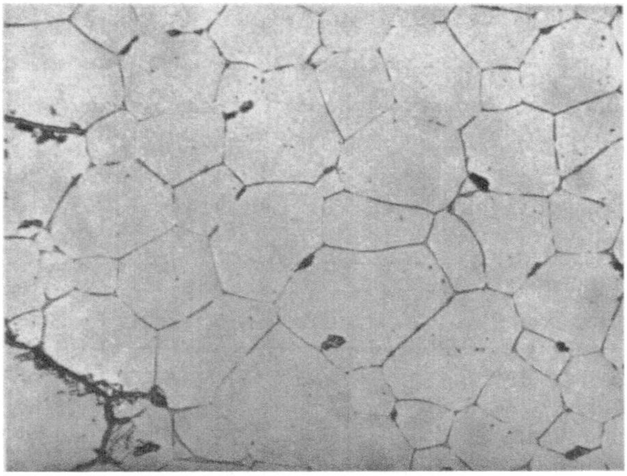

Abb. 11: "Direkte Bindung" Periklas zu Periklas, Vergr. 50-fach

Abb. 12: Relativ hohe Auszählrate für "direkte Bindung", Vergr. 6-fach

Stein auf, obwohl die "direkte Bindung" relativ hoch ist. Es kommt in diesem Falle zu einer Verfälschung bei der Beurteilung der wahren qualitätsverbessernden Bindungsart. Trotz zahlreicher Vergleichsuntersuchungen betreffend die beiden Auszählmethoden an Hand des Simultansinters konnte bisher - abgesehen von der Erfassung der Sekundärspinelle - kein Vorteil für die lineare Auszählung herausgearbeitet werden. Die aufgezeigten Vorteile bei der Bestimmung der Sekundärspinelle erschienen nicht so wesentlich, da Spinellneubildungen stets dann in erhöhtem Maße auftreten, wenn die Bindung im engeren Sinne, also Chromerz zu Periklas, gut ist.

Es ist jetzt die Frage berechtigt, welche Auskünfte erhält man durch die "Radentheiner" Auszählmethode und erlaubt diese eine wirkliche Qualitätsbeurteilung. Dies kann am besten an einem Beispiel aus der Praxis demonstriert werden, welches augenscheinlich macht, daß hier bisher ein sehr wertvolles Hilfsmittel zur Verfügung stand. Durch die zahlreich anfallenden Unterlagen ist immer wieder eine Bestätigung der Einsatzmöglichkeit dieser Methode gefunden worden (vgl. Zahlentafel 1).

Zahlentafel 1. Steine hergestellt aus Simultansinter

Einstufung nach mineralog. Bewertung	gut	mäßig	schlecht
Sinterauszählung — direkte Bindung	61,9	38,7	17,6
Sinterauszählung — ohne Bindung	7,6	28,0	50,6
Sinter-Kornrohdichte — Original	3,41	3,31	3,29
Sinter-Kornrohdichte — gebrochen	3,38	3,28	3,23
Steinauszählung — direkte Bindung	38,4	17,5	7,6
Steinauszählung — ohne Bindung	15,7	35,7	58,4
KDF kg/cm^2	550	400	319

Nach dem bisher vorliegenden Zahlenmaterial wurden uns Warngrenzen gesetzt. Es wird gefordert, daß der Anteil an schlechter-, bzw. keiner Bindung 20 % nicht übersteigen soll. Die sehr gute bis gute Bindung ist z. T. auch bei den Körnern mit halber Bindung, die bei der Gegenüberstellung nicht erfaßt ist, stark vertreten, so daß hiefür der Sollwert oder Mindestwert schon schwieriger angegeben werden kann. Von der mineralogischen Seite her erscheint es erstrebenswert, die 50 %-Grenze zu überschreiten, womit die Gewähr gegeben ist, daß ein Sinter mit sicherlich guten Eigenschaftswerten produziert wurde und demnach auch eine entsprechende Steinerzeugung gewährleistet ist. Es konnte schon mehrfach beobachtet werden, daß diese Forderungen sehr streng sind, doch sollen vor Neufestlegung von Grenzwerten eine größere Zahl von Ergebnissen aus der Praxis für die Auswertung mit herangezogen werden, so daß vorerst nicht daran gedacht ist, davon abzugehen. Die bisherigen Ergebnisse aus der Praxis zeigen, daß diese scharfen Maßnahmen der Qualitätsauslese noch keine Rückschläge betreffend der Qualitätsgüte gebracht haben. Wenn ein Simultanmaterial in der Praxis nicht entsprochen hat, so war die Ursache bisher nicht in einer mangelhaften Qualitätsgüte zu suchen, sondern jedesmal zeigte sich, daß die gewählte Qualität, also Chrommagnesit- oder Magnesitchrom-Simultansinter als Ausgangsmaterial, für den Anwendungsbereich nicht richtig war. Diesbezüglich muß aber wohl immer ein gewisses Lehrgeld bezahlt werden. Soweit also was die Kontrolle des Produktionsablaufes betrifft.

Im Bewußtsein, bis zu diesem Zeitpunkt die Sinterqualität gut kontrolliert zu haben, folgt zwangsläufig das Verlangen, auch die aus dem erzeugten Sinter hergestellten Steinqualitäten genau zu kontrollieren. Es sind im Laufe der Jahre zu den klassischen Prüfverfahren neue hinzugekommen, die teils Modeerscheinung sind, teils aber wirkliche Fortschritte zur Aufklärung des Materialverhaltens vor allem bei Temperaturbeeinflussung brachten. Als Steinproduzent ist man gezwungen up to date zu sein, schon allein deshalb, weil viele Steinabnehmer eigene Qualitätsprüfstellen eingerichtet haben, die, wie dies besonders in Amerika festgestellt wird, Qualitätsvorschriften herausgeben. Nicht selten werden dabei gänzlich neue Prüfwerte, die mit völlig neuen Geräten ermittelt werden, gefordert. Aus der Vielzahl der neueren Prüfmethoden erschienen zwei für die Beurteilung von Steinen im allgemeinen und von Steinen, hergestellt aus Simultansinter im besonderen, sehr wertvoll und zwar die Bestimmung der Heißbiegefestigkeit (26 bis 32 u. a.) und die der Heißtorsionsfestigkeit (33 bis 39 u. a.). Die beiden Methoden werden hinlänglich bekannt sein, so daß eine ausführliche Beschreibung erspart werden kann und nur kurz das Prinzip der beiden Prüfverfahren wiederholt sei. Bei der Heißbiegefestigkeit oder dem "hot modulus of rupture" werden 15o mm lange Stäbe mit einem Querschnit von 25 x 25 mm in einem Ofen auf die gewünschten Prüftemperaturen erhitzt, wobei die Aufheizgeschwindigkeit geregelt sein soll. Die Proben werden aus Produktionssteinen herausgeschnitten, nach 15 Std. Temperaturkonstanthalten im Ofen auf zwei Siliziumkarbid-Rollen, die in einer Entfernung von 5 Zoll bzw. 125 mm stehen, aufgelegt und in der Mitte des Stabes so lange belastet, bis es zum Bruch kommt. Die Heißbiegefestigkeit wird dann aus der Bruchlast, der Höhe und der Breite der Stäbe, dem Abstand der Auflegerollen und dem Prüfkörperquerschnitt errechnet.

Bei der Heißtorsionsfestigkeit wird im Gegensatz zu den meisten anderen Prüfmethoden, die fast ausschließlich durch Druckbestimmung vorgenommen werden, eine Schubspannung in einem Prüfstab angelegt. Die jeweils zu prüfende Probe - in Radenthein sind die Prüfstäbe 230 mm lang und haben einen Querschnitt von 15 x 15 mm - wird in einen Rohrofen eingeschoben und mittels definierter Torsionsmomente, die auch periodisch variiert werden können, beansprucht. Man kann nun die Temperatur steigern bis zum Bruch des Stabes oder auch eine bestimmte Temperatur konstant halten um die Verdrehungsgeschwindigkeit eines Stabes bei konstantem Torsionsmoment in Abhängigkeit von der Temperatur zu prüfen. Man hat in letzter Zeit den Einfluß der Prüfkörperform auf die Torsionsbeanspruchung kritischer betrachtet, da die auftretende Schubspannung vom Kern zum Rand der Probekörper eine inhomogene Verteilung aufweist. Es wird gerade bei dieser Prüfmethode noch zahlreiche Verbesserungen geben, obwohl schon heute Resultate erhalten wurden, die für Qualitätsbeurteilungen mehr als geeignet erscheinen. Soweit die beiden Methoden, die zusätzlich zu den klassischen Materialprüfungen für die Qualitätsbestimmung zum Einsatz kommen.

Vergleicht man die physikalischen Prüfwerte und die ihnen entsprechenden Qualitätsmerkmale eines konventionellen Steines mit denen eines Simultansintersteines, so ergeben sich für den letzteren gegenüber dem ersteren als Vergleichsbasis genommen, folgende Unterschiede:

Prüfart:	Unterschied:	Bewertung:
Raumgewicht g/cm^3	geringe Zunahme	geringe Verbesserung (+)
spezifisches Gewicht	kein Unterschied	gleichbleibend
scheinbare Porosität	geringe Abnahme	geringe Verbesserung (+)
Gesamtporosität	geringe Abnahme	geringe Verbesserung (+)
KDF kg/cm^2	deutliche Zunahme	deutliche Verbesserung (++)
Abrasionsfestigkeit	Zunahme	Verbesserung (+)
DFB	Zunahme	Verbesserung (+)
Torsionsfestigkeit	deutliche Zunahme	deutliche Verbesserung (++)
TWB (Österr. Methode 950° C)	geringe Abnahme	geringe Verschlechterung (-)
HT-TWB (40) (Methode Radenthein) 1600 und 1700° C	geringe Abnahme	geringe Verschlechterung (-)
Heißbiegefestigkeit ≃bis 1400° C	geringe Zunahme	geringe Verbesserung (+)
HBF bei hohen Temperaturen (41) (Methode Radenthein) von 1500 bis 1700° C	deutliche Zunahme	deutliche Verbesserung (++)

Wie die Zusammenstellung zeigt, sind mit dem Simultansinter Verbesserungen der physikalischen Prüfwerte gegenüber konventionellen Steinen erzielt worden, woraus sich für die Qualitätskontrolle die Forderung ergibt, neue Grenzwerte aufzustellen, die für einen Stein aus Simultansinter nicht unterschritten werden dürfen. Wie diese Tabelle zeigt, ist die KDF ein sehr markantes Kennzeichen einer Qualitätsverbesserung, jedoch sie allein als Aussagewert über den Anteil an direkter Bindung zu verwenden, ist insofern schwierig, da selbst bei guten Sintereigenschaften eine KDF-Verminderung z. B. durch Fehler während der Steinproduktion eintreten kann. Hier vermag die Torsionsprüfung, wie ein Beispiel zeigen soll, weiterzuhelfen. Bei zwei "high fired"-Steinen mit sehr ähnlichen physikalischen Prüfdaten (Zahlentafel 2), zeigten sich sehr unterschiedliche Torsionswerte, deren Ursache erst nach einer mineralogischen Untersuchung geklärt werden konnte. Es zeigte sich, daß der "direct-bond"-Grad des in der Torsion als besser eingestuften Steines unvergleichlich größer war, als beim zweiten Stein.

Zahlentafel 2. Vergleich zweier "high fired"-Steine A und B mit ähnlichen physikalischen Prüfdaten und sehr unterschiedlichen Torsionswerten.

Physikalisch chemische Werte	A	B
Raumgewicht	3,06	3,04
Porosität	19,9	19,5
Gesamtporen	20,7	19,8
WLF	2,5	2,9
Luftdurchlässigkeit nPm	87,0	35,4
KDF	423	358
DFB		
t_o	1605	-
t_a	1690	-
abgebr.	1700	1700
abges.	0,5	0,0
Chemische Analyse:		
SiO_2	2,93	3,35
CaO	0,93	0,96
Cr_2O_3	21,3	19,75
Torsionsversuche		
Verdrehungsgeschwindigkeit in Grad/Std. bei Temperaturkonstanthaltung		
1100° C	0,11	0,06
1200° C	0,22	0,14
1300° C	0,80	0,44
max. Torsionsmoment bei 1450° C	10,4 kp.cm	20,0 kp.cm
Bruchtemperatur bei 7 kp.cm	1375° C	1525° C

Es ist also zweckmäßig, in heiklen Fällen für die Beurteilung neben der KDF den Torsionswert heranzuziehen, bei allgemeinen Überprüfungen wird man sich aber nur auf die KDF-Bestimmung stützen, da bei dieser Methode in verhältnismäßig kurzer Zeit viele Werte erhalten werden können, während die Torsionsprüfung doch etwas langwieriger ist. Folgt man in Zahlentafel 2 den Prüfwertverbesserungen durch Einsatz eines Simultansinters, so ist zu erkennen, daß bei der Heißbiegefestigkeit eine geringfügige Verbesserung erzielt wird, jedoch ist diese nicht so gravierend wie bei der KDF oder Torsion. Beim spezifischen Gewicht konnten keine Unterschiede gefunden werden, was eigentlich naheliegend ist. Beim Raumgewicht ist ein leichtes Ansteigen zu vermerken. Ebenfalls positiv zu bewerten ist die geringfügige Abnahme der Porosität. Da es nicht möglich ist, durch Veränderungen in einem Stein nur Verbesserungen zu erzielen - es müssen solche immer auf Kosten von gewissen Verschlechterungen in Kauf genommen werden - sei auch auf diese hingewiesen. Wir fanden, daß die Temperaturwechselbeständigkeit des Steines abnimmt, gleichgültig ob es sich um die Prüfung bei 950° oder bei hohen Temperaturen handelt. Zieht man aus diesen Betrachtungen Rückschlüsse, so erkennt man, daß es völlig irreführend wäre, eine einzige Prüfmethode für die Qualitätsbeurteilung heranzuziehen. Man könnte ja der Auffassung sein, daß ein Stein qualitätsmäßig entsprechen muß, wenn der für die Herstellung verwendete Simultansinter in Ordnung ist. Es gibt nun leider in jedem Produktionsablauf gewisse Fehlerquellen, schon allein deshalb, weil Menschen in diesem Ablauf eine wesentliche Rolle spielen und die jeweilige Verfassung eines Arbeiters schon für die Qualität ausschlaggebend sein kann. Dazu kommt, daß die maschinellen Einrichtungen auch störanfällig sein können, womit als Fehlerursachen zahlreiche neue Komponenten hinzukommen. Dies hat zur Folge, daß die Kontrolle für Qualitätswaren besonders streng und vielfältig sein muß und dabei der Verknüpfung von Prüfwerten mit Qualitätsmerkmalen, wie z. B. direkte Bindung von Chromerz zu Periklas im Falle des Simultansinters, ein großes Augenmerk zu schenken ist. Dem Steinhersteller wird damit eine sehr starke Belastung aufgebürdet, zumal ein eingeschultes Team von Fachleuten beschäftigt sein muß. Er wird gezwungen, eigene Forschungsstätten zu errichten um einerseits seine Qualitäten mit konstanter Güte zu erzeugen und nach Möglichkeit zu verbessern, andererseits durch Neuentwicklungen mit der rasch voraneilenden Technisierung und Modernisierung der Anwendungsindustrie Schritt zu halten.

Es soll noch hinzugefügt werden, daß ganz allgemein gesehen, die besten Prüfwerte keine Bedeutung haben, wenn die Steinqualität in der Praxis nicht entspricht.

Es wurde schon weiter oben einmal angeführt, daß es Fälle gibt, wo gerade eine Simultanqualität nicht den gewünschten Anforderungen entsprochen hat. Es konnte jedoch zu unserer Beruhigung bisher nachgewiesen werden, daß in jenen Fällen die Qualität (Güte) als solche in Ordnung war, nur die Art der Qualität (Chrommagnesit- oder Magnesitchrom-Simultansinter) war für das Anwendungsgebiet nicht geeignet. Man kann es ruhig aussprechen, daß es derzeit keinen Stein, der für alle Anforderungen geeignet ist, gibt und wahrscheinlich in absehbarer Zeit nicht geben wird. Ohne Zweifel ist aber durch die Entwicklung des Simultansinters ein Schritt bezüglich der Qualitätsverbesserung von feuerfesten Steinen weitergegangen worden, um den außerordentlich hohen Anforderungen, die derzeit an feuerfestes Material gestellt werden, gerecht zu werden.

Am Schluß sei erlaubt, die Herren DI. Kiessewetter, Dr. Mörtl und Dr. Starzacher namentlich anzuführen, die gerade auf dem Gebiet der Qualitätsbeurteilung umfangreiche Arbeiten durchgeführt haben und noch durchführen. Auf Grund ihrer Arbeitsunterlagen war es möglich, das Referat nicht nur auf die mineralogische Qualitätsprüfung zu beschränken, sondern an Hand einer neuen Sintersorte einen besseren Einblick in die Qualitätskontrolle, wie sie bei der Österreichisch-Amerikanischen Magnesit A. G. derzeit getätigt wird, zu geben.

Literaturverzeichnis

1 Mörtl, G., N. Skalla, A. Weidner und W. Zednicek: "Chromerzhältige Steine mit hoher mechanischer Festigkeit aus Simultansinter". Radex-Rundschau 1965, H 4, S 559-576

2 Laming, J.: "Recent Work on Chrome Magnesite Brick". Refr. Journ. 35, (3), 1959, S 116-120

3 Schroth, P. und B. H. Baker: "Evaluation of Open Hearth Roof Brick". Vorgetragen in Aachen am 26. 10. 66 anläßlich des IX. Internationalen Feuerfest-Kolloquiums

4 Richardson, H. M., K. Fitchett und M. Lester: "Bond Structure and Behaviour of Basic Bricks at High Temperatures" Trans. Brit. Ceram. Soc. 59, 1960, S 483 -504

5 Ford, W. F., A. Hayhurst und J. White: "Effect of Bond Structure and High Temperature Tensile Behaviour of Basic Bricks". Trans. Brit. Ceram. Soc. 60, 1961, S 581-601

6 White, J.: "Recent Research in Refractories at University of Sheffield". Refr. Journ. 36, 1960, S 60-73

7 Carter, R. E. :
"Mechanism of Solid - State Reaction between Magnesium-Oxid and Aluminium-Oxid and between Magnesium-Oxid and Ferrid Oxid". Journ. Amer. Ceram. Soc. 44, 1961, S 116-120

8 Mikami, H. M. :
"Direct Bonded Brick in Electric Furnace Walls". Presented at Electric Furnace Conf., Met. Soc. A. I. M. E. December 1963, Electr. Furn. Prov. 1963

9 White, J. :
"Changing Pattern in Refractories Technology" Refr. Journ. 39, 1963, S 126-139

10 Hayhurst, A. und J. Laming:
"Effect of Firing Temperature on Properties of Chrome Magnesite Bricks". Refr. Journ. 39, 1963, S 80-115

11 Hubble, D. H. und W. H. Powers:
"High Fired Basic Brick for Open Hearth Roofs". Bull. Amer. Ceram. Soc. 42, 1963, S 409-413

12 Ben Davies und F. H. Walther:
"Direct Bonding of Basic Brick". Journ. Amer. Ceram. Soc. 47, 1964, S 116-122

13 Scheerer, P. E., H. M. Mikami und J. A. Tauber:
"Microstructure of Chromite-Periclase at 1650° to 2310° C". Journ. Amer. Ceram. Soc. 47, 1964, S 297-305

14 Hayhurst, A. und J. Laming:
"Modifications of Microstructure of Chrome-Magnesite Refractories by Heat Treatment". Trans. Brit. Ceram. Soc. 63, 1964, S 135-142

15 Mikami, H. M., W. E. Brown und V. Gilbert:
"Direct Bonded Basic Brick in Open Hearth Roofs". Vorgetragen beim Jahrestreffen der Amer. Ceram. Soc. April 1964

16 Weidner, A:
"Bewährung von Steinen aus Simultan-Sinter unter verschiedenen Betriebsverhältnissen". Vorgetragen in Aachen am 27. 10. 66 anläßlich des IX. Internationalen Feuerfest-Kolloquiums

17 Lakin, J. R. :
"The Behaviour of High Fired Basic-Bricks in Steelmaking Furnaces". Vorgetragen in Aachen am 27. 10. 66 anläßlich des IX. Internationalen Feuerfest-Kolloquiums.

18 Laming, J. und A. H. Hayhurst:
"Production and Properties of Direct Bonded Bricks". Vorgetragen in Aachen am 27. 6. 66 anläßlich des IX. Internationalen Feuerfest-Kolloquiums.

19 Konopicky, K. und K. Wohlleben:
"Aufbau hochgebrannter Magnesia-Chromsteine". Vorgetragen in Aachen am 26. 10. 66 anläßlich des IX. Internationalen Feuerfest-Kolloquiums.

20 Staron, J.:
"Ergebnisse und Probleme bei der Erzeugung hochgebrannter Magnesia-Chromsteine". Vorgetragen in Aachen am 26. 10. 66 anläßlich des IX. Internationalen Feuerfest-Kolloquiums.

21 Van Dreser, M. L. und W. H. Boyer:
"High Temperature Firing of Basic Refractories", Journ. Amer. Ceram. Soc. 46, 1963, S 257-264.

22 Hayhurst, A. H. und J. Laming:
"The Structure of Chrome-Magnesite Refractories at High Temperatures". Trans. Brit. Ceram. Soc. 62, 1963, S 989-1005.

23 Brezny, B. und Z. Smutny:
"Mechanismus des Entstehens einer direkten Bindung: Chromspinell-Periklas". Keramische Zeitschrift 12, 1966, S 874-877

24 Trojer, F.,:
"Die Herstellung relieffreier Anschliffe". Karinthin, Klagenfurt, 1952, Folge 19, S 147-169.

25 Schneiderhöhn, H.:
"Erzmikroskopisches Praktikum", Stuttgart 1952, E. Schweizerbart'sche Verlagsbuchhandlung (Erwin Nägele).

26 Aldred, F. H. und A. E. S. White:
"Some Equipment for Ceramic Research". Trans. Brit. Ceram. Soc. 58, 1959, S 199-223.

27 Davies, L. J. und R. Brough:
"The Physical Properties of Ceramic Bodies at High Temperatures' II The Measurement of Transverse Strength." Trans. Brit. Ceram. Soc. 62, 1963, S 463-475.

28 Lythe, T. W., G. C. Padgett und D. Woodhouse:
"High Temperature Mechanical Testing of Refractory Materials" Trans. Brit. Ceram. Soc. 62, 1963, S 19-37.

29 Eichler, B., P. G. Whiteley und A. J. Owen:
"A Simulative Service Investigation of the Behaviour of Unfired Basic Roof Blocks". Transactions of IX, Intern. Ceram. Congress, Brüssel 1964, S 283-294.

30 Woodhouse, D. und G. C. Padgett:
"Fundamental Aspects of the Mechanical Properties of Refractory Bricks". Transactions of IX. Intern. Ceram. Congress, Brüssel 1964, S 315-327.

31 Padfield, R. C.:
"Hot Strength of Basic Brick". Amer. Ceram. Soc. Bull. Vol. 44, 1965, S 537-540.

32 Höer, H. und Th. Haase:
"Die Entwicklung der Festigkeit von ungebrannten und gebrannten Silika-Steinen mit der Temperatur". Silikat-Technik 17, 1966, Heft 6, S 176-180.

33 Hecht, H. U.:
"Vergleichende Untersuchungen an Silika-, Magnesit- und Schamottematerial mit Hilfe der Torsionsprüfung, der DFB-Prüfung nach DIN 1064 und der Heißdruckfestigkeit". Diplomarbeit an der Bergakademie Clausthal 1955.

34 Hecht, H. U.:
"Neuer Torsionsprüfer für hohe Temperaturen". TIZ, 86, 1962, S 329.

35 Fiala, F.:
"Heißtorsionsprüfung feuerfester Magnesitsteine". Staatsprüfungsarbeit an der Montan. Hochschule Leoben 1961.

36 Koltermann, M., K. J. Leers, M. Kienow, R. Iussen und K. E. Maaß:
"Die Torsionsfestigkeit basischer gebrannter und chemisch gebundener feuerfester Werkstoffe bei hohen Temperaturen". Ber. DKG 41, 1964, Nr. 11, S 632-638.

37 Starzacher, A.:
"Einige Ergebnisse der Heißtorsionsfestigkeitsprüfung an basischen Steinen." Radex-Rundschau 1964, H 5, S 299-312.

38 Schwiete, H. E., H. W. Hennicke und M. Schröter:
"Torsionsverhalten von Magnesitsteinen unter Wechsellast". Vorgetragen in Aachen am 27. 10. 66 anläßlich des IX. Internationalen Feuerfest-Kolloquiums.

39 Starzacher, A.:
"Untersuchung basischer Steine nach der Torsionsmethode". Vorgetragen in Aachen am 27. 10. 66 anläßlich des IX. Internationalen Feuerfest-Kolloquiums.

40 Starzacher, A.:
"Die Prüfung der Temperaturwechselbeständigkeit basischer Steine mittels Luftabschreckung bei verschiedenen Temperaturen". Radex-Rundschau 1966, H 2, S 109-128.

41 Starzacher, A. :
"Bestimmung der Heißbiegefestigkeit an basischen Steinen bei höchsten Temperaturen". Radex-Rundschau demnächst.

Dr. phil. W. Zednicek
c/o Österreichisch-Amerikanische Magnesit AG,
9545 Radenthein

Diskussionen zu den Vorträgen F. Trojer, G. Bouvier und W. Zednicek

H. Trenkler, Leoben, fragt Herrn Dr. W. Zednicek, wie man bei der mikroskopischen Erprobung zu einem repräsentativen Durchschnittswert über die erzeugte Sintermenge gelangt.

W. Zednicek, Radenthein: Von einem Simultansinterbrand, der durchschnittlich 3 bis 6 Tage produziert wird, werden stündlich Durchschnittsproben gezogen und 3 Materialarten zur mikroskopischen Beurteilung herangezogen, nämlich das ofenanfallende, das gebrochene und das zur Erzeugung des Steines verwendete Material. In diesem Zeitraum werden etwa 200 bis 300 Schliffe untersucht, wobei in einem Schliff mindestens 200 Chromerzkörner guter oder mäßiger Bindung - ausgeschlossen ist eine halbe Bindung - erfaßt werden sollen, um einen statistisch gesicherten Wert zu erhalten.

Trenkler : Inwieweit kann der von den Veitscher Magnesitwerken entwickelte Stein mit Graphitzusatz preislich mit den anderen Steinen für die Konverterauskleidung konkurrieren?

G. Bouvier , Leoben: Dieser Stein steht in den Sauerstoffkonvertern in Konkurrenz mit den verschiedenen Dolomitsteinen, den teergebundenen Dolomit-steinen und dem verkokten, sogenannten vergüteten Dolomitstein, der nachträglich teergetaucht wird. Das Haltbarkeitsverhältnis Anker-T-Stein zu teergebundenem Dolomitstein beträgt im LD-Konverter zwischen 2 : 1 und 2 1/2 : 1 und über den LDAC- bis zum Kaldokonverter bis zu 4 : 1. Das Preisverhältnis der Höchstqualität, dem eisenarmen Magnesitstein, zum teergebundenen Dolomitstein beträgt ebenfalls 4 : 1. Im Kaldokonverter ist die Haltbarkeit der Dolomitsteine mit 20 bis 40 Chargen unbefriedigend, sodaß sich hier der Magnesitstein durchsetzen konnte. Andererseits ist in Europa sehr guter Dolomit äußerst billig, sodaß hier im reinen LD-Verfahren der Magnesit keine Aussicht auf Verwendung hat. In Japan oder Amerika liegt umgekehrt das Preisverhältnis Dolomit- zu Magnesitstein bei etwa 1 zu 2 und daher sind dort die LD-Ausmauerungen vorwiegend magnesitisch. Zusammenfassend kann man feststellen, daß der Magnesitstein gegenwärtig nur in Kaldoöfen und an Stelle stark voreilenden Verschleißes im LD- und mehr noch im LDAC-Verfahren wirtschaftlich ist.

Zu den Ausführungen von Dr. Zednicek bestätigt Dr. Bouvier die Erfahrung auch bei den Veitscher Magnesitwerken, daß die normgemäßen Heißfestigkeitsprüfungen ungenügend sind und man daher die Untersuchungen auf die Heißtorsions- und Heißbiegefestigkeit abgestellt hat. - Hierauf stellt er die Frage bezüglich des Absinkens der Temperaturwechselbeständigkeit (TWB) der Steine aus Simultansinter. Übereinstimmend mit Dr. Zednicek betrachtet er, angesichts der hochgespannten Anforderungen in den SM- und Elektroöfen, die Wahl des Chromersatzes als sehr heikel. Nach seiner Auffassung spielt hier die TWB eine sehr wesentliche Rolle. Nun ist der Chromersatz bei den Simultansintern größer als bei den heute gebräuchlichen Magnesitchromsteinen, die bis zu Chromzusätzen von 5 bis 10 % heruntergehen. Dazu würde zweierlei interessieren: Wie stark ist nach der österreichischen Methode der Abfall, der TWB gegenüber den konventionellen Steinen und sodann: sind, wie bei den konventionellen Steinen, große Unterschiede zwischen Magnesitchrom und Chrommagnesitsteinen vorhanden oder kleinere?

Zednicek: Bei den mit Hilfe der aufgezeigten Prüfmethoden untersuchten Simultansinterqualitäten ist ein Abfall der TWB nachzuweisen; man muß aus diesem Grunde die Herstellung der Sinterqualität so einstellen, daß die geforderte Mindestabschreckzahl bei den daraus produzierten Steinen nicht unterschritten wird, d. h. die TWB darf nicht in einen Bereich kommen, der für einen Stein, welcher im Gewölbe zum Einbau gelangt, gefährlich wird. Man muß die geringfügige Verschlechterung der TWB bei sonst wesentlichen Verbesserungen in den übrigen physikalischen Prüfdaten in Kauf nehmen, aber es darf die von der Qualitätskontrolle nach der österr. Methode geforderte Zahl der TWB-Abschreckung mit diesem Sinter keinesfalls unterschritten werden.

S. Kienow, Wiesbaden, geht zunächst auf die TWB der Simultansteine ein. Früher hat man das Chromerz dem Magnesitstein zugesetzt, um Spalten um die

Chromerzkörner herum zu erhalten, durch welche der Stein nachgiebiger gegen Verformung wurde, ohne gleich zu brechen, und so eine Erhöhung der TWB zu erzielen. Man mußte, als man gebrannte Steine im Gewölbe verwendete, sehr hohe Chromerzgehalte anwenden. Später bei den chemischgebundenen Steinen ging das nicht mehr, weil dann die Schwindungsverhältnisse zu ungünstig wurden. Durch das Zurückgehen mit den Chromoxydgehalten wurden die Spalte zwischen dem Chrom im Oxydchromerz und dem Sinter ganz geschlossen und so müßte die TWB auf Werte sinken, wie im reinen Magnesitstein, wenn auch nicht ganz soweit, denn die entstehende Spinellphase hat von Natur aus eine etwas bessere TWB.

Bezüglich der Konvertersteine zeigte sich der Einfluß der Teerbindung bzw. Teertränkung darin, daß der ungetränkte Stein sehr viele Risse hatte, während beim getränkten Stein nach der Verschlackung keine Rißbildung mehr erkennbar war. Das scheint jedoch eine zu große Vereinfachung zu sein: auch teergetränkte Steine zeigen eine gewisse Neigung zur Rißbildung, besonders dicht unter der Verschlackungszone. Dort bildet sich eine ganz feine Rissigkeit aus, in welcher nachher die Schlacke eindringt und die Periklase der Steine wegspült, - ein mechanischer Faktor also, der nicht ganz zu vernachlässigen ist.

Schließlich eine Bemerkung zur Korngröße des Periklases. Wie Herr Dr. Bouvier sagte, strebt er eine möglichst große Korngröße an, das ist klar, denn je höher man brennt, desto mehr findet Sammelkristallisation statt. Nun ist nach dem Gesetz von Nabaro-Hering das Kriechen umgekehrt proportional dem Quadrat der Korngröße und damit verschlechtern sich mit der Korngröße auch die mechanischen Eigenschaften. Ein feinkörniger Sinter sollte also bessere Heißfestigkeitseigenschaften haben als ein grobkörniger. Wie soll man sich das bessere Verhalten des grobkörnigen Periklases erklären?

Bouvier: Zur Frage der TWB: unter sehr scharfen Betriebsbedingungen verliert diese an Bedeutung. So ist es zu verstehen, daß heute in den scharfgehenden SM-Öfen mit großem Eisenoxydangebot gebrannte Magnesitchromsteine und fast reine Magnesitsteine, chemisch gebunden oder nicht, zur Anwendung kommen können. Denn die Infiltration und die Verschlackung der Feuerseite gehen ganz andere Wege, und die TWB spielt nicht mehr die dominierende Rolle wie früher. So hat also die Entwicklung von Steinen mit geringerer TWB, die härter und starrer sind, einen Sinn. -

Bezüglich der Rißbildung bei den teergetränkten, gebrannten Steinen darf man nicht glauben, daß die TWB, auch wenn die verschlackten Zonen nur Millimeter-

größe erreichen, nicht trotzdem von Bedeutung ist. Es kommt hier bei der Auswahl des Sintermagnesits wesentlich darauf an, ein Material zu haben, das eine hohe TWB den Steinen ermöglicht, also geringere Tendenz zeigt, auch in dünneren Schichten abzusplittern. Daher hatten auch Seewassermagnesite, wenn sie noch so rein und hochgebrannt waren, nicht den Erfolg wie natürliche türkische oder griechische Magnesite. -
Zur Heißfestigkeit bei Grobkorn kann seitens der Veitscher Magnesitwerke nur sehr wenig gesagt werden. Man legt hier vornehmlich Wert auf drei Heißfestigkeitsprüfungen, die der bereits erwähnten Heißdruckfestigkeit, der Heißtorsions- und der Heißbiegefestigkeit. Im vorliegenden Fall wurde vorerst nur die Heißdruckfestigkeit geprüft. Die im Referat erwähnten Effekte erklärt man sich damit, daß die Risse beim Bruch durch die Körner gehen. Doch haben wir die Tatsache bei der Heißtorsions- und Heißbiegefestigkeit noch nicht untersucht und können daher jetzt noch nicht sagen, ob die Kristallgröße hierauf einen nennenswerten Einfluß hat. Wir glauben, daß der Wert des Materials nicht darauf beruht, sondern in einer besonders festen und stabilen Körnung, die sich im Betrieb auch bei höchsten Temperaturen nicht ändert, und die außerdem, infolge ihrer geringen Oberfläche, einen zusätzlichen Widerstand gegenüber Lösungs- und Diffusionsvorgängen ergibt. Angesichts der hohen Anwendungstemperaturen und damit des hohen Eisenoxydangebotes, tritt der Widerstand gegen Zerstörung der Steine durch Infiltration in den Vordergrund und es müssen Wege gesucht werden, die, wenn auch teuer, so doch wirtschaftlich, diese einschränken.

Zednicek : Herr Professor Kienow hat richtig gesagt, daß die Chromerzkörner durch das Anbacken der Periklase ihrer Ausgleichsfunktion enthoben werden. Nun ist, wenn man einen guten Simultansinter herstellt, die Bildung von Sekundärspinellen sehr stark und wir glauben, daß diese die ehemalige Funktion der Chromerzkörner hinsichtlich des Temperaturwechsels weitgehend übernehmen und daher der Abfall der TWB nicht so groß ist, wie bei reinen Magnesitsteinen.

DER EINFLUSS DER FEUERFESTEN STOFFE AUF DIE GESTALTUNG UND DEN BETRIEB VON BRENNSTOFFBEHEIZTEN HERDSCHMELZÖFEN

von F. BARTU, Zürich

Mit 9 Textabbildungen

EINLEITUNG

Die große Bedeutung der feuerfesten Stoffe für den Bau von Herdschmelzöfen ist bekannt. Die chemischen Eigenschaften der Baustoffe sind in gewissen Fällen die Voraussetzung, um bestimmte Prozesse durchzuführen, die physikalischen Eigenschaften bestimmen weitgehend die Ofenkonstruktion, die Grenze der Ofenleistung, die Haltbarkeit und damit die Amortisations- und Unterhaltskosten der Öfen. Einleitend sollen diese Zusammenhänge beim bekanntesten Herdschmelzofen, dem Siemens-Martin-Ofen, kurz behandelt werden.

Bei der Beurteilung des SM-Ofens ist zu prüfen, ob die Mängel, die man ihm vorwirft, auf eine technisch überholte Grundkonzeption oder auf eine unvollkommene Ausführung zurückzuführen sind. Gehen wir deshalb vom Idealofen aus, jenem Ofen, den wir mit idealem feuerfesten Material bauen könnten. Abb. 1 zeigt sein Wärmestrombild.

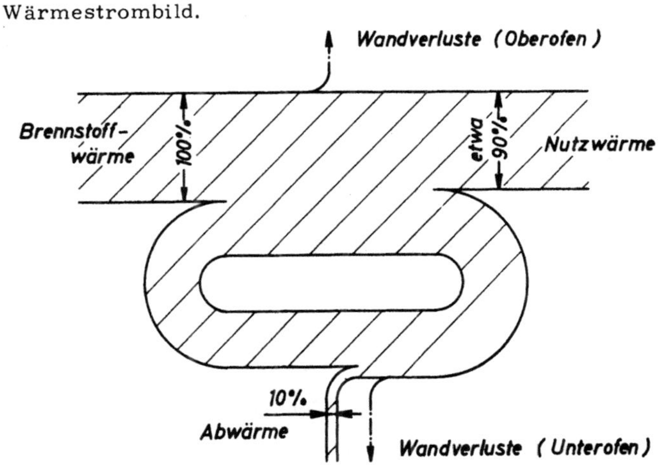

Abb. 1: Wärmebilanz des Idealofens

Der Ofen hätte sehr geringe, praktisch zu vernachlässigende Wandverluste, Kühlelemente wären überflüssig, das ganze Ofensystem gasdicht, und Falschlufteintritt und Ausflammen hätten keine Bedeutung. Die gesamte von der Flamme im Herdraum abgegebene Wärmemenge ginge in das Schmelzgut, der Herdraumwirkungsgrad wäre 100 %. Die Güte der Wärmeübertragung im Herdraum würde keine Rolle spielen; es wäre gleichgültig, wie heiß die Abgase den Herdraum verlassen, denn die Luft würde praktisch auf Abgastemperatur vorgewärmt. Der Ofen mit idealem Wärmeaustausch im Gitterwerk hätte jedoch Abwärmeverluste, weil der Wasserwert der Rauchgase des Herdraumes immer größer wäre als der Wasserwert der Verbrennungsluft. Der wärmetechnische Wirkungsgrad würde nur durch diesen Verlust bestimmt. Bei Ölfeuerung läge der Abwärmeverlust bei etwa 10 %, d. h. der wärmetechnische Gesamtwirkungsgrad würde etwa 90 % betragen gegenüber etwa 35 % beim konventionellen Ofen.

Der Idealofen würde bei gleicher Beheizungsintensität die 2 1/2-fache Stundenleistung des heutigen Ofens bringen, bei nur 40 % des derzeitigen Wärmeverbrauches pro Tonne Stahl. Man sieht, die Grundkonzeption des SM-Ofens ist ausgezeichnet. Wir können den Idealofen auch ohne weiteres bauen. Seine Ofenreise wäre beim heutigen Steinmaterial aber zu kurz, der Steinverbrauch zu hoch und der Ofenausnützungsgrad zu schlecht. Die Baustoffe des Ofens werden schon heute bis an die Grenze ihrer Widerstandsfähigkeit beansprucht. Um weiterzukommen, müssen sowohl die feuerfesten Materialien verbessert als auch Mittel und Wege gesucht werden, die Wechselwirkung zwischen Flamme, bzw. Ofenatmosphäre und dem feuerfesten Futter zu verringern.

Beim Ofenfutter ist zu unterscheiden zwischen dem Herd, der die Schmelze aufnimmt, und dem Mauerwerk, das den Arbeitsraum nach außen abschließt oder der Gasströmung im Ofensystem dient. Im ersten Fall stehen die chemischen Eigenschaften der feuerfesten Stoffe im Vordergrund, in den anderen Fällen die physikalischen, auch wenn diese chemische Umsetzungen zur Folge haben.

Vor über 100 Jahren hat Friedrich Siemens den Regenerativofen erfunden. Er baute bereits 1857 in Liesing bei Wien den ersten Glaswannenofen, doch gelang es zunächst nicht, Stahl im Herdofen zu erschmelzen. Erst Emile und Pierre Martin war 1864 der Erfolg beschieden. Ihnen stand in Sireuil ein guter Quarz als Herdbaustoff zur Verfügung. Die SM-Öfen hatten dann ausschließlich saure Herde, auf denen es nur möglich war, den sauren Prozess auszuführen. Als die Erfindungen von Thomas und Gilchrist zur Entphosphorung des Roheisens bekannt wurden, versuchte man Dolomit als Herdbaustoff und kam so zum basischen Siemens-Martin-Verfahren. Die chemischen Eigenschaften des Dolomits waren die Voraussetzungen dafür.

Wenn man über den Einfluß der physikalischen Eigenschaften der feuerfesten Stoffe auf den Bau von Öfen sprechen will, muß man sich vor Augen halten, daß zwischen den Eigenschaften eines Steines, die mit einfachen physikalischen Prüfmethoden ermittelt werden, und dem Verhalten des feuerfesten Mauerwerkes im Betrieb sehr große Unterschiede bestehen. Die Wärmeleitfähigkeit, die lineare Wärmeausdehnung oder der Schmelzpunkt sind genau definierte physikalische Begriffe, die für alle festen Körper gelten. Darüber hinaus hat die Feuerfest-Industrie besondere Untersuchungsmethoden entwickelt, zum Beispiel über die Druckfeuerbeständigkeit, die Temperaturwechselbeständigkeit u. a. Die tatsächliche Beanspruchung der feuerfesten Stoffe im Betrieb ist jedoch sehr komplex, weil stets mehrere Faktoren zusammenwirken, und weil sich die Stoffe im Laufe des Betriebes oft wesentlich verändern. Wir dürfen deshalb hier nicht allein von den Prüfeigenschaften der feuerfesten Materialien ausgehen, sondern eher vom Verhalten der Stoffe im Betrieb.

DIE WÄRMELEITFÄHIGKEIT DER FEUERFESTEN STOFFE UND DIE WANDVERLUSTE

Die Wärmeleitfähigkeit des feuerfesten Futters kann einen bedeutenden Einfluß auf die Leistung und den Wärmeverbrauch eines Ofens haben, wobei die Wandverluste des Herdraumes die Hauptrolle spielen. Die Wärmeverluste des Unterofens haben weniger Bedeutung, nicht wegen ihrer geringeren Wertigkeit, sondern weil bei Öl- oder Kaltgasfeuerung das Wärmeangebot im Unterofen größer ist als der Wärmebedarf.

Die von der Flamme im Herdraum abgegebene Wärme geht zum Teil in das Schmelzgut, zum Teil geht sie als Wandstrahlung verloren. Die Wandverluste des Herdraumes und die Nutzwärme sind gleichwertig. Ein Ofen mit nichtleitenden Wänden und ohne Kühlelemente hätte der Herdraumwirkungsgrad 1,0, d. h. die ganze abgegebene Flammenenergie ginge in die Schmelze.

Feuerfeste Wände sollten deshalb möglichst wenig Wärme ableiten. Gewiß lassen sich die Wärmeverluste durch Isolieren verringern, doch kann diese Maßnahme bei Öfen mit hohen Betriebstemperaturen große Nachteile haben; sie liegen in der Verringerung des Temperaturgefälles (Abb. 2)

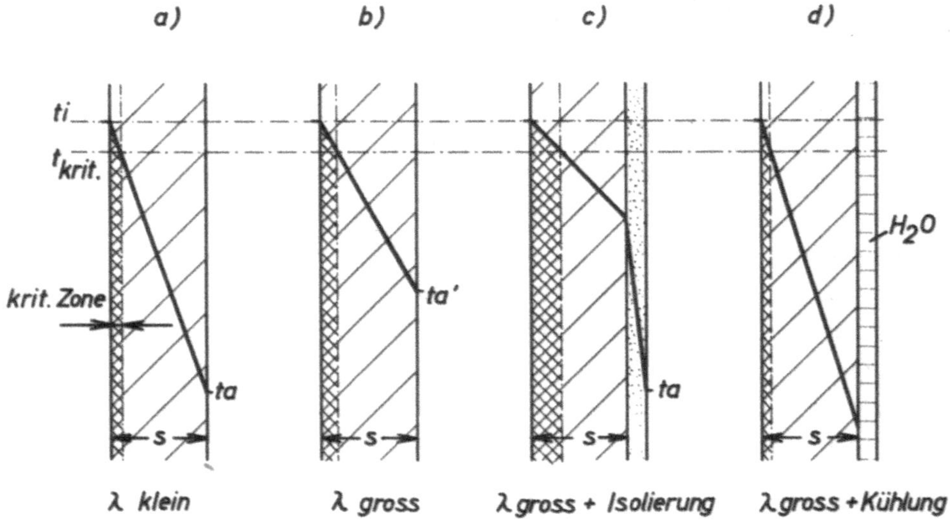

Abb. 2: Außentemperatur und Temperaturgefälle verschiedener Wände

Eine feuerfeste Wand mit geringer Wärmeleitfähigkeit (Fall a) hat nicht nur einen kleinen Wandverlust, sondern auch ein großes Temperaturgefälle. Die gefährdete Zone zwischen der hohen Innentemperatur t_i und einer kritischen Grenztemperatur $t_{krit.}$ ist sehr dünn. Diese Zone kann bei Silika eine erweichte Zone sein, die zum Abfließen neigt, bei Chrommagnesitsteinen die Zone des FeO-bursting, wobei natürlich die kritischen Temperaturen in den beiden Fällen verschieden sind. Ein stärker leitendes Material (Fall b) hat bei gleicher Wandstärke einen größeren Wärmeverlust, ein kleineres Temperaturgefälle und eine dickere kritische Zone. Wenn man nun eine solche Wand isoliert (Fall c) werden wohl die Wärmeverluste geringer, die kritische Zone wird aber noch dicker. Die Ersparnis an Wärme kann durch einen stärkeren Verschleiß wettgemacht, oder sogar übertroffen werden.

Will man die kritische Zone dünn halten, so muß man die Wand umso schwächer ausführen, je größer die Wärmeleitfähigkeit des Materials ist, oder durch eine Luft- oder Wasserkühlung die Außentemperatur senken (Fall d). Die Luftkühlung wendet man zum Beispiel bei Gewölben an. Man hält die Gewölbe frei von Staub, d. h. von Isoliermaterial, und senkt gleichzeitig die Außentemperatur. Luftkühlung wird auch angewendet bei den Herden der Glasschmelzöfen. Wasserkühlung benützt man bei manchen Metallschmelzöfen in der Schlackenzone, um das Temperaturgefälle im Stein zu vergrößern.

Verschlissene Wände haben ein größeres Temperaturgefälle als neue, weshalb die Verschleißgeschwindigkeit mit abnehmender Reststärke immer kleiner wird. Messungen an einem 75 t SM-Ofen ergaben, daß der Verschleiß gegen Ende der Ofenreise um 30 - 40 % kleiner wurde.

Bis vor etwa 20 Jahren hat man versucht, dem Idealofen nahe zu kommen, die Wandverluste durch Isolierung zu verringern und den Wärmeaustausch im Gitter durch spezielle Steinformen zu verbessern. Später ging man dazu über, den Herdraumwirkungsgrad des Ofens durch verstärkte Beheizung zu verbessern. Durch Verstärkung der Beheizung kann man aber bei weitem nicht an die Vorteile herankommen, die mit besseren feuerfesten Stoffen und einer Annäherung an den Idealofen zu erreichen wären.

Bei den heutigen SM-Öfen beträgt die Nutzwärme etwa das 2 1/2-fache der Wandverluste des Oberofens, entsprechend einem Herdraumwirkungsgrad von $\eta_H =$ 71,5 %. Wenn bei stärkerer Beheizung die Abgastemperatur des Herdraumes und die Vorwärmtemperatur der Luft gleich bleiben, so steigt die Ofenleistung gemäß Abb. 3. Bei 50 % größerer Brennstoffmenge erhöht sich die Leistung wegen

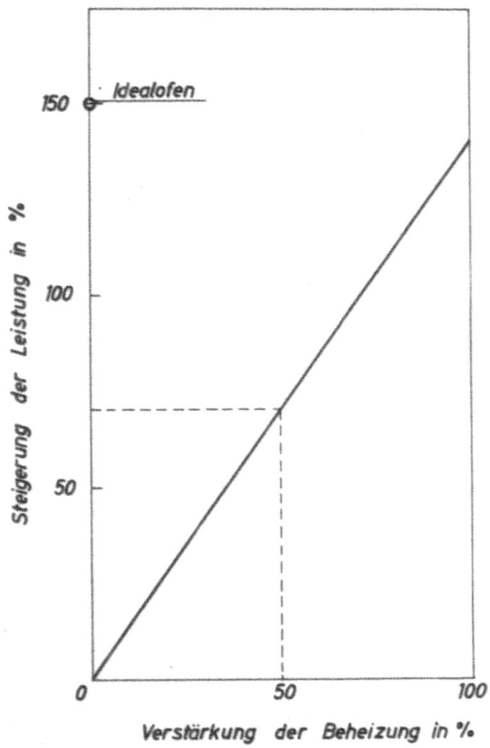

Abb. 3: Leistungssteigerung durch verstärkte Beheizung

der Verbesserung des Herdraumwirkungsgrades von 71,5 auf 81 % wohl um 70 %, es müssen aber auch die 1 1/2-fachen Rauchgasmengen durchgesetzt werden. Auf der Ordinate des Diagrammes ist ein besonderer Wert eingetragen: Die Stundenleistung des eingangs definierten Idealofens ohne erhöhte Brennstoffzufuhr.

Gemeinsam mit den Wandverlusten müssen die Kühlverluste behandelt werden. Wassergekühlte Elemente sind zweifellos die widerstandsfähigsten feuerfesten Bauteile, denn sie sind widerstandsfähig gegen hohe Temperatur, gegen Temperaturwechsel, gegen den Einfluß der Ofenatmosphäre und vor allem gegen mechanische Beanspruchungen. Sie haben jedoch oft schwere wärmetechnische Nachteile, weshalb der Ofenbauer nur zu gerne auf Kühlelemente verzichten würde. Gegen wassergekühlte Schieber in Abgaskanälen bestehen keine Bedenken, wohl aber gegen Kühlelemente im Herdraum, weil diese dem System hochwertige Wärme entziehen. Kühlwärme aus dem Herdraum und Nutzwärme sind von gleicher Wertigkeit. Bei einem wärmetechnischen Gesamtwirkungsgrad von beispielsweise 40 % muß jede Kalorie, die aus dem Herdraum an Kühlelemente abströmt, durch $\frac{1}{0,4} = 2,5$ Brennstoffkalorien bezahlt werden.

Bei den modernen Öl- oder Kaltgasöfen kommt man bereits mit wenig Kühlelementen aus, die großen Wärmefresser, die wassergekühlten Türrahmen, sind aber nach wie vor nötig. Nur ein mechanisch sehr widerstandsfähiges feuerfestes Material mit einer genügenden Temperaturwechselbeständigkeit würde es ermöglichen, die Türrahmen wesentlich kleiner auszuführen. Der Vorteil wäre sehr groß, der Steinbedarf hingegen gering; für ein geeignetes feuerfestes Material könnte ein hoher Preis bezahlt werden. Es wäre auch schon viel gewonnen, wenn man die Türrahmen mit einer abriebfesten und gut isolierenden Schicht überziehen könnte. Die Wasserkühlung der Türen verursacht einen viel kleineren Wärmeverlust, denn die Kühlung senkt nur die Temperatur der Futteraußenfläche.

DIE PERMEABILITÄT DER FEUERFESTEN STOFFE

Die Permeabilität ist die Eigenschaft eines festen Körpers, Gase oder Flüssigkeiten unter Einwirkung eines Druckgefälles durchtreten zu lassen. Wenn wir von Öfen sprechen, dürfen wir diese Eigenschaft nicht auf einen Stein beziehen, sondern wir müssen die Durchlässigkeit des Mauerwerkes betrachten.

Leider wird die Gasdurchlässigkeit im Betrieb oft zu wenig berücksichtigt. Haltbarkeit und Wandverluste können beachtlich beeinflußt werden. Die durch eine Wand strömende Gasmenge V ist direkt proportional der Gasdurchlässigkeitszahl, der Wandfläche, der Druckdifferenz zwischen Innen- und Außenfläche des Ofens und indirekt proportional der Wanddicke. Wann zum Beispiel ein ursprünglich 500 mm starkes Mauerwerk gegen Ende der Ofenreise auf 50 mm verschlissen und der Herdraumdruck vielleicht auf das Doppelte angestiegen ist, fließt bei unveränderter Durchlässigkeitszahl am Ende der Ofenreise die 20-fache Gasmenge wie am Beginn. Die Gasdurchlässigkeit kann bei dünnen Wänden am Ende der Ofenreise den Wandverlust stark beeinflussen.

Der Wärmeverlust einer gasdurchlässigen Wand beträgt $q = q_L \pm v \cdot c_p \cdot (t_i - t_a)$ kcal/m^2, h.

q_L = Wandverlust durch Wärmeleitung pro m^2 und h
v = Volumen der pro m^2 und h durch die Wand strömenden Gasmenge
c_p = spezifische Wärme des Gases
t_i und t_a = die Innen- und Außentemperatur der Wand.

Wenn im Ofen Überdruck herrscht, heizen die durch die Wand strömenden Rauchgase die Wand zusätzlich auf, besteht Unterdruck im Ofen, so kühlt die angesaugte Luft die Wand ab. Die beiden Vorgänge sind im Bild 4 schematisch dargestellt.

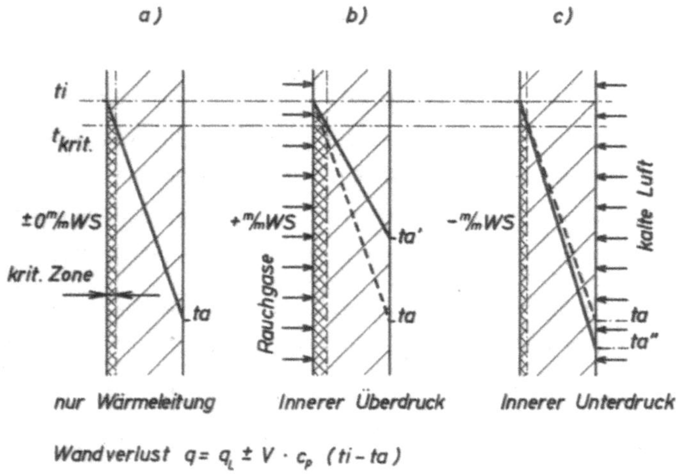

Abb. 4 : Wandtemperatur bei verschiedenem Herdraumdruck

Im Falle a liegt nur Wärmeleitung vor, die Wand ist entweder gasundurchlässig, oder es besteht kein Druckgefälle zwischen Ofenatmosphäre und der Außenluft. Im Falle b hat der Ofen Überdruck. Heiße Rauchgase durchströmen die Wand und erhöhen die Außentemperatur von t_a auf t_a'. Im Falle c dringt infolge des Unterdruckes kalte Außenluft durch das Mauerwerk. Die Außentemperatur fällt vor

t_a auf t_a''. Bei der Darstellung wurde für alle 3 Fälle dieselbe Innentemperatur angenommen, weil in den meisten Herdschmelzöfen die Wärmeübergangszahlen an der Feuerseite des Futters sehr groß sind, und eine geringe Erhöhung von t_i im Falle b oder eine geringe Senkung von t_i im Falle c für die grundsätzliche Darstellung belanglos ist.

Bei Überdruck im Ofen (Fall b) wird infolge der höheren Außentemperatur t_a' der Wandverlust größer sein als bei reiner Wärmeleitung. Zusätzlich geht eine gewisse Rauchgasmenge verloren. Im Falle c ist die Außentemperatur der Wand niedriger und die Abstrahlungsverluste sind kleiner. Es tritt jedoch eine gewisse Luftmenge - wenn auch im Mauerwerk vorgewärmt - in den Ofenraum ein.
Diese Feststellungen erklären einen scheinbaren Widerspruch: In der Literatur wurde öfters über Messungen der Wandverluste bei vollem und stark verschlissenem Mauerwerk berichtet. Die einen stellten einen starken Anstieg der Wandverluste mit zunehmendem Verschleiß fest, während die anderen keine wesentliche Änderung der Wandverluste zwischen Beginn und Ende der Ofenreise ermitteln konnten. Die einen betrieben den Ofen mit größerem Überdruck, die anderen mit geringerem oder gar negativem Druck.

Die Gasdurchlässigkeit, bzw. der Über- oder Unterdruck im Ofen beeinflussen auch die Haltbarkeit der Zustellung. Durchströmende Rauchgase vermindern das Temperaturgefälle (Fall b), eindringende Luft erhöht das Temperaturgefälle der Wand (Fall c). Dementsprechend wird die kritische Innenzone der Steine bei Überdruck dicker, bei Unterdruck dünner. Wenn die Innentemperatur t_i im Fall b etwas höher und im Fall c etwas niedriger als die eingetragene wäre, würden die gefährdeten Steinzonen noch dicker, bzw. noch dünner als gezeichnet sein.

Zur Änderung der kritischen Zone kommt noch die dynamische Wirkung der die Wand durchströmenden Gase: Abfließende Rauchgase tragen Staub in das Wandgefüge hinein, einströmende Luft hält Staub von der Wand fern.

Der Wert einer Zugreserve kommt durch diese Betrachtungen voll zum Ausdruck, Sie zeigen aber auch, daß bei Zugmangel die Ursache ungenügender Haltbarkeit nicht in der Qualität der feuerfesten Steine gesucht werden darf.

Leider liegen über die Gasdurchlässigkeit von Mauerwerk nur wenige Untersuchungen vor. P. Veit[1] hat die Gasdurchlässigkeit an Schamottesteinen und Mörtelfugen untersucht und für die Mörtelfuge die 280-fache Durchlässigkeitszahl des Steines gefunden. Durch einen beidseitigen Anstrich mit einer Mischung aus feinem Quarzmehl und Wasserglas konnte er die Durchlässigkeit des Steines auf etwa 6 % die der Mörtelfuge auf etwa 4 % reduzieren.

Diese wenigen Zahlen zeigen, daß den Fugenbaustoffen mehr Aufmerksamkeit als bisher geschenkt werden sollte. Gasdichte Anstriche sind erwünscht, die gewissen Temperaturen standhalten und genügend elastisch sind, die Dehnung des Mauerwerkes beim Anheizen mitzumachen.

Bei Metallschmelzöfen kann sogar die Durchlässigkeit der Steine gegenüber der Schmelze eine Rolle spielen. Ich möchte nur ein Beispiel nennen: Kupfer schmilzt bei 1084° C. Seine Viskosität nimmt mit steigender Temperatur rasch ab. Ein Kupferbad über 1200° C ist bereits so dünnflüssig, daß es durch die Poren eines reinen Magnesitsteines, der als sehr dicht gilt, durchdringt. In Kupferraffinerieöfen kann deshalb das Metall nicht nur durch undichte Fugen, sondern bei Überhitzung sogar durch die Steine der Sohle durchsickern und damit die Sohle zum Aufschwimmen bringen.

DIE MECHANISCHEN EIGENSCHAFTEN DER STEINE

Die feuerfesten Steine sind in den Öfen verschiedenen mechanischen Beanspruchungen ausgesetzt, meist einer Druck-, manchmal auch einer Biegungsbeanspruchung. Die Druckbeanspruchung kann verschiedene Ursachen haben, statische Kräfte oder die Wärmeausdehnung der feuerfesten Stoffe.

Statisch bedingte Drücke treten bereits im kalten Ofen auf. Sie schaden dem Mauerwerk nicht, da die Kaltdruckfestigkeit der feuerfesten Steine zwischen 200 und 1100 kp/cm^2 liegt. Die gleiche statische Beanspruchung kann aber beim heißen Futter schädlich werden, weil die Druckfestigkeit der feuerfesten Steine bei hoher Temperatur stark abfällt und durch Infiltration von Metalloxyden während des Betriebes weiter vermindert wird.

In vielen Fällen wird eine Druckbeanspruchung der Steine nur durch deren Wärmeausdehnung hervorgerufen. Solche Beanspruchungen bestehen im kalten Ofen überhaupt nicht. Sie setzen erst beim Anheizen ein und erreichen ihr Maximum bei höchster Ofentemperatur. Die Druckbeanspruchung durch Wärmedehnung kann aber auch als Zusatzbelastung bei schon vorhandenen statischen Belastungen auftreten und ist dann besonders gefährlich.

Ein Beispiel für die rein statische Druckbelastung ist der Auflagedruck der Gittersteine. Er ändert sich bei Inbetriebnahme des Ofens nicht, wohl aber fällt die Druckfestigkeit der Steine. Die Druckbelastung ist im obersten Teil ungefährlich, ebenso in den untersten Lagen, die wegen ihrer niedrigen Temperratur großen Druckkräften standhalten können.

Steinstärken und Kanalweiten sind bei gegebenen Kammern durch die Bedingungen des Wärmeaustausches und die Rücksichtnahme auf die Verstaubung weitgehend vorausbestimmt. Es gibt jedoch verschiedene Gitterungen, in denen bei gleicher Steinstärke und Kanalweite sehr verschiedene Flächendrücke auftreten. In Abb. 5 sind Vergleiche bei quadratischen Schächten dargestellt.

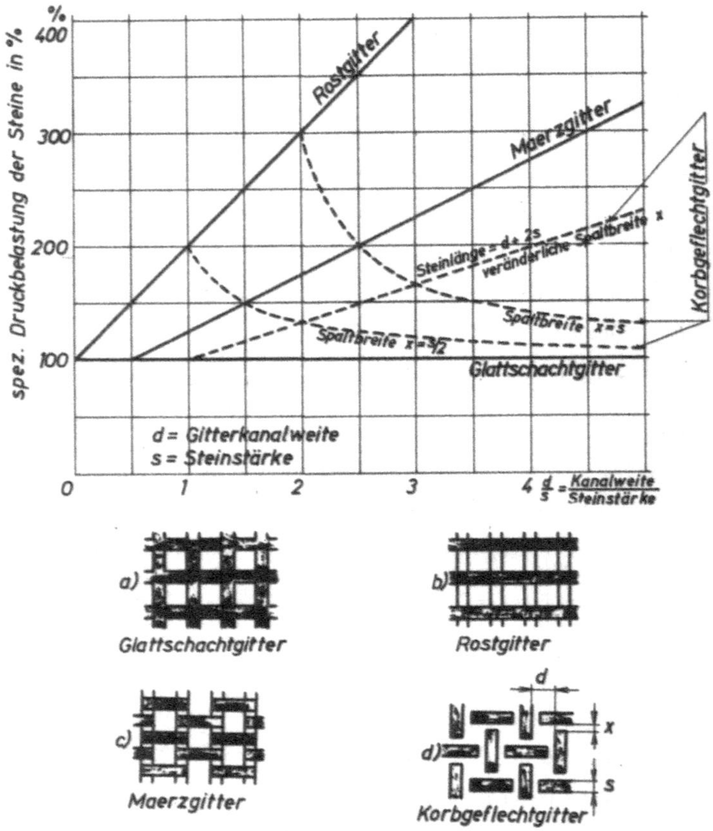

Abb. 5: Auflagedruck verschiedener Gitterungen

Fall a zeigt ein Glattschachtgitter, bei dem jeder Stein über seine ganze Länge und Stärke aufliegt. Die Flächenpressung ist hier am geringsten. Sie ist unabhängig von Kanalweite und Steinstärke und deshalb im Diagramm mit 100 % eingesetzt.

Fall b zeigt das Rostgitter. Es verursacht von allen verglichenen Gittern den größten Flächendruck, der überdies mit der Erweiterung der Kanäle beträchtlich ansteigt.

Fall c zeigt das Maerz-Gitter. In der einen Lage laufen die Steinscharen parallel wie beim Rostgitter, in der anderen sind sie versetzt angeordnet. Jeder Stein hat die doppelte Auflagefläche des Rostgitters. Allerdings sind die Steine bei gleicher Kanalweite um 25 % länger. Der Flächendruck ist größer als beim Glattschachtgitter, jedoch wesentlich kleiner als beim Rostgitter.

Noch günstiger, aber auch schlechter können die Verhältnisse beim Korbgeflechtgitter sein. Wenn die Steinlänge gleich (Kanalweite + 2-fache Steinstärke) ist, steigt die Steinbelastung nach der untersten Geraden. Die Spaltbreite x ist dann veränderlich. Für konstante Spaltbreite $x = s$ und $x = \frac{s}{2}$ ergeben sich die umgekehrt verlaufenden strichlierten Linien.

Durch Wahl eines geeigneten Gitterungssystems kann auf die Druckfestigkeit der Steine weitgehend Rücksicht genommen werden.

Eine nur durch Wärmedehnung hervorgerufene Druckbeanspruchung, die im kalten Ofen nicht besteht und erst beim Anheizen beginnt, tritt im Herdmauerwerk auf. Die senkrechten Steinfugen, auf jeden Fall jene quer zur Ofenachse, sind im kalten Zustand vollkommen drucklos. Bei der Ausdehnung können jedoch sehr große Druckkräfte entstehen, je nach dem Widerstand, den die sich dehnende Herdsohle überwinden muß. Bei SM-Öfen ergeben sich keine ofenbautechnischen Probleme, weil eine Arbeitsschicht aus Magnesit oder Dolomit das Bad von den Steinen trennt. Sehr heikel hingegen ist die Zustellung der Herde von Erzschmelzöfen oder großen Kupferraffinieröfen, die Herdlängen zwischen 15 und 60 m haben. Da die Sohle unmittelbaren Kontakt mit dem flüssigen Material hat, muß sie absolut dicht sein. Um dies sicher zu erreichen, werden die Dehnfugen nach der unteren Grenze bemessen und für die darüber hinausgehende Ausdehnung Platz an den Enden belassen. Werden auch nur kleine Fehler in der Anordnung der Dehnfugen gemacht, kann es zu einer starken Deformation der Armierung oder zu einem Hochdrücken des Herdes und einer Zerstörung der Steine kommen.

Das klassische Beispiel für eine durch statische Kräfte und bereits im kalten Ofen verursachte Druckbeanspruchung, die durch Wärmeausdehnung sehr verstärkt werden kann, sind die selbsttragenden Gewölbe. Besonders kritisch werden die Verhältnisse, wenn beim Anheizen oder während des Betriebes durch Volumsänderung der feuerseitigen Steinzonen die Stützlinie gegen die Gewölbeinnenfläche hin verschoben wird. Man kann diesen Erscheinungen Rechnung tragen durch: kleine Spannweiten und große Stichhöhen der Gewölbe, um den Flächendruck zwischen den Steinen von Haus aus niedrig zu halten; ausreichende Dehnfugen an der Feuerseite; Aufhängung und Abstützung einzelner Gewölbeteile. Beim Übergang von selbsttragenden Gewölben zu reinen Hängedecken können statische Belastungen vollkommen ausgeschaltet werden, die Wärmeausdehnung und ihre Folgen jedoch nicht. Besonders vorteilhaft war der Ersatz der Schlackenkammergewölbe durch Hängekonstruktionen, denn bei diesem Ofenteil wirkte sich das Zusammenspiel von statischer Belastung und Wärmeausdehnung verheerend aus.

Bei Silika- und Schamotte-Mauerwerk lassen sich die Dehnfugen relativ leicht ermitteln, denn sie haben meist nur die Ausdehnung beim Erwärmen aufzunehmen. Im Betrieb kommt es eher zum Abschmelzen als zu einer Volumsvergrösserung der heißen Zone. Viel komplexer hingegen sind die Bedingungen, denen die Dehnfugen im basischen Mauerwerk genügen müssen. Die reine Wärmeausdehnung wäre relativ leicht aufzunehmen; zu ihr geseilt sich aber die spätere Volumsänderung der feuerseitigen Steinzonen, infolge ihrer Wechselwirkung mit der Ofenatmosphäre oder dem Bad.

DAS SPEICHERVERMÖGEN DER FEUERFESTEN STOFFE

Bei diskontinuierlich betriebenen Öfen spielt das Speichervermögen des Ofenfutters eine große Rolle. Die hier betrachteten Herdschmelzöfen sind jedoch durchgehend in Betrieb, weshalb das Speichervermögen ihrer Wände, selbst bei starker Isolierung, bedeutungslos ist. Wohl aber ist das Speichervermögen der Gittersteine zu beachten.

Die spezifischen Wärmen der üblichen feuerfesten Stoffe unterscheiden sich nur wenig. Magnesitsteine liegen um etwa 10 % höher, Chromerzsteine um etwa 10 % tiefer als Schamottesteine. Das Speichervermögen gleich großer Steine wird viel stärker durch das Raumgewicht der Stoffe beeinflußt. Das Speichervermögen ist grob gerechnet proportional dem Raumgewicht. Magnesitsteine haben ein um 50 % höheres Speichervermögen als Schamottesteine.

Je größer die Rauchgasmenge umso größer muß das Speichervermögen der Gittersteine, d. h. das Gittergewicht sein. Bei gegebenen Kammern ist eine wesentliche Erhöhung des Gittersteingewichtes oft nur möglich, wenn auf basische Gitterung übergegangen wird. Es sind dann stets die notwendigen Relationen zwischen Steingewicht, Heizfläche und den Wärmeübergangsbedingungen einzuhalten. Gitterwerke mit zu geringem Steingewicht je m^2 Heizfläche verursachen starke Temperaturschwankungen zwischen Anfang und Ende der Umsteuerperiode. Ist das Gewicht im Vergleich zur Heizfläche zu groß, so fällt der Wärmeaustausch, die Luft wird weniger hoch vorgewärmt und die Rauchgase sind am Ausgang des Gitters heißer. Deshalb wäre es unzweckmäßig, Schamottesteine durch Magnesitsteine zu ersetzen und dabei Gitterungsart, Kanalweite und Heizfläche gleich zu belassen. Beim Übergang auf Magnesitsteine muß meist die Heizfläche vergrößert werden, wenn nicht besondere Umstände eine Steigerung der Wärmeübergangszahl ermöglichen, sonst wird das Ergebnis enttäuschen. Diese Forderung entfällt, wenn nur wegen hoher Kammertemperatur für die oberen Lagen basische Steine gewählt werden.

DAS VERHALTEN GEGEN FLUGSTAUB

Eine der wichtigsten Eigenschaften der feuerfesten Steine ist ihr Verhalten gegen Flugstaub. Es ist heute zum Problem Nr. 1 des SM-Ofens geworden. Seine Zukunft wird davon abhängen, ob wir den Wirkungsgrad und die Lebensdauer des Gitters verbessern können, oder ob wir zusehen, wie es weiter "verstaubt".

Die Voraussetzungen für den Aufbau des Gitters haben sich in den letzten Jahrzehnten grundsätzlich geändert. Bei der Beheizung mit Generatorgas bestand die Schwierigkeit darin, 1 Nm^3 Generatorgas + 0,9 Nm^3 Luft, das sind insgesamt 1,9 Nm^3, mit nur 1,5 Nm^3 Rauchgasen vorzuwärmen. Der Wasserwert, das Produkt aus Menge x spezifische Wärme, der den Regenerator heizenden Rauchgase war kleiner als der Wasserwert der zu erhitzenden Luft. Es war auch bei idealem Wärmeaustausch theoretisch nicht möglich, die Luft etwa auf Abgastemperatur vorzuwärmen. Alle Bemühungen mußten dahin gehen, günstige Wärmeaustauschbedingungen zu schaffen.

Heute, bei der Öl- oder Kaltgasfeuerung, ist die Situation ganz anders. Einer vorzuwärmenden Luftmenge von 10,2 Nm^3 stehen als Heizmittel des Gitterwerkes theoretisch mindestens 10,8 Nm^3 Rauchgas zur Verfügung. Infolge ihrer höheren spezifischen Wärme ist der Wasserwert der Rauchgase wesentlich größer als der Wasserwert der Luft. Basische und hochtonerdehaltige Steine stehen für den oberen Teil des Gitterwerkes zur Verfügung. Die Voraussetzung für eine hohe Vorwärmtemperatur der Luft wäre gegeben.

Es stellte sich aber eine neue und große Schwierigkeit ein: Die Verschlackung und Verstaubung des Gitters. Sie rührt von der Intensivierung des Ofenbetriebes oder von der Anwendung des Sauerstoffes her und ist auch darauf zurückzuführen, daß heute im Gegensatz zu früher die Rauchgase vor dem Gitterwerk nicht mehr mit saurem Futter in Berührung kommen, das einen Großteil des basischen Flugstaubes zurückhalten konnte.

Welche Mittel gibt es nun, das Verstopfen des Gitters zu verringern? Das Klügste wäre, das Entstehen von Flugstaub im Herdraum oder seinen Abtransport in den Unterofen zu reduzieren. Dies wäre mit Flammen geringerer Tiefenwirkung möglich. Der Brennstoff sollte auf mehrere Flammen aufgeteilt werden, denn Multiflammen haben auch bei unverändertem Gesamtimpuls eine geringere Tiefenwirkung. Bei weiterer Forcierung der Beheizung wird man auch aus anderen Gründen mehrere Brenner je Ofenseite anordnen müssen. Leider werden Versuche mit Multiflammen an bestehenden Öfen nicht immer erfolgreich sein, weil Öfen mit Multiflammen einen breiteren, aber dafür kürzeren Herd haben sollten.

Das Einblasen von Sauerstoff in das Bad zur Verkürzung der Kochzeit wird man aufgeben müssen. Der rote Rauch erfordert nicht nur teuere Entstaubungsanlagen, sondern schadet auch dem Gitterwerk. Dagegen sollte das Flammenfrischen für den SM-Ofen bedeutungsvoll werden. Das Flammenfrischen beruht auf der Feststellung, daß oxy-fuel-Flammen mit relativ geringem Sauerstoffüberschuß stark frischen, ohne roten Rauch zu bilden. Die oxy-fuel-Flamme enthält infolge der Dissoziation auch bei stöchiometrischer Mischung von Öl und Sauerstoff stets größere Mengen von ungebundenem O_2. Allerdings wird der Sauerstoff beim Flammenfrischen nur zu 70 bis 75 % ausgenützt, was aber wegen des geringen O_2-Bedarfes in der Kochzeit ziemlich belanglos ist. Soweit die Maßnahmen, die helfen können, die aus dem Herdraum abgeführten Flugstaubmengen zu verringern.

Leider wird es kaum möglich sein, die Schlackenkammer nach dem Prinzip eines Zyklons zu bauen, weil sie in zwei Richtungen durchflossen werden muß. Einen Vorteil brachte die geteilte Schlackenkammer mit ausfahrbarer Schlackenkiste, da der notwendige freie Abscheideraum über die ganze Ofenreise erhalten bleibt.

Die Rauchgase werden also immer eine gewisse Staubmenge in die Kammern tragen. Es muß deshalb eine geeignete Gitterungsart für die oberen Scharen, besonders bei basischer Zustellung, gesucht werden, und zwar eine Gitterungsart, die beim Einströmen der Rauchgase weniger Wirbel und weniger Totwasserräume verursacht. Der Gasstrom soll sich möglichst wenig von den Gittersteinen ablösen. Die senkrechten Steinflächen, an denen die Rauchgase entlangfließen, nehmen im allgemeinen sehr wenig Staub auf. Die Auftreffflächen mancher Gitterungen aus Rechtecksteinen erinnern hingegen an die sogenannten Schneezäune, die man gegen Verwehungen einsetzt. Mit dem bisherigen Ausweg, die Kanalweiten zu erhöhen, und mit der Forderung, nur billige Normalsteine verwenden zu wollen, wird man in vielen Fällen nicht weiterkommen. Je größer die Kanäle, umso schlechter werden die Wärmeübergangsbedingungen und umso kleiner die Heizflächen, was zwangsläufig zu einem Abfall der Windtemperatur und der Ofenleistung führt. Es wird aber nicht genügen, nach einer günstigeren Gitterung für die oberen Lagen zu suchen, es werden auch die Steinqualitäten verbessert werden müssen.

Die Ursachen und Vorgänge beim Verstauben oder Verschlacken des Gitters sind sehr komplex. Kammerabmessungen und Betriebsweise der Öfen spielen auch eine große Rolle. Um weiter zu kommen, werden Einzelversuche nicht genügen. Die Entwicklungsarbeit muß auf möglichst breiter Basis erfolgen, einen enge

Zusammenarbeit zwischen Steinfabriken, Ofenbauern und Stahlwerken wird erforderlich sein.

Kritiker werden nun sagen: Laßt doch das ganze Gitterwerk weg, arbeitet mit Sauerstoff, die oxy-fuel-Flamme ist viel wirksamer und der Herdofen wird einfacher. Letzteres stimmt, denn ein einfacher oxy-fuel-Ofen ist billig zu bauen, im Betrieb wird er dafür aber teuer sein, denn bei Verbrennung mit Sauerstoff muß man je Tonne Öl nicht nur S 600,- für den Brennstoff aufwenden, sondern zusätzlich S 1000,- bis 1200,-, also fast das Doppelte, für den Sauerstoff. Im Vergleich zu diesem Aufwand könnten Verbesserungen im Gitterwerk billiger sein. Auf jeden Fall sollten sich gemeinsame Anstrengungen lohnen.

In einem Gitterwerk, das weniger verstaubt, könnte die Luft bei Verwendung basischer Steine wesentlich höher vorgewärmt werden, womit die Ausnützung des Brennstoffes im Herdraum über die Brennstoffausnützung einer oxy-fuel-Flamme steigen könnte. Der Abb. 6 sind stöchiometrische Verbrennung und eine gleichbleibende Abgastemperatur von 1600° zugrunde gelegt. Auf der Abszisse ist die

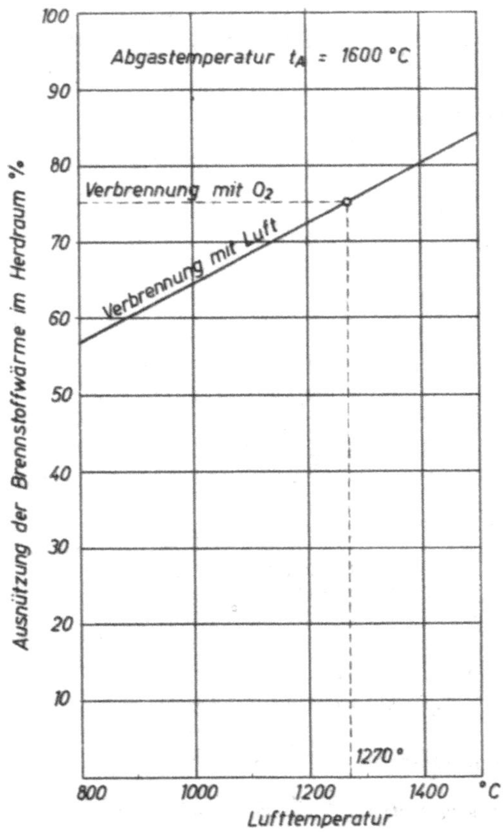

Abb. 6: Ausnützung der Brennstoffwärme im Herdraum eines SM-Ofens

Temperatur der Verbrennungsluft, auf der Ordinate der Ausnützungsgrad des Brennstoffes im Herdraum aufgetragen, der angibt, welcher Anteil der Brennstoffwärme im Herdraum abgegeben wird. Bei 1270° C Lufttemperatur ist der Ausnützungsgrad des Brennstoffes 76 % und gleich hoch wie bei einer Öl-Sauerstoff-Flamme. Bei höheren Lufttemperaturen wäre der Ausnützungsgrad der klassischen Flamme sogar höher als bei Verbrennung mit Sauerstoff.

DER EINFLUSS DER FEUERFESTEN STOFFE AUF DEN OFENAUSNÜTZUNGSGRAD

Die Eigenschaften und das Verhalten der feuerfesten Stoffe begrenzen nicht nur die Stunden- sondern auch die Jahresleistung, denn die in der Zeit von Beginn Einsetzen bis Abstich bereits erzielte Stundenleistung wird durch die Verlustzeiten für das Herdflicken und die laufenden Zustellungen reduziert. Je kürzer die Chargenzeiten, umso folgenschwerer sind die Verlustzeiten, wie die nächste Abb. 7 zeigt. Die erzielte Stundenleistung L_e, bezogen auf die reine Chargenzeit Z_s von Beginn Einsetzen bis Abstich, ausgedrückt in Prozenten des Schmelzge-

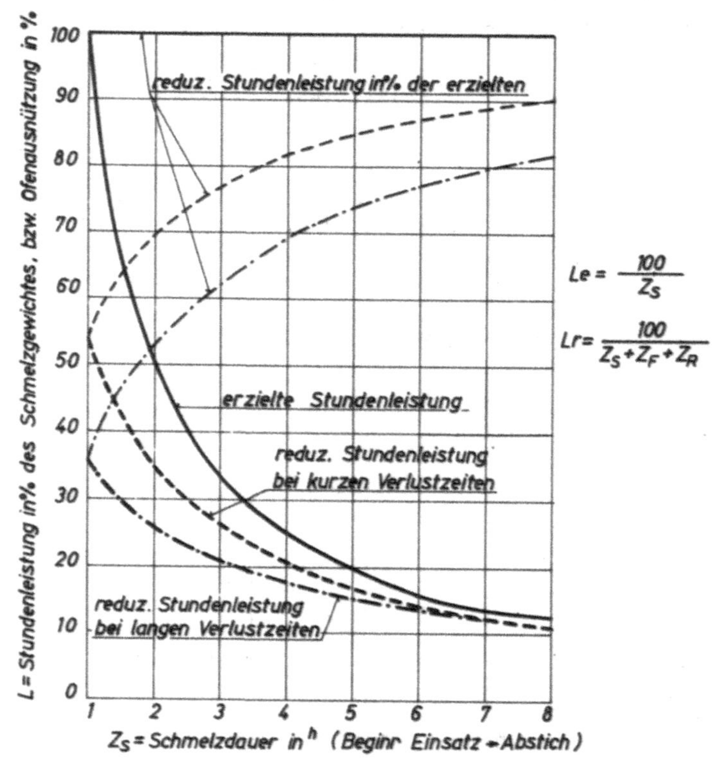

$$\text{lange Verlustzeit} \quad L_r = \frac{100}{Z_s + 0{,}5 + \frac{3 \cdot 7 \cdot 24}{400}}$$

$$\text{kurze Verlustzeit} \quad L_r = \frac{100}{Z_s + 0{,}25 + \frac{1{,}5 \cdot 7 \cdot 24}{400}}$$

Abb. 7 : Einfluß der Zustellungs- und Flickzeit auf die Leistung wichtes, beträgt $L_e = \frac{100}{Zs}$. Die reduzierte Stundenleistung L_r, die die Verlustzeiten für Herdflicken und Ofenerneuern enthält, wiederum in Prozenten des Schmelzgewichtes ausgedrückt, beträgt $L_r = \frac{100}{Zs + Zf + Zr}$, worin bedeuten:

Z_s die reine Chargendauer von Beginn Einsetzen bis Abstich

Z_f die Flickzeit nach jedem Abstich

Z_r die auf eine Schmelze entfallende Zustellungszeit.

In Abb. 7 sind die Stundenleistungen in Abhängigkeit von der reinen Chargendauer angegeben; die voll ausgezogene Parabel gibt die erzielte Stundenleistung an. Die reduzierten Stundenleistungen, in denen die Stillstandszeiten eingeschlossen sind, wurden unter der Annahme einer Ofenreise von 400 Schmelzen errechnet, und zwar

die strichpunktierte Linie bei einer Zustellungs- und Anheizzeit Z_r von 3 Wochen je Ofenreise, oder 1,26 h je Charge, und einer Flickzeit Z_f von 1/2 h je Charge (lange Verlustzeit);

die strichlierte Linie bei einer Zustellungs- und Anheizzeit Z_r von nur 1 1/2 Wochen je Ofenreise, oder 0,63 h je Charge, und einer Flickzeit Z_f von nur 1/4 h je Charge (kurze Verlustzeit).

Die oberen, dünnen Linien geben die reduzierten Stundenleistungen in Prozenten der bereits erzielten an, was gleichbedeutend mit dem Ofenausnützungsgrad ist.

Bei langen Chargenzeiten liegt die Verminderung der erzielten Stundenleistung noch in gewohnten Grenzen. So beträgt bei 8-stündiger Chargendauer und langen Stillstandszeiten der Ofenausnützungsgrad noch 82 %, bei den kurzen Verlustzeiten noch 90 %.

Bei 4-stündigen Chargen hingegen fällt der Ausnützungsgrad bei langen Stillstandzeiten auf 69,5 %, bei kurzen Verlustzeiten auf 82 %.

Sollte es gelingen, die reine Chargendauer von Beginn Einsetzen bis Abstich gar auf 2 h herabzudrücken, so läge die reduzierte Stundenleistung bei langen Verlustzeiten nur noch bei 53 % der bereits erzielten, bei kurzen Verlustzeiten immerhin noch bei 69,5 %.

Die Verlustzeiten sind bei kurzen Chargenzeiten sehr entscheidend, sie können erzielte Leistungssteigerungen zunichte machen oder gar in das Gegenteil umkehren.

Aus dem Diagramm ist auch zu ersehen, was allein durch Verkürzung der Stillstandszeiten gewonnen werden kann. Wenn bei einer Schmelzzeit von 4 h eine bisher lange Verlustzeit auf die kurze reduziert wird, liegt die Jahresleistung gleich hoch, als wenn bei langer Verlustzeit die Schmelzdauer von 4 auf 3 h gekürzt würde. Könnten wir den Traum vom verschleißlosen Ofen verwirklichen, würden wir mit 4-stündigen Chargen etwa die gleiche Jahresleistung erzielen wie bei einer Schmelzzeit von nur 2 h und langen Verlustzeiten.

Bei diesem Vergleich wurde eine Ofenreise von 400 Chargen und 3 Wochen Zustell- und Anheizzeit angenommen. Bei nicht forciertem Ofenbetrieb mag die Haltbarkeit von 400 Chargen ungenügend sein. Bei sehr forciertem Betrieb und sehr kurzer Chargendauer wird man aber froh sein auf 400 Chargen zu kommen.

Es würde nun zu weit führen, auf alle Maßnahmen zur Verkürzung der Stillstandszeiten einzugehen. Ich möchte nur kurz erwähnen:
Verzicht auf Mörtel und Verwendung blechummantelter Steine; stärkere Anwendung von Hängekonstruktionen; Segmentbauweise für den Oberofen, die es erlaubt, das verbrauchte Mauerwerk rasch wegzuschaffen, um den Herd bald betreten zu können und vorfabrizierte Bauteile mit dem Kran einzusetzen; ausfahrbare Schlakkenkammern, aus denen ohne Zeitverlust Schlacke und Steinbrocken entfernt werden können.

Die Zustellungsarbeiten verdienen auch aus anderen Gründen unsere Aufmerksamkeit. Sie ergeben einen Teil der Feuerfestkosten, der andere Teil sind die reinen Steinkosten. Steinkosten und Zustellungskosten sind in den letzten Jahren sehr unterschiedlich gestiegen, wie Abb. 8 zeigt: Die Kosten gebrannter basischer Normalsteinen und die zugehörigen Zustellungskosten im Jahre 1955 sind mit 100 % eingesetzt und die Mittelwerte einiger westeuropäischer Länder zugrunde gelegt. Die Löhne werden auch in Zukunft stärker als die Steinpreise steigen, weshalb auch aus diesem Grund der Zustellungsarbeit besondere Aufmerksamkeit geschenkt werden muß.

Zur Verkürzung der Flickzeit werden widerstandsfähigere Herdstampfmassen und besser geeignete Flickmittel dringend empfohlen. Solche Massen darf man nicht allein nach ihrem Tonnenpreis und dem Verbrauch pro Tonne Stahl beurteilen, sondern man muß auch den Gewinn an Betriebszeit in die Rechnung einbeziehen.

Der Abstich kann mit Hilfe von Sauerstoff rasch geöffnet werden; es ist aber schwierig, von Hand aus die Öffnung immer genau an derselben Stelle zu bohren, weshalb es nicht selten zu unerwünschten Erweiterungen des Stiches kommt, die längere Flickarbeiten erfordern. Mit einer kürzlich auf den Markt gebrachten Abstich-Aufbrennmaschine kann man die Öffnung immer exakt an derselben Stelle

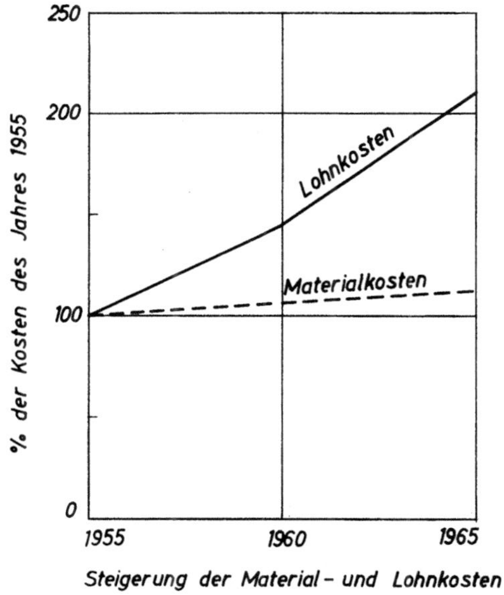

Abb. 8: Material- und Lohnkosten eines feuerfesten Mauerwerkes in % der Kosten des Jahres 1955

bohren und damit zusätzliche Flickarbeiten vermeiden. Spezielle Abstichsteine werden dann besonders vorteilhaft sein.

Durch Steigerung der Leistung können die Umwandlungskosten beachtlich gesenkt werden. Es fallen die Brennstoffkosten, die Löhne und die zeitgebundenen allgemeinen Kosten. Es wäre nun übertrieben, auch noch eine Senkung der Feuerfest-Kosten je Tonne Stahl zu verlangen. Sie können ohne weiteres etwas ansteigen, es wird noch genug Nutzen verbleiben. Die Feuerfest-Kosten dürfen niemals allein, sondern nur in Zusammenhang mit den anderen Umwandlungskosten beurteilt werden.

Zum Schluß noch ein Appell an die Metallurgen. Das Mauerwerk wird während des Einsetzens und am Anfang des Niederschmelzens im allgemeinen thermisch nicht überbeansprucht, während des Fertigmachens aber oft stark in Mitleidenschaft gezogen. Das Verkürzen der Kochzeit wird deshalb die Feuerfest-Kosten senken. Die kürzere Kochzeit bringt gleichzeitig eine höhere Leistung und einen geringeren Wärmeverbrauch. Die Metallurgie darf deshalb nicht mehr Regeln fordern, die den Bedingungen für eine Leistungssteigerung und eine Senkung der Umwandlungskosten diametral gegenüberstehen.

Die bis zum Einschmelzende erzielte thermische Ofenleistung wird durch die Kochzeit reduziert. Die letzte Abb. 9 zeigt, welcher Anteil von der Einschmelzleistung durch die Kochzeit verloren geht, wenn diese einmal 1 1/2 h, ein ande-

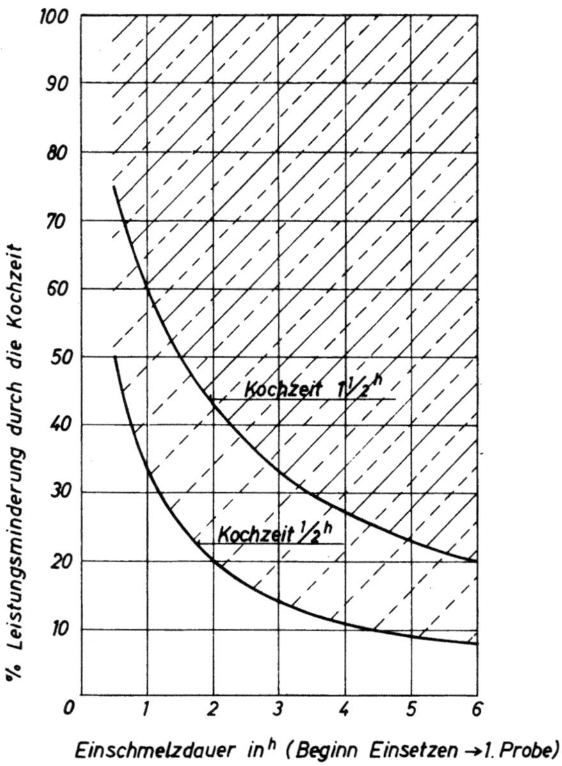

Abb. 9: Leistungsminderung durch die Kochzeit

res Mal nur 1/2 h dauert. Auf der Abszisse ist die Einschmelzzeit (Beginn Einschmelzen bis 1. Probe) aufgetragen, auf der Ordinate die Leistungsminderung durch eine 1 1/2, bzw. 1/2-stündige Kochzeit. Von 100 % der Einschmelzleistung bleiben bei langer Kochzeit nur die durchgehend schraffierten Anteile, bei kurzer Kochzeit jedoch die strichliert gezeichneten Anteile erhalten.

Die Leistungsminderung durch die Kochzeit fällt bei kurzen Einschmelzzeiten überaus stark ins Gewicht. Man sollte deshalb nicht immer nur von schnellem Chargieren und raschem Niederschmelzen sprechen, sondern auch von kurzer Kochzeit.

Bei rasch schmelzenden Öfen wird durch Verkürzung der Kochzeit viel mehr herauszuholen sein als durch eine Forcierung des Einschmelzens. Das schon erwähnte Flammenfrischen zur schnelleren Entkohlung und die Verwendung von hochaktivem Kalk zur rascheren Entschwefelung sind Wege dazu.

In diesem Referat konnte kaum über neue Entwicklungen berichtet werden, es sollte vielmehr einige Probleme behandeln, die sich beim Bau von Öfen aufgrund der Eigenschaften der feuerfesten Stoffe ergeben, ohne den ganzen Fragenbereich erfassen zu können. In vielen Herdschmelzöfen wird das feuerfeste Futter bis an die oberste Grenze beansprucht, und sein Verhalten begrenzt oft die Leistung und die Wirtschaftlichkeit dieser Schmelzaggregate. Den Keramikern sind hier noch große Aufgaben gestellt, zu deren Lösung auch die Ofenbauer und die Betriebsingenieure ihren Teil beitragen müssen.

Literatur

Veit, P. "Gasdurchlässigkeit von feuerfestem Mauerwerk", Stahl und Eisen 73 (1953) S. 798/99

Dipl.-Ing. Franz Bartu
Direktor der Maerz Ofenbau A. G.
Richard Wagnerstraße 28
Zürich/Schweiz

UNTERSUCHUNG UND PRÜFUNG FEUERFESTER ROH- UND WERKSTOFFE

Von H. Lehmann, Clausthal-Zellerfeld

Mit 29 Textabbildungen

Die Prüfung und Untersuchung feuerfester Roh- und Werkstoffe gewann besonders in den letzten Jahren durch die starke Ausweitung der Einsatzbereiche und die damit verbundenen ständig steigenden Anforderungen an die Qualität zunehmende Bedeutung. So konnte durch die Zusammenarbeit von Forschungsinstituten und der Arbeitsgruppe B des FNM die Entwicklung neuer und die Verbesserung bekannter Prüfverfahren vorangetrieben werden, wobei besonderer Wert auf große Meßgenauigkeit, gute Reproduzierbarkeit und Automatisierung der Verfahren, besonders bei hohen Temperaturen, gelegt wurde[1].

Bei der Untersuchung von Rohstoffen für feuerfeste Werkstoffe konnte auch in der letzten Zeit z. B. auf die Sedimentationsanalyse nach Andreasen, auf die Differentialthermoanalyse, die Röntgenanalyse, die Flammen- und Spektralphotometrie und auf komplexometrische Verfahren nicht verzichtet werden. Besonderes Interesse wurde daneben auch der Neufassung der Normen 51070 bis 51075, chemische Analyse von feuerfesten Roh- und Werkstoffen, geschenkt.

Neben den vorgenannten Untersuchungsmethoden sind zur Beurteilung feuerfester Werkstoffe Kenntnisse über deren Reindichte, Rohdichte, Porosität und Gasdurchlässigkeit von Bedeutung. So zeigen z. B. die Ergebnisse von Reindichteuntersuchungen, daß mit zunehmender Zerkleinerung die Feinstporen ausgeschlossen und die Reindichte zu höheren Werten verschoben wird. Zur Bestimmung des offenen Porenraumes wurde festgelegt, daß die Anwendung von Netzmitteln nicht unbedingt eine Beschleunigung des Verfahrens bewirkt, die Sättigung unter Anwendung eines Vakuums von 1 Torr Restdruck stark von der Einlagerungsdauer abhängig ist und bedeutsamer erscheint. Die Daten der Gasdurchlässigkeit geben in Verbindung mit den Ergebnissen der Porositätsuntersuchungen einen Hinweis auf Art, Größe, Anzahl und Verteilung der Poren und damit auf die physikalische Widerstandsfähigkeit feuerfester Werkstoffe gegen das Eindringen von schädigenden Massen oder Flüssigkeiten.

Im folgenden können nicht alle Prüfverfahren auf dem Gebiet der feuerfesten Roh- und Werkstoffe behandelt werden. Es sollen vielmehr Stand und Entwicklungstendenzen folgender, durch die Anwendung hoher Temperaturen gekennzeichneter Prüfmethoden aufgezeigt werden:

1. Wärmeleitfähigkeit
2. Kegelfallpunkt nach Seger
3. Heißdruckfestigkeit und Zwischenzonenfestigkeit
4. Druckfeuerbeständigkeit und Druckerweichung
5. Dauerstandsfestigkeit
6. Biegefestigkeit
7. Torsionsfestigkeit

1. Die Wärmeleitfähigkeit bei erhöhten Temperaturen

Fragen der Wärmeisolation und des Wärmeaustausches bei erhöhten Temperaturen spielen eine wesentliche Rolle im Ofenbau. Der Kenntnis der Wärmeleitzahl der feuerfesten Baustoffe kommt deshalb große Bedeutung zu.

Die in der Literatur vorliegenden Meßwerte sind teilweise widersprüchlich. Die angegebenen Leitfähigkeitswerte, die nach verschiedenen Methoden gemessen wurden, sind schwer vergleichbar, weil keine ausreichend genauen Angaben über das verwendete Meßverfahren, die Durchführung der Messung und das untersuchte Material gemacht werden.

Um zu objektiven, vergleichbaren Meßwerten zu kommen, wird schon seit längerem an die Normung eines Verfahrens zur Bestimmung der Wärmeleitfähigkeit von feuerfesten Baustoffen bei erhöhten Temperaturen gedacht. In den USA wurde bereits im Jahre 1947 ein Verfahren genormt (ASTM-Designation C 201-47). In der Bundesrepublik Deutschland ist, ähnlich wie in Frankreich, die Frage der Normung eines Verfahrens jetzt in ein akutes Stadium eingetreten. Bei der Abfassung einer Prüfnorm für die Bestimmung der Wärmeleitfähigkeit bei erhöhten Temperaturen ist zu beachten:

1. Die Festlegung eines Prüfverfahrens muß sich an der Prüfung von feuerfesten Normalsteinen orientieren (sei es, daß diese selbst als Prüfkörper verwendet werden, oder daß jene sich leicht daraus herstellen lassen).

2. Die Versuchsdurchführung muß einschließlich Probenvorbereitung im einzelnen genau festgelegt werden.

3. Die Prüfkörper müssen nach Zusammensetzung und Gefügeaufbau beschrieben werden (Porenaufbau, Porosität, Texturen, Anteil an kristallinen Bestandteilen und Glasphase).

In der Bundesrepublik Deutschland stehen drei Verfahren zur Diskussion. Das Plattenverfahren nach H. E. Schwiete[2] ist in Anlehnung an das ASTM-Verfahren entstanden. Genau wie jenes ist es ein sogenanntes statisches Absolutverfahren, d. h. es wird im stationären Temperaturfeld der Wärmefluß gemessen. Bei beiden Verfahren ist der Prüfkörper ein Normalstein im Mauerverband. Das Temperaturgefälle wird mit Thermoelementen über den Querschnitt des Steines gemessen. Die Messung des Wärmeflusses erfolgt mit Wasserdurchfluß-Anlegekalorimetern. Während beim ASTM- Verfahren (Abb. 1) der Mauerverband mit dem Prüfkörper liegend angeordnet ist und die Beheizung elektrisch erfolgt,

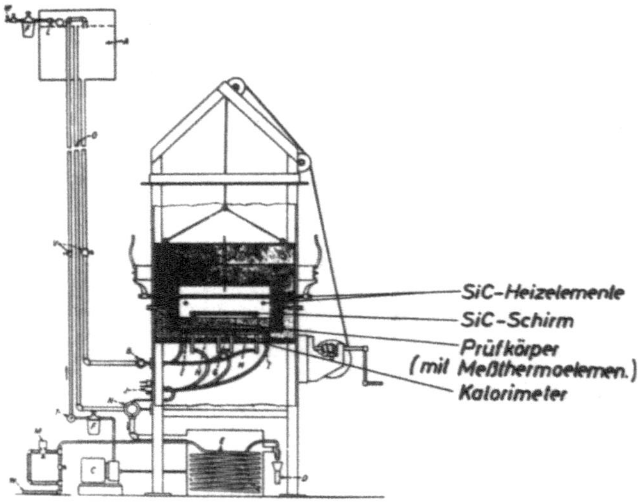

Abb. 1 : Gerät zur Bestimmung der Wärmeleitfähigkeit nach ASTM C 201-47

wurde beim Plattenverfahren nach Schwiete (Abb. 2) eine stehende Anordnung und Gasheizung gewählt. Außerdem wird, im Gegensatz zum ASTM-Verfahren,

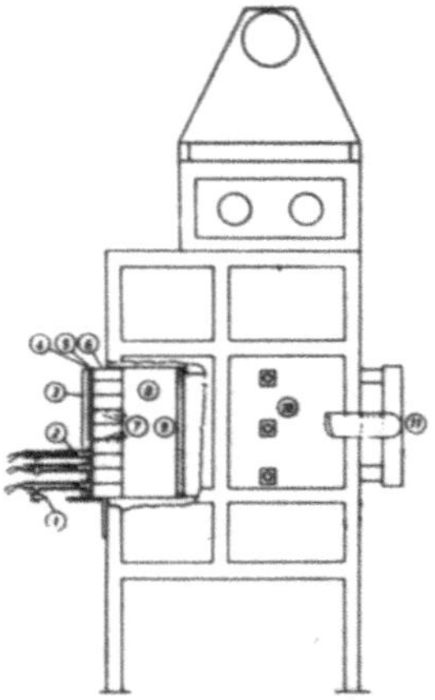

Abb. 2 : Gerät zur Bestimmung der Wärmeleitfähigkeit mit dem Plattenverfahren nach H. E. Schwiete

wo die Wärmestromrichtung senkrecht zur Lagerfläche liegt, beim Plattenverfahren senkrecht zur Läuferseite gemessen.

Die zweite Methode ist das H e i ß d r a h t - V e r f a h r e n in der Ausführung von A. M i t t e n b ü h l e r[3]. Es handelt sich hierbei ebenfalls um ein Absolutverfahren, es wird jedoch im instationären Temperaturfeld gemessen, das durch die Temperaturleitfähigkeit a charakterisiert ist, die mit der Wärmeleitfähigkeit über die spezifische Wärme c_p und die Dichte ϱ zusammenhängt:

$$a = \frac{\lambda}{c_p \cdot \varrho}$$

Durch Näherungslösung der Fourrier'schen Differentialgleichung für den Wärmefluß von einer linearen Wärmequelle im unendlich ausgedehnten Medium erhält man eine ausreichend genaue Bestimmungsgleichung für die Wärmeleitfähigkeit:

$$\lambda = \frac{Q}{4\,\pi\,.\,\Delta T\,(t_2 - t_1)}\,\ln\frac{t_2 - t_o}{t_1 - t_o}$$

Die praktische Meßanordnung besteht darin, daß ein sehr dünner Heizdraht zwischen zwei plan aufeinander liegenden Steinen des Prüfmaterials, die mit einer Längsrille zur Aufnahme des Heizdrahtes und einer Querrille zur Aufnahme des an den Heizdraht angeschweißten Thermoelementes versehen sind, ausgespannt wird (Abb. 3). Der Prüfkörper befindet sich in einem Ofen, in dem er auf die Meßtemperatur gebracht wird. Die zusätzlich über den Heizdraht eingebrachte

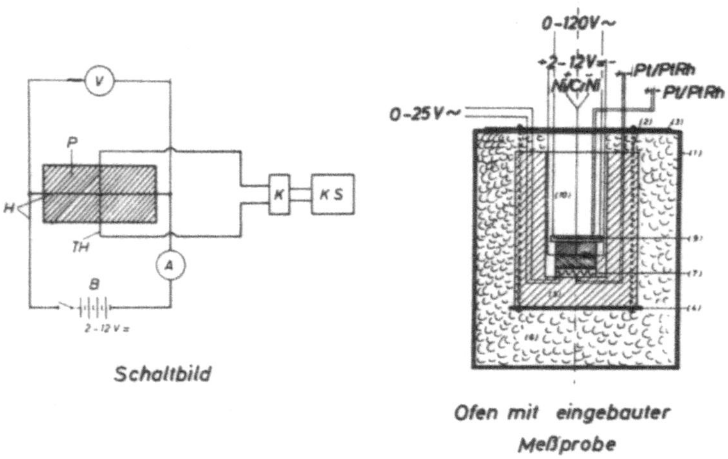

Abb. 3: Bestimmung der Wärmeleitfähigkeit mit dem Heißdrahtverfahren nach A. Mittenbühler

Energie führt zu einem Temperaturanstieg. Die Messung des zeitlichen Verlaufes des Temperaturanstieges am Heizdraht und der zugeführten Energie gestattet die Berechnung der Wärmeleitfähigkeit des umgebenden Prüfkörpers.

Das dritte zur Diskussion stehende Verfahren ist das Vergleichsverfahren nach F. Klasse[4] Mit der ASTM-Methode und dem Plattenverfahren hat es gemeinsam, daß im stationären Temperaturfeld gemessen wird. Der Wärmefluß wird jedoch nicht direkt gemessen. Zur Bestimmung der Wärmeleitfähigkeit wird vielmehr die Tatsache benutzt, daß sich die Wärmeleitfähigkeiten zweier vom selben Wärmefluß durchströmten Körper umgekehrt wie die sich einstellenden Temperaturgefälle verhalten:

$$\frac{\lambda\ 2}{\lambda\ 1} = \frac{\frac{t_1 - t_2}{d_1}}{\frac{t_3 - t_4}{d_2}}$$

Ist die Wärmeleitfähigkeit des einen Körpers bekannt, dh. nach einem Absolutverfahren bestimmt, so brauchen nur noch die Temperaturen an den Oberflächen der Prüfkörper gemessen zu werden. Abb. 4 zeigt die von uns verbesserte Meßapparatur.[5] Die Beheizung erfolgt elektrisch. Die Wärme tritt in den unten liegen-

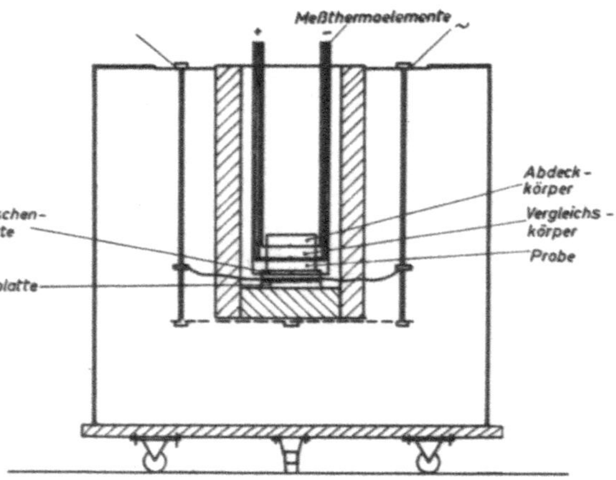

Abb. 4: Gerät zur Bestimmung der Wärmeleitfähigkeit nach F. Klasse

den flachen zylindrischen Probekörper ein, von dort durch den Vergleichskörper hindurch und durch einen aus dem gleichen Material bestehenden Abdeckkörper wieder aus. Radiale Wärmeverluste werden durch gute Seitenisolation in Verbindung mit einem vorangehenden Eichversuch, bei dem an die Stelle des Prüfkörpers ein Eichkörper genau bekannter Wärmeleitfähigkeit tritt, kompensiert. Regelung und Registrierung erfolgen bei diesem Gerät bereits vollautomatisch (Abb. 5).

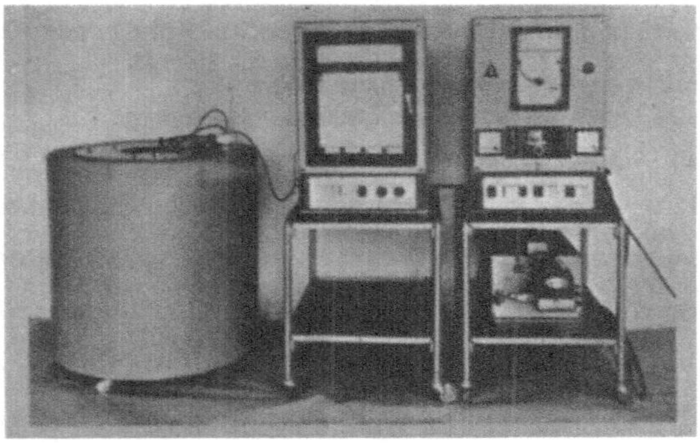

Abb. 5: Apparatur zur Bestimmung der Wärmeleitfähigkeit nach F. Klasse

Bei den Überlegungen, die zur Festlegung auf eines dieser Verfahren führen sollen, sind vor allem folgende fünf Gesichtspunkte zu berücksichtigen:

1. Meßgenauigkeit der Geräte (Reproduzierbarkeit)
2. Anwendungshöchsttemperatur
3. Kosten des Gerätes
4. Meßdauer (einschließlich Probenherstellung)
5. Einfachheit und Sicherheit der Bedienung.

In den vergangenen sechs Jahren wurden zahlreiche gezielte Vergleichsuntersuchungen zur Bestimmung der Wärmeleitfähigkeit feuerfester Baustoffe mit unterschiedlichen Meßapparaturen zwischen verschiedenen deutschen Instituten und Instituten in anderen europäischen Ländern durchgeführt. Die Ergebnisse waren befriedigend (Abb. 6), die daran anknüpfenden Diskussionen ergaben nützliche Auf-

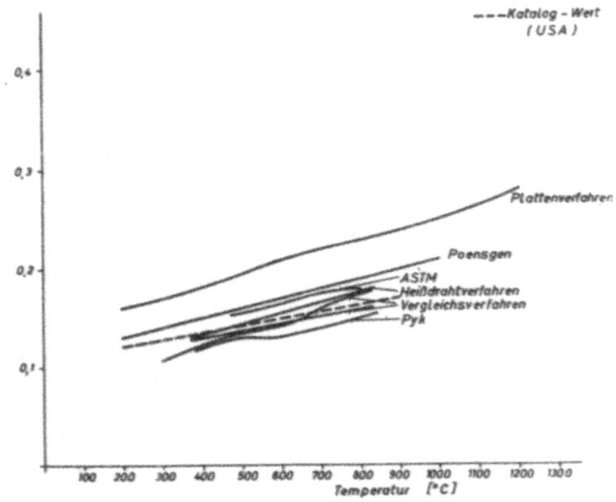

Abb. 6: Wärmeleitfähigkeit eines Feuerleichtsteines in Abhängigkeit von der Temperatur (Vergleichsuntersuchungen)

schlüsse und Verbesserungen. Weitere Vergleichsuntersuchungen dauern z. Zt. an, wobei die Herstellung und Prüfung geeigneter Standardprüfkörper für das Vergleichsverfahren von besonderem Interesse ist.

Abschließend sei noch einmal auf die Bedeutung der Kenntnis der Zusammensetzung und des Gefüges der zu untersuchenden Steine hingewiesen. Glasphase und kristalline Bestandteile tragen unterschiedlich zur Leitfähigkeit bei. In den Porenräumen findet die Wärmeübertragung überwiegend durch Konvektion und Strahlung statt (Abb. 7)[6]. Abb. 8 zeigt die Wärmeleitfähigkeit von Schamottesteinen in Abhängigkeit von Glasanteil und Porosität. Die Glasphase bestimmt den

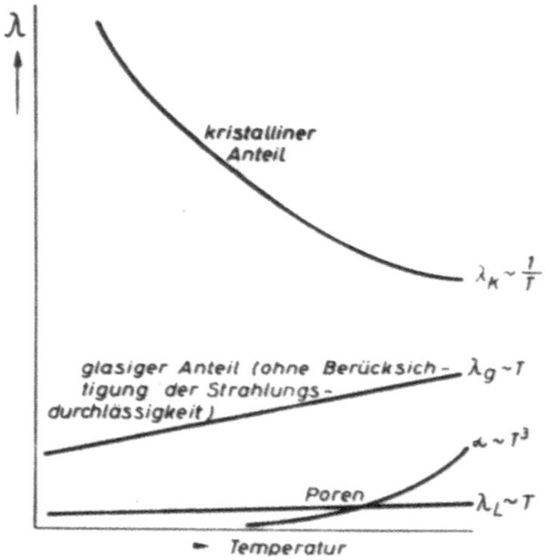

Abb. 7 : Qualitativer Verlauf der Wärmeleitfähigkeit der Bestandteile eines feuerfesten Steines

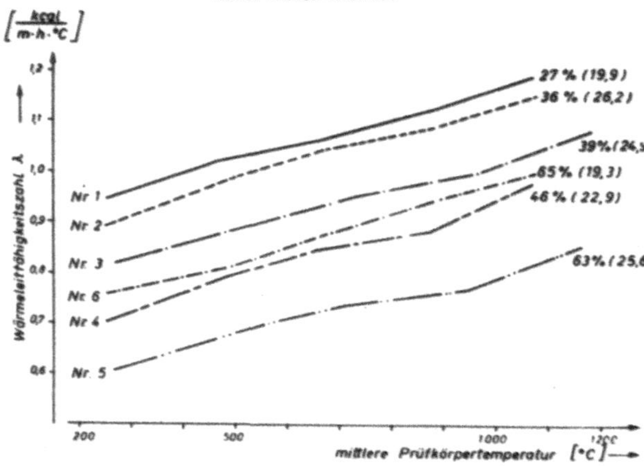

Abb. 8 : Die Wärmeleitfähigkeit von Schamottesteinen in Abhängigkeit von Glasanteil und Porosität (% = Glasanteil, ( ) = wahre Porosität)

positiven Temperaturkoeffizienten und der mengenmäßige Glasanteil den Absolutwert der Wärmeleitfähigkeit bei den entsprechenden Temperaturen. Mit abnehmender Porosität nimmt die Wärmeleitfähigkeit im allgemeinen zu, was auch aus

Abb. 9 hervorgeht, das die Abhängigkeit der Wärmeleitfähigkeit von der Porosität bei Korund zeigt. Die Angabe der Porosität allein genügt jedoch nicht, um Rückschlüsse auf den zu erwartenden Einfluß auf die Wärmeleitfähigkeit zu ziehen. Hier müssen außerdem Größe, Form und Orientierung der Poren in die Betrachtung einbezogen werden. Wärmeleitfähigkeitsmessungen an Schmelzkammer-

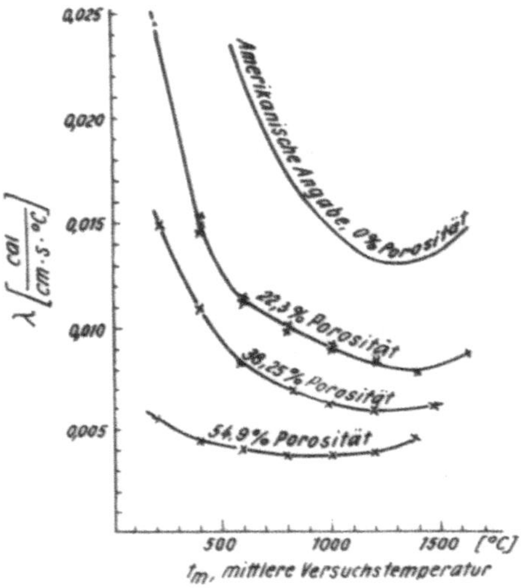

Abb. 9: Wärmeleitfähigkeit von Korund in Abhängigkeit von der Porosität

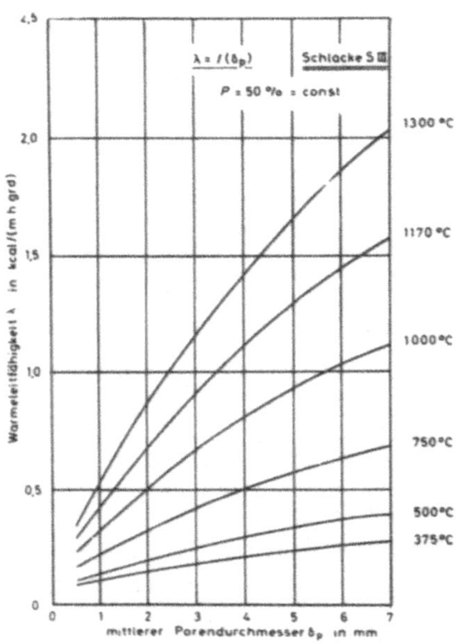

Abb. 10: Wärmeleitfähigkeit einer Schmelzkammerschlacke in Abhängigkeit vom mittleren Porendurchmesser (nach H. G. Braun)

schlacken von H. G. Braun (Abb. 10)[7] zeigten bei gleicher Porosität einen starken Anstieg der "Wärmeleitfähigkeit" mit dem mittleren Porendurchmesser, wie es der von Schwiedeßen[8] gefundenen Beziehung entspricht:

$$\lambda_p = \frac{\lambda_w}{1 + P \cdot \left(\frac{\lambda_w}{\lambda_G + \alpha_{SO}\, \delta_p} - 1 \right)}$$

λ_p = Wärmeleitfähigkeit der porösen Masse

λ_w = Wärmeleitfähigkeit der porenfreien Masse

λ_G = Wärmeleitfähigkeit des Gases in den Poren

P = Porosität

α_{SO} = Wärmeübergangskoeffizient der schwarzen Strahlung

δ_p = mittlerer Porendurchmesser

Schließlich ist der Einfluß von Texturen im Prüfkörper auf die gemessene Wärmeleitfähigkeit hinzuweisen. Formgebungstexturen und Risse können zu erheblichen Abweichungen der Meßwerte führen.

Allgemein ist festzustellen, daß bei allen Meßverfahren anstelle der reinen Wärmeleitfähigkeit in Wirklichkeit eine Wärmeübertragung gemessen wird, die u. U. erhebliche zusätzliche Konvektions- und vor allem Strahlungsanteile einschließt. Das führt, in Verbindung mit der Messung und Beherrschung hoher Temperaturen, zu erheblichen Schwierigkeiten gerade bei Wärmeleitfähigkeitsmessungen bei höheren Temperaturen. Die genannten Verfahren arbeiten bis zu einer Anlegetemperatur von 1 500 bis 1 600° C. Die Messung der Wärmeleitfähigkeit bei noch höheren Temperaturen gewinnt aber zunehmend an Interesse, z. B. bei keramischen Kernbrennstoffen und hochverschleißfesten, höchstfeuerfesten keramischen Werkstoffen.

2. Bestimmung des Kegelfallpunktes nach Seger - DIN 51063

Mit zahlreichen Gemeinschaftsversuchen befaßte sich der Arbeitsausschuß B2a Prüfung von feuerfesten keramischen Roh- und Werkstoffen - mit der Frage der Neufassung der Norm DIN 51063 über die Bestimmung des Kegelfallpunktes nach Seger, um diese Prüfmethode dem Vorschlag des Technischen Komitees 33 - Feuerfeste keramische Erzeugnisse - der ISO anzugleichen. Die in Abb. 11 dargestellte und von der ISO vorgeschlagene Aufstellung der Kegel wurde ohne Rücksicht auf die zu ergreifenden Maßnahmen übernommen und ist, im Gegensatz zu der Festlegung in der Norm DIN 51063 aus dem Jahre 1964, die Kegel so aufzustellen, daß sie von außen nach innen fallen, in der Neuausgabe der DIN 51063 vorgesehen. Während hierzu die Abmessung des Heizrohres vergrößert und somit die Öfen konstruktiv geändert werden müssen, sind keine größeren Transformatoren größerer Leistung notwendig. Die Stromaufnahme der Öfen mit den neuen Konstruktionselementen ist sogar noch geringer.

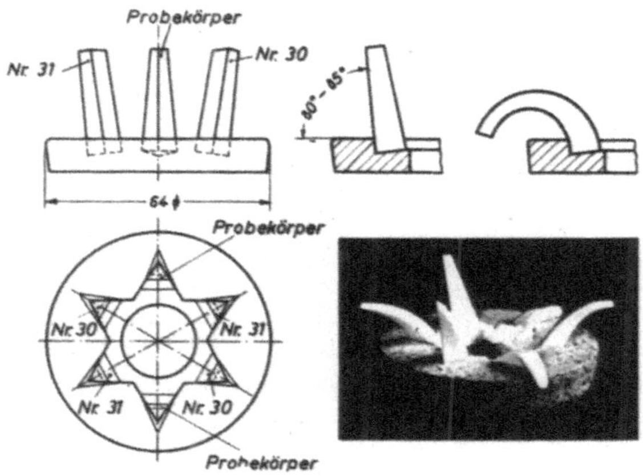

Abb. 11 : Unterglasplättchen und Aufstellung von Segerkegeln

3. Bestimmung der Heißdruckfestigkeit und der Zwischenzonenfestigkeit

Die Bestimmung der Heißdruckfestigkeit hat für das Verhalten feuerfester Bau-Stoffe bei hohen Temperaturen neben den anderen Prüfungen ebenfalls seine Bedeutung. Insbesondere ist sie neben der Bestimmung der Zwischenzonenfestigkeit ein gutes Merkmal über das Verhalten von chemisch gebundenen Steinen bei steigenden Temperaturen, um den Festigkeitsverlust mit steigender Temperatur zu ermitteln. Die bisher verwandten Prüfkörper schwanken in den Abmessungen bezüglich Durchmesser und Höhe von 50, 35 bis 25 mm mit einem Schlankheitsgrad von 1. Die Prüfkörperabmessungen richten sich im allgemeinen nach dem Durchmesser des Heizrohres des verwandten Ofens. Es wäre für vergleichende Untersuchungen am sinnvollsten, ebenfalls Prüfkörper mit 50 mm Durchmesser und 50 mm Höhe zu verwenden. Zwei Bilder sollen veranschaulichen, welchen Einfluß die Heißdruckfestigkeit auf das Festigkeitsverhalten von feuerfesten Werkstoffen mit steigenden Temperaturen hat. In Abb. 12 handelt es sich

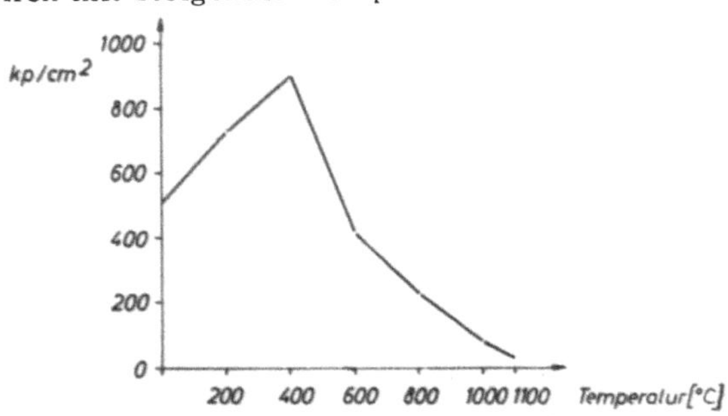

Abb. 12 : Heißdruckfestigkeit einer MgO-Masse mit Sorelbindung

um die Heißdruckfestigkeit eines mit $MgSO_4$-Lösung gebundenen Magnesitsteines, dessen Heißdruckfestigkeit zunächst mit steigender Temperatur zunimmt, dann aber einen sehr starken Abfall zeigt.

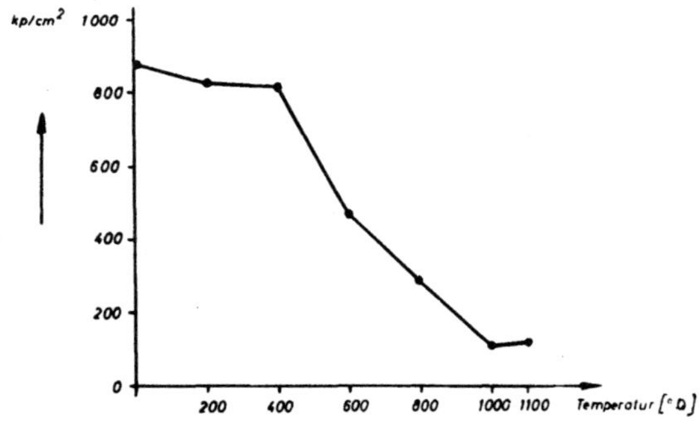

Abb. 13: Heißdruckfestigkeit eines handelsüblichen Chrommagnesitsteines

In Abb. 13 wird das Festigkeitsverhalten eines handelsüblichen Chrommagnesitsteines gezeigt, der eine starke Abnahme der Festigkeit mit steigender Temperatur aufweist.

Bei der Bestimmung der Zwischenzonenfestigkeit wird die Festigkeit eines chemisch-gebundenen Steines nach Temperaturbehandlung bei einer bestimmten Temperatur - vorgeschlagen ist für die ZZF eine Glühbehandlung bei 1000° C vier Stunden lang - als Kaltdruckfestigkeit ermittelt. Diese Methode läßt sich direkt mit der Heißdruckfestigkeit nicht vergleichen. Sie hat aber den großen Vorteil, daß in kurzer Zeit erheblich mehr Prüfungen durchgeführt werden können, mit deren Werten auch statistische Aussagen, über das arithmetische Mittel und die Standardabweichung möglich sind. Sie ist daher für die Betriebsüberwachung geeigneter als die Heißdruckfestigkeit. Besonders soll hier auf die Arbeiten von Skalla, Øverkott und Konopicky[9], von Koltermann und Kupzog[10] und von Kaltner und Nemec[11] hingewiesen werden.

4. Bestimmung der Druckfeuerbeständigkeit und Druckerweichung

Die Prüfung der Druckfeuerbeständigkeit (DFB) nach DIN 51064 dient zur Beurteilung des Erweichungsverhaltens gebrannter feuerfester Werkstoffe unter konstanter Druckbelastung bei steigender Temperatur. Obwohl das in DIN 1064 im Jahre 1930 genormte Verfahren in der 1963 ausgedruckten und heute noch gültigen DIN 51064 erheblich verbessert wurde, war man sich darüber im klaren, daß die damit erhaltenen konventionellen Kennziffern zwar Anhaltspunkte für eine vergleichende Beurteilung geben, aber keinen unmittelbaren Hinweis auf die Anwendungsgrenzen des geprüften Stoffes aufzeigen. Die Streuung der Meßergebnisse konnte zwar wesentlich verringert, die Problematik des Verfahrens aber trotz aller Veränderungen grundsätzlich nicht beseitigt werden. Die Hauptfehlerquellen der Untersuchung sind in dem relativ großen Temperaturunterschied zwischen

Zentrum des Prüfkörpers und dessen Oberfläche, in der vornehmlich reduzierenden Ofenatmosphäre und in der das Meßergebnis überlagernden Eigendehnung des Belastungssystems zu sehen. Der durch die Eigendehnung des Belastungssystems und die Reibung des Registriersystems auftretende Fehler kann eine Verschiebung des t_a- Punktes bis zu 50° C zu höheren Temperaturen zur Folge haben.

Überlegungen, diese Fehler grundsätzlich zu beheben, führten zur Entwicklung eines Verfahrens, über welches von Wohlleben, Konopicky und Kowalczyk[12] berichtet worden ist. Das Verfahren besteht im wesentlichen darin, daß in oxidierender (Luft-) Atmosphäre geprüft, die Ofensteuerung und die Registrierung der Verformungsvorgänge automatisch und die Messung der Verformungsvorgänge mit Hilfe einer Differenzmessung vorgenommen wird. Abb. 14 zeigt das Schema einer derartigen Apparatur.

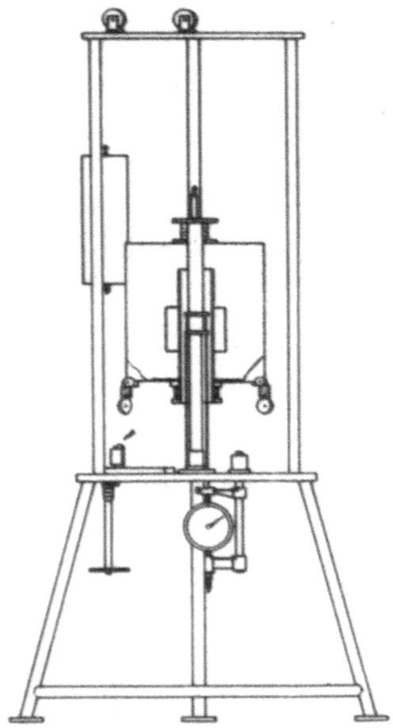

Abb. 14 : Apparatur zur Bestimmungdes Druckerweichungsverhaltens feuerfester Formkörper

Zur Verhinderung der Schornsteinwirkung wird hier mit einem oben geschlossenen Haubenofen gearbeitet, der mit einem Seilzug beweglich aufgehängt ist und gleichzeitig zur Belastung des Prüfkörpers dient. Die Temperaturregelung erfolgt automatisch über einen Stelltransformator mit einem Regelgerät. Neuere Apparaturen sind anstelle von Stelltransformatoren mit Transduktoren oder Thyristorstellaggregaten ausgerüstet. Als Heizelement wird ein wendelförmiges, einseitig anschließbares Crusilite-Element (SiC), welche bei einer Temperaturkonstanten Zone von 100 bis 120 mm Elementtemperaturen bis 1600° C zuläßt, verwendet. Die Verformungsvorgänge werden von einem Meßuhrpotentiometer, neuerdings von induktiven Weggebern aufgenommen und von einem Sechsfarbenpunktschreiber automatisch aufgezeichnet. Die Arbeiten zur Erprobung des Verfahrens sind soweit fortgeschritten, daß die Prüfeinrichtung jetzt schon serienmäßig gebaut wird, wobei die Möglichkeit gegeben ist, mehrere Öfen nebeneinander zu stellen, um Versuche in steter Folge durchführen zu können. In folgender Abb. 15 ist eine serienmäßig hergestellte Apparatur des Chemischen Laboratoriums für Tonindustrie dargestellt.

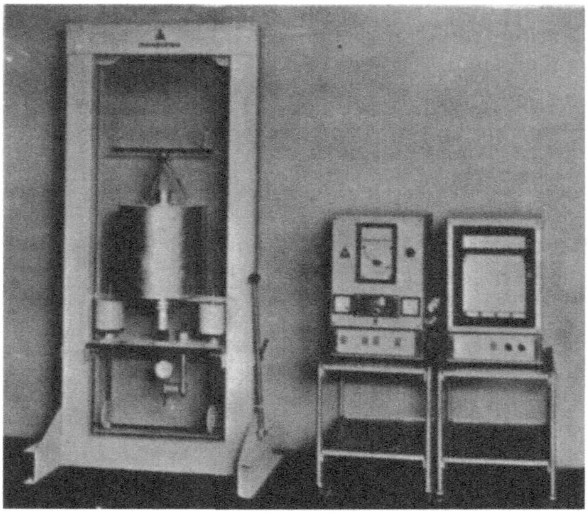

Abb. 15: Apparatur zur Bestimmung der Druckerweichung (Bauart Tonindustrie)

Wie bereits erwähnt, wird die Messung der Verformungsvorgänge nach dem Differenzmeßprinzip vorgenommen. Dazu boten sich die in Abb. 16 dargestellten Möglichkeiten der Fälle 2, 3, 4, 5 und 6 an. Aus konstruktiven Gründen und zur

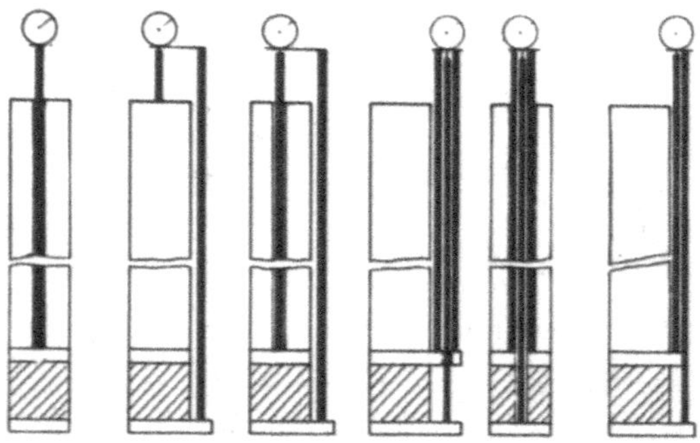

Abb. 16: Methoden zur Messung der tatsächlichen Längenänderung (Differenzmessung)

zur Vermeidung von Fehlern, die evtl. durch ungleichmäßiges Erweichen an verschiedenen Stellen des Prüfkörperquerschnittes hervorgerufen werden könnten, wurde der Fall 5 gewählt, d. h. die Differenzmessung am durchbohrten Prüfkörper. Die Anordnung dieses Differenzmeßsystems in der Prüfapparatur ist schematisch in Abb. 17 dargestellt.

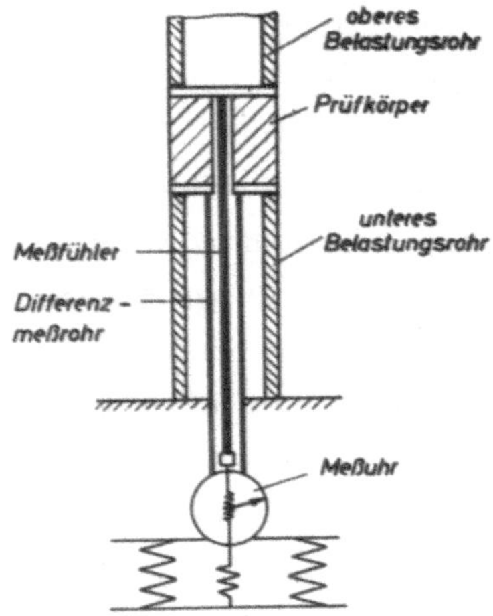

Abb. 17 : Schema des Differenz-Meßsystems zur Bestimmung des DEV

Die Verformung wird durch zwei hochtonerdehaltige Rohre auf eine Potentiometermeßuhr übertragen und von einem Sechsfarbenpunktschreiber aufgezeichnet. Ein Millimeter Verformung entspricht dabei einer Schreiberbreite. Damit werden die durch Eigendehnung des Belastungssystems auftretenden Meßverfälschungen vermieden und echte Werte gemessen, die in der Literatur vielfach zu der Verfahrensbezeichnung "wahre DFB" geführt haben.

Die Auswertung der aufgezeichneten Meßergebnisse erfolgt durch Abgreifen der zu jeder Temperatur zugehörigen Verformungswerte von dem Registrierstreifen. Dabei fällt auf, daß z. B. bei Schamottequalitäten die Verformungstemperatur von Versuchsbeginn an im Schwindungsbereich verläuft, obwohl sich der Probekörper in Wirklichkeit dehnt. Dieser Vorgang läßt sich mit Abb. 18 deuten.

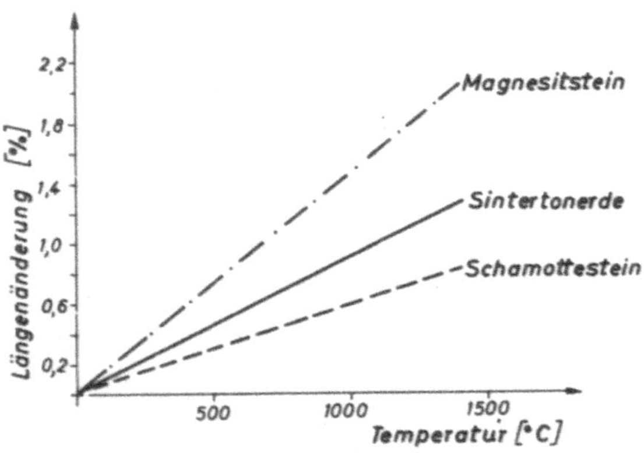

Abb. 18 : Dehnungsverhalten feuerfester Baustoffe

Die Dehnungskurve hochtonerdehaltiger Erzeugnisse verläuft, wie in dieser Abbildung dargestellt, annähernd in der Mitte zwischen derjenigen von Schamotte und Magnesiterzeugnissen. Bei Temperatureinwirkung dehnt sich der im Probekörper verlaufende hochtonerdehaltige Meßfühlerteil stärker als der Schamotteprobekörper. An der Potentiometermeßuhr wird demzufolge eine Schwindung des Probekörpers angezeigt, besser gesagt, vorgetäuscht, d. h. die Dehnung des Probekörpers wird in entgegengesetzter Richtung durch die größere Dehnung des hochtonerdehaltigen Materials so überlagert, daß eine Schwindung angezeigt wird. Bei Magnesiterzeugnissen, deren Dehnungswerte größer als die des hochtonerdehaltigen Materials sind, wird eine Dehnung des Probekörpers registriert. Diese Dehnung ist aber um den Dehnungsbetrag des hochtonerdehaltigen Materials zu klein, d. h., daß man in beiden Fällen, also bei Schamotte- und bei Magnesiterzeugnissen, zu den im Diagramm ausgemessenen Verformungswerten die Dehnungswerte des 50 mm langen, im Probekörper verlaufenden Meßfühlerteiles addiert werden müssen. Die so korrigierten Werte ergeben das echte Verformungsverhalten des geprüften feuerfesten Materials. Die z. Zt. bei uns zur Korrektur der Verformungskurven verwendeten Dehnungswerte des hochtonerdehaltigen Materials wurden aus mehreren Dilatometerkurven gemittelt.

Die Auswertung der korrigierten Verformungskurven kann nach zwei Methoden vorgenommen werden, wie Abb. 19 zeigt. Vereinbarungsgemäß sollen die Temperaturen angegeben werden, bei welchen der Probekörper um 0,5 und 5 % seiner

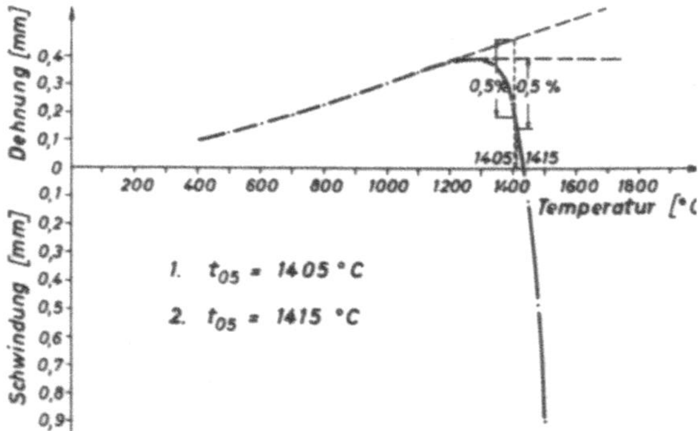

Abb. 19: Möglichkeiten zur Auswertung von Heißdruckerweichungskurven

Ausgangshöhe verformt worden ist. Bei vorzeitigem Zusammenbrechen der Probe wird die Temperatur t_f angegeben. Anstelle von t_a, t_e und t_b bei der DFB nach DIN 51064 werden jetzt die Temperaturen $t_{0,5}$, t_5 oder t_f angegeben. Die Bestimmung der angegebenen Erweichungstemperatur kann, wie Abb. 19 zeigt, sowohl von einer zwischen 600 und 900° C angelegten Geraden, als auch von einer im höchsten Punkt der Ausdehnung angelegten Horizontalen aus erfolgen. Vereinbarungsgemäß wurde in Anlehnung an DIN 51064 letzterer Fall gewählt. Wie weiter aus Abb. 19 ersichtlich ist, ergibt die Auswertung von einer Horizontalen aus höhere Erweichungstemperaturen.

Die Temperaturmessung erfolgt sowohl an der Oberfläche des Prüfkörpers als auch in dessen Zentrum. Je nach Qualität des Prüfkörpers sind Temperaturabweichungen bis zu 80° C von innen nach außen gemessen worden. Damit wirft sich die Frage auf, welche Temperatur zur Auswertung der Verformungskurve herangezogen wird. Dabei gibt es drei Möglichkeiten:

1. Die außen gemessene Temperatur dient gleichzeitig als Bezugstemperatur für die zur Korrektur verwendeten Dehnungswerte des hochtonerdehaltigen Meßfühlerteiles sowie für die Aufzeichnung der Verformungskurve.

2. Die außen gemessene Temperatur wird zur Aufzeichnung der Verformungskurve herangezogen, während die zugehörige Temperatur innen lediglich zur Korrektur des Meßergebnisses dient.

3. Die innen gemessene Temperatur gilt sowohl für die Korrektur als auch für die Aufzeichnung der Verformungskurven.

In folgender Abb. 20 sind diese drei Möglichkeiten graphisch dargestellt. Dabei ist darauf hinzuweisen, daß diese Verformungskurven aus einem Versuch ermittelt worden sind.

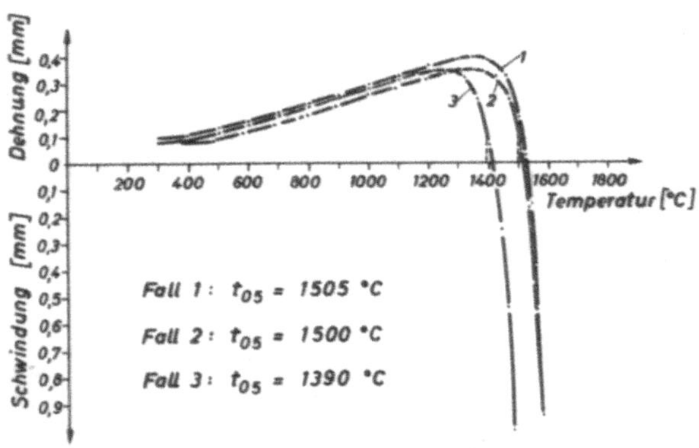

Abb. 20: Druckerweichungskurven

Aus dem vorliegenden Diagramm ist zu ersehen, daß die Ergebnisse der Kurven 1 und 2 besonders stark von denen der Kurve 3 abweichen. Zur Klärung dieser Abweichungen muß als erstes festgestellt werden, daß nur die im Probekörper gemessene Temperatur als Bezugstemperatur für die zur Korrektur verwendeten Dehnungswerte des hochtonerdehaltigen Meßfühlerteiles herangezogen werden kann.

Damit wird Fall 1 (Temperaturmessung außen, auch als Bezugstemperatur für die Meßfühlerdehnung) ausgeschaltet. Am sinnvollsten erscheint die Auswertung nach Fall 2, weil sich die Dehnung des Probekörpers nicht nach der im Zentrum gemessenen, wie es Fall 3 vorsieht, sondern nach der außen, an der heißesten Stelle gemessenen Temperatur richtet.

Um die an verschiedenen Prüfstellen erzielten Daten miteinander vergleichen zu können, wurde der Fall 3 gewählt, d. h. Messung der für Korrektur und Kurvenauswertung maßgeblichen Temperatur im Prüfkörperzentrum.

Nach zahlreichen Vorversuchen mit nach dem erläuterten Prinzip arbeitenden Apparaturen wurden Vergleichsversuche zwischen verschiedenen Instituten durchgeführt, deren Ergebnisse in Zahlentafel 1 dargestellt sind.

Trotz einiger apparativ bedingter Streuungen bei den $t_{0,5}$-Werten bis t_5-Werten ist eine außerordentlich gute Übereinstimmung der Ergebnisse des Zeitfließversuches nach 24 Stunden festzustellen. Diese und weitere Versuchsergebnisse haben in der Zwischenzeit dazu geführt, daß von der Arbeitsgruppe B 2a1 im FNM ein Normvorentwurf für das erläuterte Prüfverfahren erstellt wurde. Zur Vermeidung von Verwechslungen erhielt der Normvorentwurf den Titel "Bestimmung der Druckerweichung (DE) bei steigender Temperatur und konstantem Druck." DIN 51053, Blatt 1. Darin werden alle neuen Apparate, Meßgeräte und Verfahrensfragen zur Diskussion gestellt.

Zahlentafel 1 : Ergebnisse von Vergleichsversuchen zur Bestimmung der DE feuerfester Baustoffe

Labor	1	2	3		4		5	6		7		8	
Probe Nr.	1	1	1	2	1	2	1	1	2	1	2	1	2
$t_{0,5}$-Wert	1360	1350	1350	1345	1350	1360	1360	1320	1350	1350	1360	1365	1380
t_1-Wert	1405	1390	1380	-	1405	1395	1410	1350	-	1390	1400	1405	1415
t_2-Wert	1455	1430	1420	-	1450	1435	1450	1395	-	1440	1450	1460	1465
t_5-Wert	1470	1500	1490	-	1500	1480	1510	1460	-	1495	1505	1520	1525
Zeit-Fließversuch bei 1350° C													
1350° C			0,5 %				0,48 %	0,48 %		0,50 %		0,43 %	
1 h			2,28				1,65	2,20		1,44		1,59	
2 "			3,00				2,05	2,34		1,96		2,05	
3 "			3,45				2,35	2,55		2,32		2,36	
4 "			3,87				2,60	2,75		2,64		2,66	
5 "			4,00				2,85	2,93		2,88		2,96	
10 "			4,97				3,90	4,02		3,80		3,80	
15 "			5,80				4,65	4,60		4,60		4,66	
20 "			6,50				5,20	5,18		5,20		5,26	
24 "			6,86				5,35	5,58		5,50		5,67	
Fließgeschw. 15 - 24 h			0,118 %/h				0,078 %/h	0,109 %/h		0,10 %/h		0,112 %/h	
Ofenart	Haube Ø 67 mm	Haube Ø 100 mm	Haube Ø 67 mm		Haube Ø 100 mm		DFB-Ofen	Tammann Ø 50 mm		Haube Ø 67 - 100 mm		Haube Ø 67 mm	
Messung Längenänd.	Meß-uhr	gewick. Poti	Meßuhr		gewickeltes Potentiomet.		Meß-uhr + Poti	Meßuhr		Kohleschicht-potentiometer		Meßuhr - potentiometer	
Aufheizung	von Hand	Netzsch	Netzsch		Netzsch		von Hand	von Hand		Netzsch		Regler-Tonindustrie	

5. Die Prüfung der Dauerstandfestigkeit

Die Prüfung der Dauerstandfestigkeit hat Bedeutung für die Beurteilung der Haltbarkeit, insbesondere allseitig erhitzter Bauteile, wie z. B. Winderhitzersteine, SM-Ofen-Kammer-Besatzsteine oder Koksofenkammerwände. Auf einer internationalen Tagung im Jahre 1959 in Aachen[13] wurden über verschiedene Vorschläge und auch verschiedene Apparaturen und der damit gewonnenen Ergebnisse berichtet. Es wurde festgestellt, daß eine Prüfzeit von 8 bis 24 Stunden oft als ausreichend angesehen werden kann, um das Verhalten von feuerfesten Steinen zu beurteilen und unter Umständen den weiteren Verlauf der Erweichungskurven aus diesen Ergebnissen zu berechnen. Nicht befriedigend ist, daß die bisherigen Ergebnisse unter verschiedenen Prüfbedingungen mit unterschiedlichen Belastungen, Temperaturen und auch Ofenatmosphären erhalten worden sind, die einen direkten Vergleich erschwerten. Mit den neu entwickelten Prüfapparaturen zur Bestimmung der Druckerweichung (DE) besteht, wie bereits in Abb. 17 gezeigt, auch die Möglichkeit, Dauerstandsversuche vorzunehmen, wobei ein besonderer Vorteil in der automatischen Registrierung und Regulierung der Ofentemperatur besteht. Ferner werden die auch bei den üblichen Dauerstandsfestigkeitsapparaturen bestehenden analogen Mängel ausgeschaltet. Es ist vorgesehen, nach Abschluß umfangreicher Vergleichsversuche den Dauerstandsversuch auch in seinen Durchführungsbedingungen festzulegen und einer Normung als DIN 51053, Blatt 3 mit dem Untertitel "Bestimmung des Druckfließens (DFL) bei konstanter Temperatur und konstantem Druck"

6. Untersuchung feuerfester Werkstoffe unter Biegebeanspruchung bei hohen Temperaturen

Für die Beurteilung feuerfester Werkstoffe werden neben Druck- und Torsionsversuchen in zunehmendem Maße, besonders an basichen Qualitäten, Untersuchungen zur Bestimmung der Biegefestigkeit bzw. des Erweichungsverhaltens unter Biegebeanspruchung bei hohen Temperaturen durchgeführt. Die Beanspruchungen durch Zug, Biegung und Torsion sind einander ähnlich, unterscheiden sich aber deutlich von der durch Druck. Während bei Beanspruchung durch Zug, Biegung oder Torsion der Verformungsablauf von Viskosität und Menge der Schmelze abhängt (Fließen), wird der Widerstand gegenüber Druckbeanspruchung hauptsächlich durch den feuerfesten Kristallfilz der Probe hervorgerufen. Bedingt durch die unterschiedlichen Veränderungen der Struktur führen die Ergebnisse von Zug-, Biege- und Torsionsversuchen einerseits und Druckversuchen andererseits zu unterschiedlichen Aussagen und sind schlecht miteinander vergleichbar.

Bei der Druckerweichung wurden die die Untersuchungsergebnisse beeinflussenden Faktoren bereits erläutert. Bei Zug- und bei Torsionsbeanspruchung befinden sich die Einspannenden des Prüfstabes in der kalten Zone, so daß erhebliche Teile des Prüfkörpers unterschiedliche Temperaturen aufweisen. Des weiteren tritt bei Zugversuchen das Problem der verläßlichen Einspannung und mittigen Belastung auf. Die Vorteile des Heißbiegeversuches sind demgegenüber darin zu sehen, daß ohne bauliche Veränderung der Apparaturen Probekörper verschiedener Abmessungen geprüft werden können, daß die Prüfung bei allseitig gleicher Temperatur des Probekörpers erfolgt, und daß durch geeignete Ofensteuerung der Temperaturabfall vom Äußeren zum Inneren der Probe klein gehalten werden kann. Ein weiterer wesentlicher Vorteil gegenüber allen anderen Prüfverfahren ist die Möglichkeit, bei Untersuchung des Erweichungsverhaltens unter konstanter Belastung und steigender Temperatur gleichzeitig mehrere Proben nebeneinander, bei Biegezugfestigkeitsversuchen (konstante Temperatur, steigende Belastung) sogar eine Vielzahl von Proben nacheinander prüfen zu können. In diesem Zusammenhang sei auf den ASTM-Vorschlag Nr. C 583 - 65 T hingewiesen, in welchen Einzelheiten über Apparatur, Prüfung und Probenabmessungen für die Biegezugfestigkeitsprüfung bei hohen Temperaturen wiedergegeben sind.

Die Bedeutung des Biegeversuches mit konstanter Belastung und steigenden Temperaturen besteht darin, Erkenntnisse über das physikalische Verhalten der Schmelzphase in feuerfesten Materialien sammeln zu können. Die Durchbiegung des Probekörpers kann dabei sowohl unter Belastung als auch durch sein Eigengewicht erfolgen.

Die in den Abbildungen 21 und 22 schematisch dargestellte Apparatur wurde im Institut für Steine und Erden der TH Clausthal gebaut.

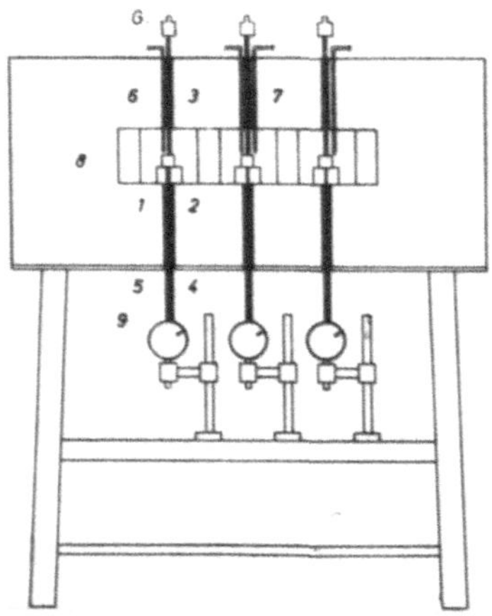

1 Prüfkörper
2 Auflageschneiden
3 Belastungsstempel,
4 Meßtaster,
5 Differenzmeßrohr,
6 Thermoelemente zur Messung der Probentemepratur,
7 Steuerthermoelement,
8 Heizelemente,
9 Potentiometer-Meßuhr

Abb. 21: Apparatur zur Untersuchung des Erweichungsverhaltens feuerfester Baustoffe bei hohen Temperaturen unter Biegebeanspruchung

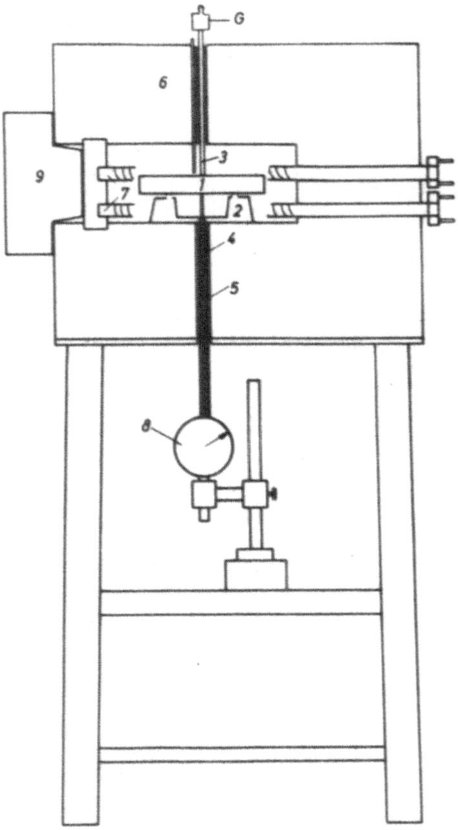

1 Prüfkörper
2 Auflageschneiden
3 Belastungsstempel
4 Meßtaster
5 Differenzmeßrohr
6 Thermoelement (Probentemperatur)
7 Heizelemente
8 Potentiometer-Meßuhr
9 Ofentür

Abb. 22: Apparatur zur Untersuchung des Erweiterungsverhaltens feuerfester Baustoffe bei hohen Temperaturen unter Biegebeanspruchung

Die Durchbiegung der drei Prüfkörper wird nach dem Differenzmeßprinzip von drei Potentiometermeßuhren gemessen und von einem Sechsfarbenpunktschreiber automatisch registriert. Die Ofensteuerung erfolgt ebenfalls automatisch über eine Regeleinheit (Regler, Stelltransformator).

Z. Zt. werden Untersuchungen zur Bestimmung des Einflusses unterschiedlicher Probekörperabmessungen und verschiedener Belastungsstufen auf das Erweichungsverhalten ff. Werkstoffe durchgeführt, die nicht zuletzt darüber Aufschluß geben sollen, welche Belastung und Temperatursteigerung und welche Probeabmessungen zur Erfassung der Materialeigenschaften sinnvoll sind.

7. Die Torsionsprüfung feuerfester Werkstoffe bei hohen Temperaturen

Für die Torsionsprüfung sind im Laufe der letzten Jahrzehnte mehrere Geräte entwickelt worden. Die technische Entwicklung auf diesem Gebiet führte zu dem in Abb. 23 dargestellten Torsionsprüfer Bauart Tonindustrie. Die Apparatur

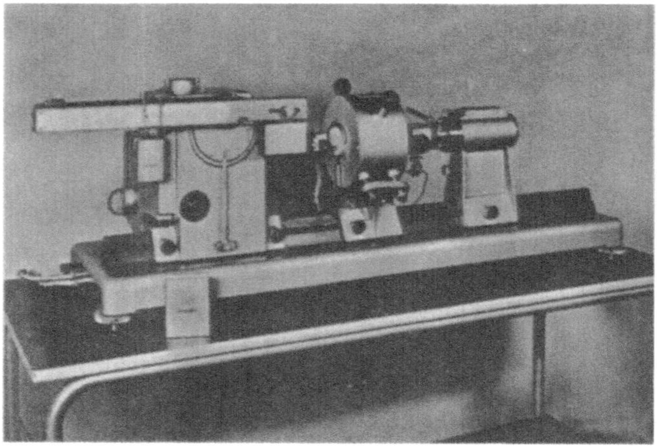

Abb. 23: Vollautomatisches Torsionsgerät

arbeitet vollautomatisch. Die Ofensteuerung erfolgt mit Hilfe einer Regeleinheit (Regler, Stelltransformator) und läßt verschiedene Temperaturprogramme zu. Die Registrierung des Torsionswinkels erfolgt über ein Potentiometer durch einen Sechsfarbenpunktschreiber.

Die Torsionsprüfung erfolgt meist mit konstanter Belastung, kann aber auch unter Wechsellast durchgeführt werden. Die im Prüfkörper herrschende Spannungsverteilung ist ungleichmäßig. Die Schubspannungen sind an der Prüfkörperoberfläche am größten und nehmen zum Querschnittsmittelpunkt hin auf null ab. Diese Spannungen können meist unter der vereinfachten Annahme eines rein elastischen Verhaltens aus der Belastungsart, Größe und Probengeometrie berechnet werden. Speziell beim Torsionsversuch ist die ausgeübte Belastung ein Torsionsmoment M (kp . cm) und die Deformationsgröße ein Verdrehungswinkel. Aus dem angelegten Torsionsmoment M und den Prüfkörpermessungen läßt sich die im Flächenelement herrschende maximale Schubspannung berechnen. In den meisten Fällen werden Kurven angegeben, die die Abhängigkeit von Probentemperaturen und Verdrehungswinkel darstellen.

Von besonderem Interesse war die Frage der Auswertung der Torsionskurven. Dabei wurde versucht, die Kurven ähnlich wie bei dem Druckfeuerbeständigkeits- bzw. DE-Versuch durch zwei Punkte zu definieren und damit Temperaturwerte zu ermitteln, die unter Berücksichtigung einer bestimmten Aufheizgeschwindigkeit und einer bestimmten Belastung für den untersuchten feuerfesten Werkstoff kennzeichnend sind. In Abweichung von DFB-Versuchen wurden diese Punkte mit E_1 und E_2 bezeichnet. Eine genaue Definition dieser Punkte findet sich in einer Arbeit von M. Koltermann und D. Wiegmann[14]

E_1 : Der Erweichungsanfangspunkt ist erreicht, wenn sich der Probekörper um 0, 36' /min verdreht hat.

E_2 : Der Erweichungsendpunkt ist erreicht, wenn sich der Probekörper um 1 ' /s verdreht oder bricht.

Der Einfluß unterschiedlicher Belastung auf das Erweichungsverhalten eines feuerfesten Werkstoffes bei einer Aufheizgeschwindigkeit von 4° C/min ist in Abb. 24 dargestellt. Die z. Zt. durchgeführten Versuche werden mit einer Be-

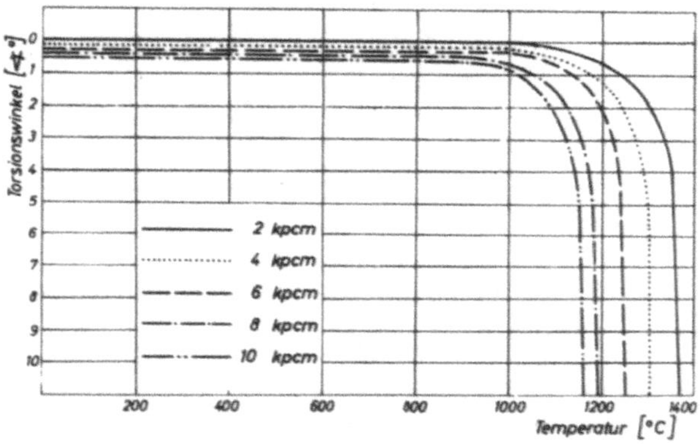

Abb. 24 : Torsionsverhalten und Belastung (Schamottestein)

lastung von 7, 5 oder 10 cm kp durchgeführt. Bei Torsionsversuchen unter Wechsellast ergeben sich die in Abb. 25 dargestellten Kurven. Um die Ergebnisse von Torsionsuntersuchungen miteinander vergleichen zu können, ist es erforderlich, Prüfkörperabmessungen, Aufheizprogramm und Belastung genau festzulegen.

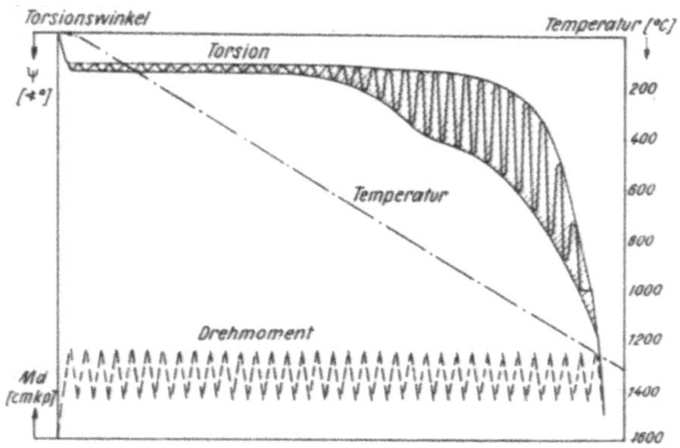

Abb. 25 : Torsion bei Wechselbelastung

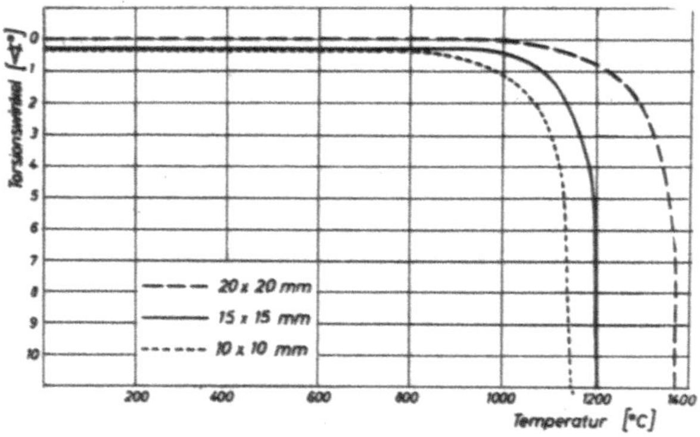

Abb. 26 : Torsion und Prüfkörperquerschnitt (Schamottestein)

In Abb. 26 ist dargestellt, welchen Einfluß der Prüfkörperquerschnitt bei gleichbleibender Belastung auf das Erweichungsverhalten ausübt.

Die Unterschiede des Kurvenverlaufes sind damit zu erklären, daß zunächst das Drehmoment pro Flächeneinheit bei zunehmender Prüfkörperabmessung kleiner wird und danach eine geringe Verdrehungsgeschwindigkeit zur Folge hat. Ähnliche Unterschiede zeigen sich durch Veränderung der Aufheizgeschwindigkeit. Zum Vergleich zahlreicher unter unterschiedlichen Bedingungen durchgeführter Torsionsversuche wurde nach funktionellen Darstellungsmöglichkeiten gesucht. Hierüber ist in diesem Jahr in den Berichten der DKG von H. W. Hennicke und H. Lehmann[15] berichtet worden. Das Fließen von Werkstoffen, in denen elastische und viskose Anteile in irgendeiner Kopplung vorliegen, läßt sich als Funktion von temperaturhängigen Schubmodul, vom temperaturabhängigen Viskositätskoeffizienten, von der Schubspannung, von zeitabhängigen Deformationswinkel, von der Versuchsdauer der Amplitude, der Relaxationszeit und der absoluten Temperatur in einer verallgemeinernden Modellanordnung darstellen. Aufgrund dieser Betrachtungen unter Annahme einiger Vereinfachungen seien einige Beispiele in der Darstellung log γ in Abhängigkeit von $1/T_{abs}$ angegeben. Abb. 27 zeigt die an sieben unterschiedlichen Chrommagnesiasteinen erhaltenen Meßergebnisse.

Es ist zu erkennen, daß durch eine Steigerung der Brenntemperatur eine "Linearisierung" hervorgerufen wird. Offenbar wird das Deformationsverhalten in dem Sinne einheitlicher, daß sich der Vorgang mit einer einzigen "experimentellen" Aktivierungswärme beschreiben läßt. Als zweites Beispiel sind in Abb. 28 die Ergebnisse von Torsionsmessungen von Glashafenmassen gezeigt.

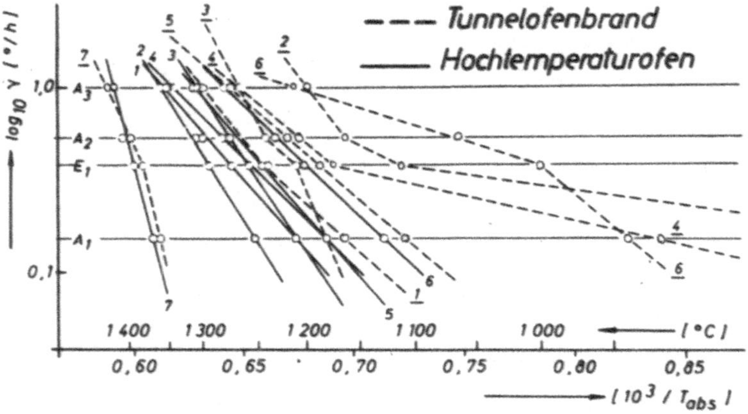

Abb. 27 : Torsionsverhalten von Chrommagnesitsteinen (n. A. Starzacher)

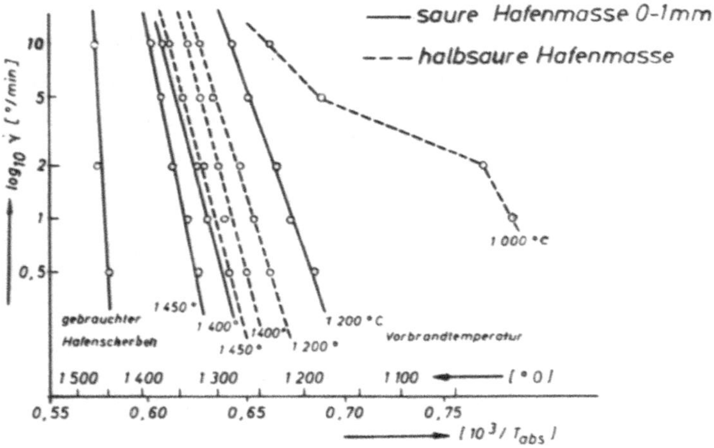

Abb. 28 : Torsionsverhalten von Glashafenmasse bei unterschiedlicher Vorbrandtemperatur

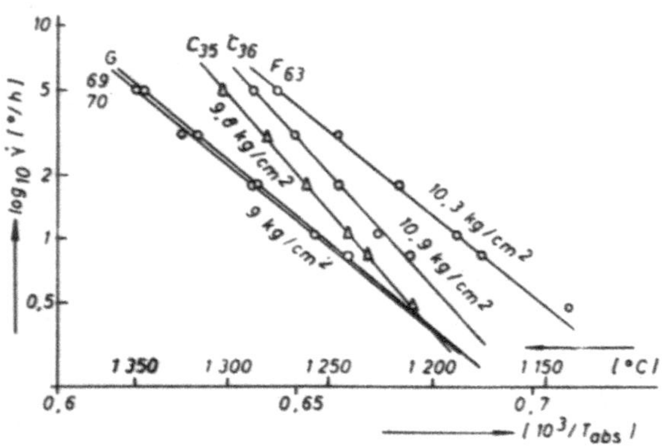

Abb. 29: Torsionsverhalten von tonerdereichen Steinen 70/75 % Al_2O_3

Eine Erhöhung der Vorbrenntemperatur hat bei beiden Massen eine Zunahme des Anstieges und eine Verschiebung zu höheren Temperaturen zur Folge. In Abb. 29 sind die Torsionsergebnisse an tonerdereichen Steinen in der genannten Darstellung aufgezeigt. Der Deformationsgeschwindigkeitsbereich von 0,48 bis 10,2 grd/h läßt sich bei logarithmischer Auftragung gegen $1/_{T_{abs}}$ linear annähern. Bei Vergrößerung der Meßgenauigkeit wurden bei Schamottesteinen Hinweise auf Knickpunkte gefunden, die noch einer weiteren Klärung bedürfen.

8. Schlußbetrachtung

Wie in den Ausführungen aufgezeigt wurde, hat es in den letzten Jahren auf dem Gebiet der Prüfung feuerfester Werkstoffe eine starke Vorwärtsentwicklung gegeben. Im Rahmen dieser Ausführungen war natürlich eine eingehende Betrachtung sämtlicher Prüfverfahren nicht möglich. Es sei zum Abschluß aber noch darauf hingewiesen, daß gerade in der letzten Zeit die Bestimmung des Nachwachsens und Nachschwindens und der Temperaturwechselbeständigkeit, besonders für feuerfeste Werkstoffe, die nach dem Wasserabschreckverfahren nicht geprüft werden können, stark diskutiert wurden, wobei insbesondere im Rahmen der zerstörungsfreien Werkstoffprüfung die Laufzeitmessung und die Bestimmung der Resonanzfrequenz herangezogen werden.

LITERATURVERZEICHNIS

1 s. a. Lehmann, H. :
Up -to-date testing methods for the investigation of refractories
Eighth Conference on the Silicate Industry (SILICON 1965)
AKADÉMIAI KIADÓ, Budapest 1966

2 Jeschke, P. und H. E. Schwiete :
Ber. Dtsch. Keram. Ges. 39 (1962), S. 393 - 398

3 Mittenbühler, A. :
Ber. Dtsch. Keram. Ges. 41 (1964), S. 15 - 20

4 Klasse, F., A. Heinz und J. Hein :
Ber. Dtsch. Keram. Ges. 34 (1957), S. 183 - 189

5 Lehmann, H. und E. Gatzke :
Tonind. -Ztg. 87 (1957), S. 217 - 220

6 Schwiete, H. E. und P. Jeschke :
Tonind. -Ztg. 87 (1963), S. 386 - 400, S. 427 - 442

7 Braun, H. G. :
Gaswärme 15 (1966), S. 142 - 155, S. 207 - 218

8 Schwiedeßen, H. :
Ber. Dtsch. Keram. Ges. 39 (1962), S. 365 - 369

9 Skalla, N., Overkott, E. und K. Konopicky :
Tonind. -Ztg. 89 (1965), S. 55 - 60

10 Koltermann, M. und E. Kupzog :
Ber. Dtsch. Keram. Ges. 43 (1966), S 271 - 275

11 Kaltner, E. und F. Kemec :
Tonind. -Ztg. 90 (1966), S. 209 - 214

12 Wohlleben, K., K. Konopicky und F. Kowalczyk :
Tonind. -Ztg. 88 (1964), S. 546 - 551

13 Dauerversuche an feuerfesten Materialien, Zweites Sonderheft der Dtsch. Keram. Ges. 1960

14 Koltermann, M. und D. Wiegmann :
Tonind. -Ztg. 87 (1963), S. 339 - 348

15 Hennicke, H. W. und H. Lehmann :
Ber. Dtsch. Keram. Ges. 43 (1966), S. 40 - 42

o. Professor Dr. -Ing. H. Lehmann
Direktor des Institutes für Steine und Erden
der Technischen Hochschule Clausthal
Zehntnerstraße 2 A
D-3392 Clausthal-Zellerfeld

Diskussion zum Vortrag von H. Lehmann

G. Bouvier, Leoben, weist auf die Schwierigkeiten hin, die einer Normung der Prüfverfahren - hier vor allem die bei hohen Temperaturen - da sie ja nicht nur der Magnesitindustrie, sondern auch der Silikat-, der Schamotteindustrie u. a. m. gerecht werden und zum Verständnis des Erzeugers wie des Abnehmers dienen soll. Für die Forschung erscheinen die Kosten der Apparatur und des Betriebes der Prüfverfahren weniger wichtig gegenüber ihrer Aussagefähigkeit, für den Erzeuger und Verbraucher aber sind sie oft ausschlaggebend. Aus diesem Grunde ist z. B. die Bestimmung der Heißtorsion, wie sie heute ist, die an sich eine hervorragende Aussagefähigkeit besitzt, nicht allgemein für eine Endkontrolle einsetzbar und einer Normung fähig. - Zu dem von Seiten der Verbraucher und Ofenbauer geäußerten Wunsch der Herausstellung von Prüfverfahren und Kennwerten, die die Eignung der ff. Produkte jeweils für bestimmte Anwendungsgebiete allgemein zu charakterisieren und zu garantieren in der Lage wären, ohne Rücksicht auf die individuellen Beanspruchungen und Betriebsbedingungen, ist zu sagen, daß ein solcher Wunsch nicht erfüllt werden kann. Was die Gleichmäßigkeit der Lieferung anbelangt, so ist deren Prüfung in einem normalen Rahmen und mit normaler Schnelligkeit möglich.

DERZEITIGER STAND UND ZUKUNFTSAUSSICHTEN DOLOMITISCHER BAUSTOFFE IN DER STAHLINDUSTRIE

Von K. H. Obst, J. Stradtmann und K. Benczek, Wülfrath

Mit 21 Textabbildungen

I. Dolomitverbrauch in der BRD und Entwicklung der Stahlerzeugungsverfahren

Im Jahre 1966 wurden in der Bundesrepublik Deutschland 35,3 (1965 36,8) Mill. t Rohstahl erzeugt[1]. Dazu wurden etwa 240 000 t (266 000 t) Dolomitsteine und einschließlich Mischersteine etwa 120 000 t (134 000 t) Magnesitsteine verbraucht. Der Gesamtverbrauch einschließlich losem Material in der Stahlindustrie betrug 569 000 t (624 000 t) Dolomit und 204 000 t (231 000 t) Magnesit. Diese kurze Zahlenangabe zeigt, daß bei der Erzeugung von Stahl in der Bundesrepublik Deutschland Dolomit unter den basischen Feuerfest-Baustoffen eine bemerkenswerte Rolle spielt.

Die Verwendung von Dolomit als feuerfester Baustoff geht auf S. G. Thomas zurück, der damit erst die Voraussetzung für die Entschwefelung und Entphosphorizierung beim Frischprozeß schuf. Auch das SM-Verfahren verdankt seine überaus schnelle Entwicklung der Einführung der dolomitischen Auskleidung des Herdes[2]. Die Zustellung des Thomaskonverters ist im Prinzip heute noch die gleiche wie vor 80 Jahren. Auch beim basischen SM-Verfahren hat sich die Zustellung des Herdes gegenüber früher, zumindest in Europa, nur unwesentlich geändert, dagegen ist das ursprünglich saure Gewölbe in neuerer Zeit durch ein basisches auf Magnesitbasis ersetzt worden. Neben Thomas- und SM-Verfahren hat sich vor allem für Qualitätsstahl das Elektrostahlverfahren einen gewissen Anteil an der Gesamtstahlerzeugung gesichert, wobei ebenfalls dolomitischer Baustoff verwendet wird.

Mit der Einführung des Sauerstoffaufblasverfahrens im großtechnischen Maßstab in Linz und Donawitz hat eine Entwicklung begonnen, die heute in der ganzen Welt in vollem Gange ist und die Anteile der einzelnen Stahlerzeugungsverfahren an der Gesamtstahlerzeugung sehr stark verändert (Abb. 1). Die Stahlerzeugung nach dem Aufblasverfahren nimmt sprunghaft zu, gleichzeitig gehen SM- und Thomasstahlproduktion zurück. Man rechnet damit, daß in Deutschland nicht zu-

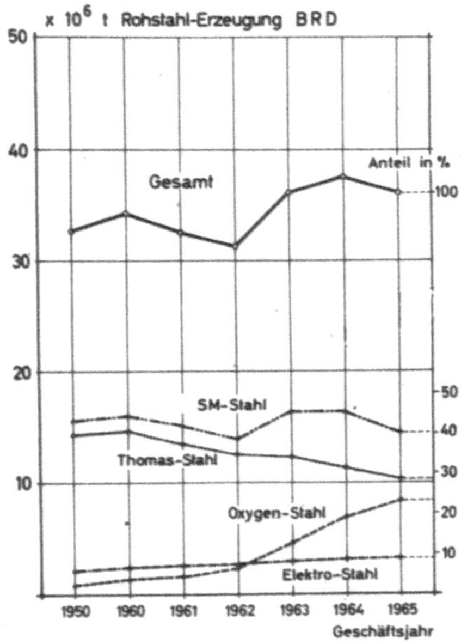

Abb. 1: Entwicklung der Rohstahlerzeugung in der Bundesrepublik Deutschland

letzt durch die gesetzlichen Bestimmungen zur Reinhaltung der Luft das Thomasverfahren, welches 1959 etwa 45 %, 1966 noch etwa 28 % der Gesamterzeugung in der BRD ausmachte, wahrscheinlich Anfang der 70er Jahre durch das Aufblasverfahren abgelöst sein wird. Die Stahlerzeugung nach dem SM-Verfahren geht ebenfalls, und zwar schneller als bisher erwartet, zurück. Selbst neuere SM-Werke werden auf Grund ihrer höheren Umwandlungskosten gegenüber Aufblasstahlwerken durch diese teilweise abgelöst. Neuinvestitionen werden ausschließlich für das Aufblasverfahren durchgeführt. A. Mund und H. W. Kreutzer[3] haben die Entwicklung in Deutschland und der Welt kürzlich gegenübergestellt. Der aus Abb. 1 ersichtliche Strukturwandel in der Bundesrepublik Deutschland ist in fast allen stahlerzeugenden Ländern der Welt zu beobachten.

Die Zunahme der Stahlerzeugung nach dem Aufblasverfahren in der Welt hat zwei Gründe. Die neugeschaffenen Erzeugungsmöglichkeiten, wie z. B. in Japan, Italien, Australien und in den osteuropäischen Ländern wurden ausschließlich als Aufblasstahlwerke gebaut. In den traditionellen Stahlherstellungsländern werden alte Stahlwerke durch Aufblasstahlwerke ersetzt und dabei gleichzeitig eine gewisse Kapazitätssteigerung angestrebt. Es ist klar, daß dieser Strukturwandel nicht ohne Einfluß auf den Verbrauch der basischen Feuerfest-Baustoffe ist.

In dem Land, in dem das LD-Verfahren entwickelt worden ist, also in Österreich, wurden die Aufblasgefäße von Anfang an mit Magnesit ausgekleidet, wobei man bis heute weitgehend geblieben ist. In den übrigen Ländern Europas, die Thomasstahltradition haben, hat man die jahrzehntelangen guten Erfahrungen mit der dolomitischen Zustellungsweise übernommen. In den Ländern, die keine Thomasstahtradition haben, also vor allem in Japan, Amerika und Australien, hat man bei Einführung des Sauerstoffaufblasverfahrens an die eigene Erfahrung mit Magnesit angeknüpft und dementsprechend die ersten Zustellungen magnesitisch durchgeführt. Im Laufe der weiteren Entwicklung ist man aber auch hier, insbesondere in Japan, auf dolomitischer Zustellung übergegangen und hat damit die bisher wirtschaftlichste Verfahrensweise erreicht. Die Voraussetzung hierfür war eine wesentlich bessere Dolomitqualität, als sie früher im allgemeinen für das Thomasverfahren verwendet wurde. Verbunden mit wirtschaftlichen Überlegungen führten diese Qualitätsgründe dazu, daß die dolomitsche Auskleidung für die Aufblaskonverter nicht mehr, wie es früher beim Thomasverfahren üblich war, im Stahlwerk selbst hergestellt wird.

Heute wird Dolomit ebenso wie andere feuerfeste Baustoffe in darauf spezialisierten Werken hergestellt[4].

II. Herstellung dolomitischer Baustoffe

Rohdolomit wird im allgemeinen im Tagebau gewonnen. Ebenso wie bei anderen feuerfesten Baustoffen spielen die Reinheit und die Gleichmäßigkeit des Rohproduktes eine wesentliche Rolle. Wenn die Vorkommen nicht den qualitativen Anforderungen entsprechen, muß selektiv abgebaut oder entsprechend aufbereitet werden. Der karbonatische Rohstein wird nach aufwendiger Qualitätsauslese im Dreh- bzw. Schachtofen gesintert. Die Brenntemperaturen sowohl im Dreh- als auch im Schachtofen werden heute so hoch gehalten, daß die Porosität des Sinters zwischen 5 und 10 % liegt. Beim Brennen des Dolomits zerfällt das Gitter des Doppelkarbonats aus Ca-, Mg- und CO_3-Ionen.

Im fertigen Sinter liegen CaO und MgO weitgehend gleichmäßig verteilt nebeneinander vor. Nach neueren Untersuchungen[5] ist etwas CaO im MgO und umgekehrt vorhanden, wobei die Frage noch offen ist, ob es sich um reine Mischkristallbildung handelt. Es sei jedoch darauf hingewiesen, daß für die Eigenschaften von gebranntem Dolomit sowohl echte Mischkristallbildung als auch Ausscheidungen oder deren Vorstadium von Bedeutung sind. Bei der Stahlhärtung kennt man diese Zusammenhänge sehr genau, man sollte sie auch bei oxydischen Systemen mehr als bisher beachten.

Abb. 2 zeigt einen Dolomitsinter mit wenig Verunreinigungen, der im Drehofen gebrannt wurde. Es sind nur die Phasen MgO und CaO zu unterscheiden. Die

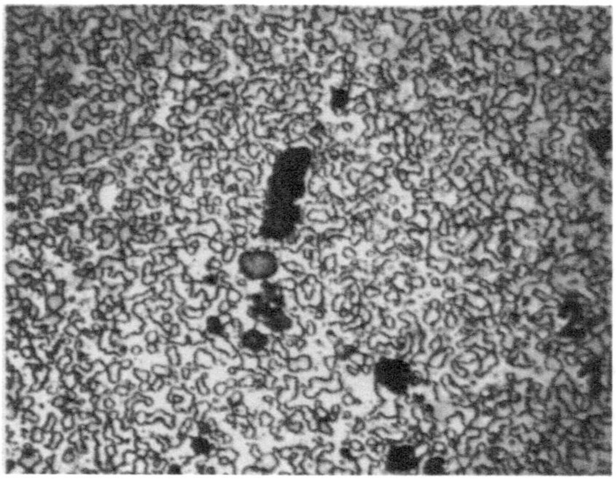

Abb. 2: Verunreinigungsarmer Dolomitsinter (Drehofen) 1 Periklas 2 Calciumoxyd

Verunreinigungen sind in der Mikrostruktur kaum zu erkennen. Die Kristallgröße liegt bei 5 µm. Die Periclase sind häufig zu Ketten und Netzen zusammengewachsen.

Abb. 3 zeigt einen Schachtofensinter mit wenig Verunreinigungen. Die auftretenden Phasen sind MgO, CaO und etwas Alit. Die Periclase liegen in einer Größe von 15 bis 20 µm inselförmig zwischen dem CaO.

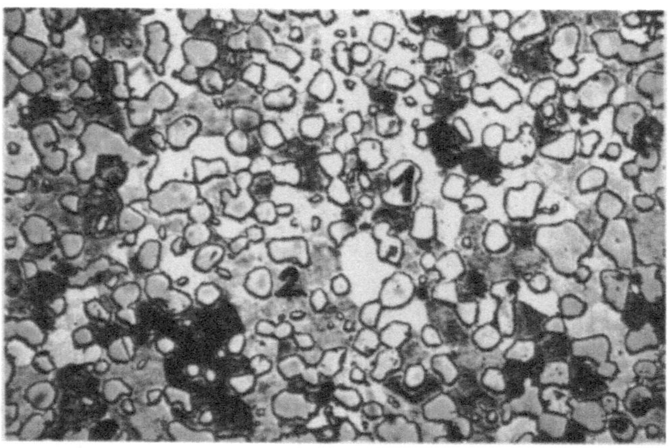

Abb. 3: Verunreinigungsarmer Dolomitsinter (Schachtofen) geätzt: H_2O
1 Periklas 2 Calciumoxyd

Abb. 4 zeigt einen eisenoxyd- manganoxydhaltigen Drehofensinter. Die Phasen sind MgO, CaO, Alit und Brownmillerit. Die weiße Matrix zwischen dem Periclas und dem geätzten CaO besteht aus Brownmillerit und einer Kalziumoxyd-Manganoxyd-Verbindung, wie unter der Mikrosonde bestätigt wurde.

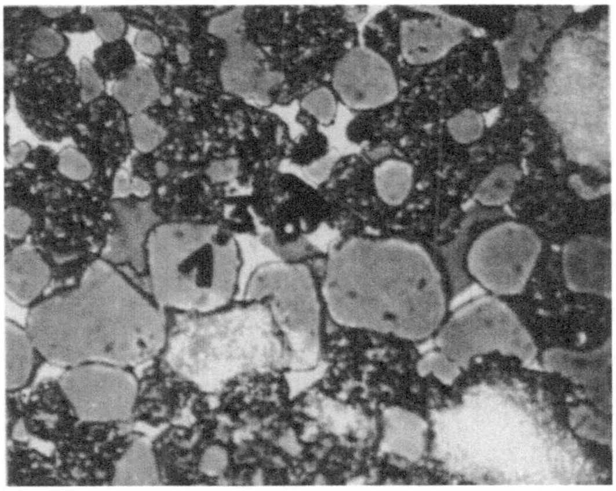

Abb. 4 : Drehofensinter, eisenoxyd- und manganoxydhaltig geätzt : H_2O
1 Periklas 2 Calciumoxyd 3 Dicalciumferrit und Ca-Manganoxyd

In Abb. 5 ist das Schliffbild eines Dolomitsinters mit verändertem CaO/MgO-Verhältnis, das auf den späteren Verwendungszweck eingestellt wurde zu sehen. Die Phasen sind CaO und MgO. Beide Komponenten sind homogen verteilt.

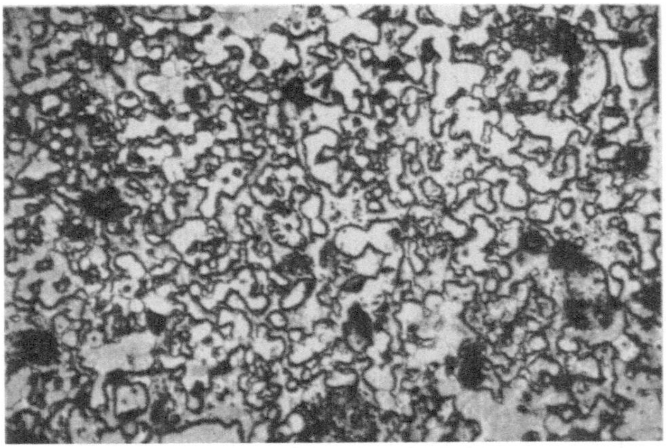

Abb. 5 : Drehofensinter mit verändertem CaO/MgO-Verhältnis

Sinterdolomit wird üblicherweise nach seiner chemischen Analyse, seinem Sintergrad, ausgedrückt durch die Porosität bzw. das Raumgewicht und seiner Hydratationsbeständigkeit beurteilt. F. Bischoff[6] hat über weitere Eigenschaften berichtet. Die chemische Durchschnittsanalyse sollte in jedem Fall durch eine mineralogische Untersuchung[7] ergänzt werden, wobei die im besonderen von F. Trojer[8] zusammengestellten Bestimmungsmerkmale zur Identifizierung der einzelnen Phasen dienen. Die Ergebnisse der herkömmlichen mikroskopischen und röntgenografischen Phasenbestimmung sollten durch Messungen mit dem Elektronenstrahl-Mikroanalysator erweitert werden. Entsprechende Untersuchungen an basischen insbesondere dolomitischen Feuerfest-Baustoffen werden in Zusammenarbei mit dem Institut für analytische Chemie und Mikrochemie der Technischen Hochschule Wien durchgeführt [5, 9 bis 11], um Aufschluß über die Eigenschaften des Sinters zu bekommen. Da man die Eigenschaften des Sinters auf den späteren Verwendungszweck einstellt, ist die Sinterherstellung schwieriger als früher.

Der fertige Sinter wird zerkleinert und klassiert. Je nach Verwendungszweck werden aus den einzelnen Kornfraktionen Mischungen verschiedenen Kornaufbaus hergestellt und in vielen Fällen mit Teer vermischt. Daraus werden durch Pressen, Vibrieren, Rütteln u. s. w. - wie aus den anderen Feuerfest-Industrien bekannt ist - Dolomitkörper geformt. Man unterscheidet drei Haupttypen[12, 13]:

1. teergebundene Formkörper;
2. teergebundene Formkörper, die nachträglich vergütet werden;
3. keramisch gebundene Formkörper, die nach dem Brennen unter Normaldruck oder unter Vakuum mit Teer imprägniert werden.

Innerhalb der einzelnen Gruppen können durch Varianten bei der Herstellung z. B. Kornklassierung [14], Preßdruck [15] u. s. w. Körper mit unterschiedlichen Eigenschaften, die auf dem jeweiligen Verwendungszweck abgestimmt sind, hergestellt werden.

Die fertigen Formkörper werden trotz der teilweise schon sehr guten Lagerbeständigkeit, vor allem der teerimprägnierten dolomitischen Produkte, in Klimakammern gelagert und sind dadurch ohne Schwierigkeiten lange haltbar. Daher ist es möglich, für die einzelnen Abnehmer eine langfristige Bevorratung vorzunehmen und somit die verlangten, recht unterschiedlichen Formate, die innerhalb Europas per Schiene und Straße zum Versand kommen, in genügender Stückzahl in Bereitschaft zu halten. Auch der Transport über längere Strecken ist möglich. So werden aus Deutschland in viele Teile der Welt Dolomitsteine z. B. für die LD-Konverter in Australien und für die Zementindustrie in Südafrika ohne Schwierigkeiten geliefert.

III. Der Einsatz dolomitischer Baustoffe bei den einzelnen Stahlerzeugungsverfahren:

a) Thomaskonverter

Im folgenden soll nun der Einsatz der dolomitischen Baustoffe bei den verschiedenen Stahlerzeugungsverfahren beschrieben werden. Wie bereits erwähnt, wird der Thomas-Konverter seit 80 Jahren ausschließlich mit Dolomit zugestellt.

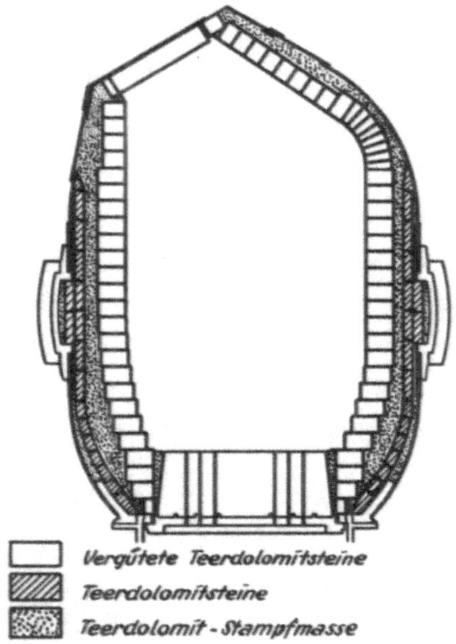

Abb. 6 : Thomaskonverter - Zustellung

In Abb. 6 ist der klassische bodenblasende Thomaskonverter gezeigt. Wie man erkennt, ist das Arbeitsfutter mit grünen oder vergüteten Teerdolomitsteinen, das Zwischenfutter mit einer Teerdolomitstampfmasse und das Dauerfutter mit Teerdolomitsteinen bzw. einer Teerdolomitstampfmasse zugestellt. Die Konverterböden werden aus Teerdolomit hergestellt, entweder gerüttelt, gestampft oder vibriert und anschließend gebrannt. Im allgemeinen wird heute zur Herstellung der Steine und Böden Schachtofendolomit verwendet.

Die Betriebskonverter liegen in der Größe zwischen 20 t und max. 80 t Abstichgewicht. Die heutige Futterhaltbarkeit beträgt bei den größeren Gefäßen zwischen 400 und 600 Schmelzen. Die Haltbarkeit der Konverterböden konnte ebenfalls gesteigert werden und beträgt heute im Mittelwert etwa 80 bis 100 Schmelzen. Der spezifische Gesamtverbrauch an Dolomit liegt zwischen 8 und 14 kp/t Rohstahl.

Die Haltbarkeit der Ausmauerung des Thomaskonverters ist nicht nur abhängig von der Qualität des feuerfesten Baustoffes, sondern auch von der chemischen Zusammensetzung des Roheisen, von dem eingesetzten Kalk und der Schlackenführung, der Endtemperatur, der Blasezeit und der Schmelzenfolgezeit. Über Eigenschaften und Verwendung von Teerdolomitauskleidungen für Thomaskonverter liegen viele Veröffentlichungen [16 bis 19] vor, auf die hier nicht näher eingegangen werden soll.

b) Siemens-Martin-Ofen

Abb. 7 zeigt den Einsatz von Dolomit im SM-Ofen [20, 21]. Der Herd wird in der Bundesrepublik Deutschland aus trockenem feinkörnigem Sinterdolomit nach dem Crespi-Verfahren gestampft oder mit keramisch gebundenen Dolomitsteinen gemauert. Zur Herdpflege wurde früher ausschließlich Dolomit verwendet, heute dagegen, zumindest bei den Öfen mit weichem Programm, eine magnesitische Masse. Der Abstich wird aus keramisch gebundenen Dolomitsteinen gemauert. Für die Vorwärmer wird ausschließlich loser Sinterdolomit unterschiedlicher Körnung verwendet. Die Größe der SM-Öfen lag früher zwischen 15 t und 175 t Abstichgewicht, heute beträgt sie in den großen Werken der BRD 220 t bis 320 t.

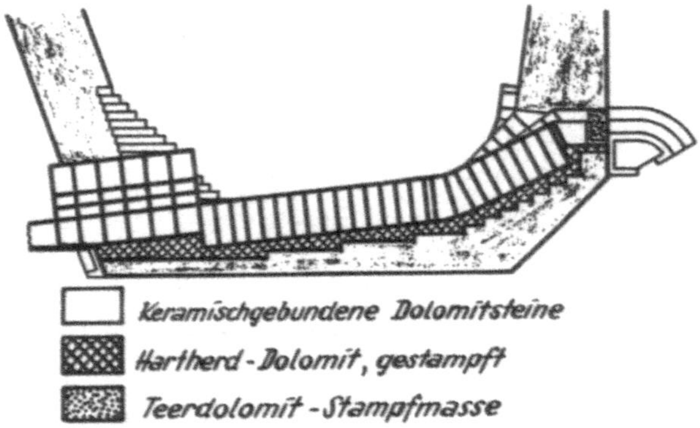

Abb. 7 : Einsatz von Dolomit im SM-Ofen

Die Herde haben eine Haltbarkeit von mehreren Jahren. Der Verbrauch an Flickmassen lag früher zwischen 30 und 35 kp/t Stahl. Er konnte durch Einsatz von geöltem Flickdolomit mit besonderer Klassierung auf weniger als 20 kp/t Stahl gesenkt werden. Der Dolomitverbrauch für Abstich und Vorwärmer beträgt durchschnittlich etwa 5 kp/t Rohstahl. Beim SM-Verfahren wird für Abstich und Vorwärmer allein mehr Dolomit in kp/t Rohstahl verbraucht als bei LD-Großraum-Konvertern für die gesamte Zustellung.

c) Lichtbogenofen

Abb. 8 zeigt die Ausmauerung eines Lichtbogenofens [22 bis 24], der bei den Elektro-Stahlverfahren die erste Stelle einnimmt. Der Lichtbogenofen wird abgesehen vom Deckel mit basischen Feuerfestmaterialien zugestellt. Der Herd wird ebenso wie beim SM-Ofen aus losem Sinterdolomit gestampft oder aus keramisch gebundenen Dolomitsteinen gemauert. Die Gefäßwand wird heute bevorzugt mit teergebundenen Dolomit-Blöcken zugestellt. Die Dolomit-Blöcke sind fertiggeformte Segmente und bis zu mehreren Tonnen schwer. Mit ihnen sind kurze

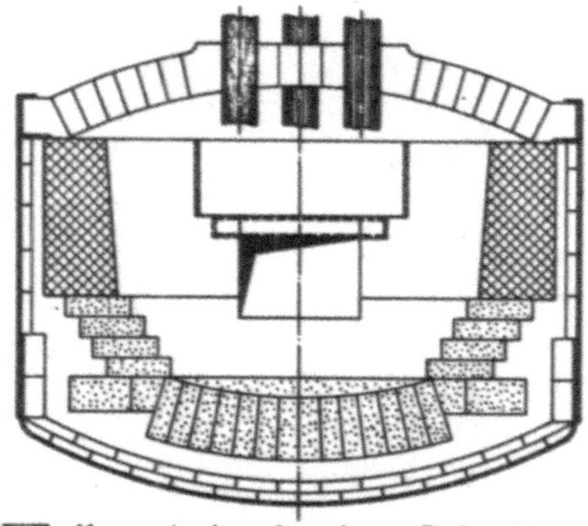

Abb. 8: Ausmauerung eines Lichtbogenofens

Zustellzeiten möglich. Die Reparaturzeit des Ofens vom Abschalten bis Anschalten beträgt bei der Zustellung mit Blöcken je nach Ofengröße nur noch 30 bis 50 % der Zustellung mit Steinen[20].

Die Lichtbogenöfen haben eine Größe bis zu 120 t Abstichgewicht. Die Höhe des Verbrauches an Dolomit läßt sich nur überschlägig angeben, da wegen des von Ofen zu Ofen unterschiedlichen Schmelzprogrammes und der damit verbundenen unterschiedlichen Schlackenführung der Futterverschleiß sehr verschieden ist. Beim Elektrostahlverfahren zeigt sich noch stärker als bei den anderen Stahlerzeugungsverfahren der Einfluß der Ofengröße und der Schlackenzusammensetzung auf den Feuerfestverbrauch.

Der spezifische Dolomitverbrauch der Lichtbogenöfen beträgt zwischen 12 und 38 kp/t Elektro-Stahl; der Verbrauch an Flickmasse ist dabei relativ gering und beträgt vom Gesamtverbrauch nur 2 bis 6 kp/t.

d) Aufblaskonverter

Wie bereits erwähnt, hat man bei der Zustellung der Aufblaskonverter in den Ländern mit Thomasstahl-Tradition, d. h. in Europa, die dolomitische Zustellungsweise und die vorliegenden Erfahrungen übernommen[25 bis 35]. Abb. 9 zeigt die vom Thomaskonverter übernommene einheitliche Zustellung eines LD-Gefäßes mit Dolomit. Das Arbeitsfutter besteht aus vergüteten Teerdolomitsteinen, das Zwischenfutter aus Teerdolomitstampfmasse und das Dauerfutter aus keramisch gebundenen Dolomitsteinen.

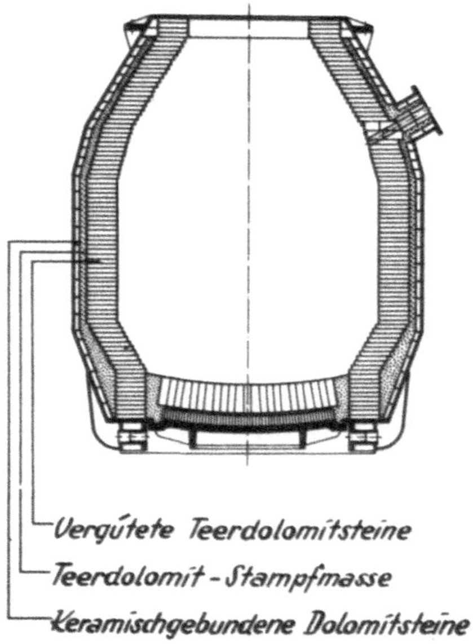

Abb. 9: Zustellung eines Aufblaskonverters

Im Aufblaskonverter kann sowohl phosphorarmes als auch phosphorreiches Roheisen verblasen werden, wobei sich je nach Stückgröße des Kalkes und seiner Zugabe verschiedene Arbeitsweisen herausgeschält haben. Die LD-Konverter zum Frischen von phosphorarmem Roheisen haben eine Gefäßgröße von 10 bis 300 t. Zum Verblasen von phosphorreichem Roheisen werden LDAC-Konverter zwischen 10 und 165 t verwendet. Die kleineren LDAC-Konverter sind häufig umgebaute Thomaskonverter.

Das größte in der Bundesrepublik Deutschland z. Zt. befindliche LD-Gefäß hat ein Abstichgewicht von 215 t, es war ursprünglich auf 180 t ausgelegt. Der größte LDAC-Konverter in der Bundesrepublik hat ein Abstichgewicht von 165 t. Sowohl beim LD- als auch bei LDAC-Verfahren nimmt der spezifische Dolomitverbrauch mit steigender Konvertergröße ab. Der Dolomitverbrauch kann weiterhin durch zonenweise Zustellung [34 bis 40] gesenkt werden. Heute liegt der spezifische Verbrauch beim LD-Verfahren je nach Konvertergröße bei etwa 2, 5 bis 5 kp/t Stahl und für den LDAC-Prozeß, ebenfalls je nach Konvertergröße, zwischen 6 und sogar 12 kp/t. Hieraus ersieht man, daß bei den Aufblasverfahren, ebenso wie bei den Elektrostahlverfahren bereits erwähnt, außer der Gefäßgröße die Schlackenführung den spezifischen Verbrauch maßgeblich beeinflussen kann. Dabei ist nicht nur an den Unterschied zwischen phosphoramen und phosphorreichen Schlacken zu denken. Auch bei gleichen Verfahren können große Unterschiede auftreten, z. B. durch unterschiedliche Lanzenfahrweise, durch die Art der Kalkzugabe und dessen Qualität.

IV. Spezielle Untersuchungen und Entwicklungen für Sauerstoffaufblasgefäße

Nachdem gezeigt wurde, wie Dolomit bei den einzelnen Stahlherstellungsverfahren als Feuerfest-Baustoff eingesetzt wird und welcher spezifische Verbrauch beim heutigen Stand der Verfahrenstechnik erreicht wird, soll im folgenden auf spezielle Untersuchungen eingegangen werden, da dieses Verfahren in der ganzen Welt sprunghaft zugenommen hat und im Dezember 1966 in der Bundesrepublik die Thomasstahlerzeugung überflügelt hat. Die Ursachen des Verschleißes der Feuerfestzustellung bei Aufblasgefäßen sind, wie allgemein bekannt, vielfältig. Nicht nur die Konverterform, die Neigung des Hutes und die Bauweise des Tragringes, sondern auch eine exakte Lanzenführung sind von großer Bedeutung für die Haltbarkeit der Zustellung. Eine spürbare Verbesserung der Futterhaltbarkeit konnte dadurch erreicht werden, daß Mehrlochlanzen zum Einsatz kommen[34, 35]. Hierdurch wird nicht nur der Blasprozeß besser beherrscht, sondern es können auch, verbunden mit höherem Sauerstoffdurchsatz, kürzere Blasezeiten erzielt werden. Weiterhin wirkt sich eine rasche Schmelzenfolge verbunden mit verringerter Verweilzeit der Endschlacke im Konverter haltbarkeitserhöhend aus. Wenn nur weiche Schmelzen erblasen werden und die Liegezeiten kurz sind, ist die Futterhaltbarkeit wesentlich höher als bei einem wechselnden oder harten Programm, bei dem zum Teil mehrmaliges Nachblasen und damit längere Liegezeiten erforderlich sind.

Außer den erwähnten Faktoren, die naturgemäß unvollständig sind, ist die Zusammensetzung von Roheisen und Schlacke zu beachten, worauf schon kurz hingewiesen wurde. Der Eisengehalt der Schlacke ist im Zusammenhang mit der Basizität von entscheidendem Einfluß auf die Haltbarkeit der Zustellung. Grundlegende Untersuchungen zur Verschlackung von Dolomit bei definierter Schlackenzusammensetzung[41] haben gezeigt, daß der Schlackenangriff sehr unterschiedlich auftreten kann. Je nach Zusammensetzung der Schlacke kann das CaO oder das MgO aus dem Dolomit bevorzugt verschlackt werden[41 bis 45]. Aus Abb. 10 ist zu erkennen, daß je nach Ausgangsschlacke der Schlackenweg entweder oberhalb oder unterhalb der Geraden liegt, die die Zusammensetzung von Ausgangsschlacke und Dolomit verbindet. Bei gleichmäßiger Verschlackung des Dolomits müßte der Schlackenweg stets auf dieser Geraden liegen. Besonders aggressiv ist eine Schlacke mit mittlerem CaO-Gehalt (Abb. 11). Sie verschlackt den Dolomit schließlich stärker als reines Eisen-(II)-Oxid. Dieses zunächst überraschende Ergebnis wird verständlich, wenn man das Wachstum der Magnesiowüstit-Kristalle[41, 46, 47] beachtet, die als Schutzschicht nach einer gewissen Zeit den weiteren Angriff auf das Calcium-Oxid verhindern können.

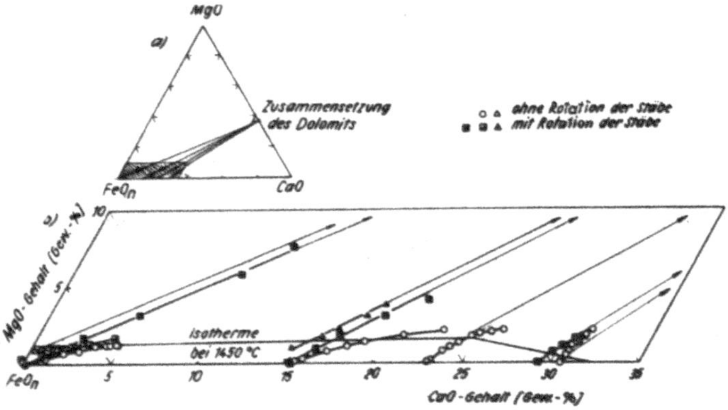

Abb. 10: Konzentrationsänderung der Schlacken bei Verschlackung von Dolomitstäben durch Schlacken des Systems FeO_n - CaO - MgO bei 1450° C

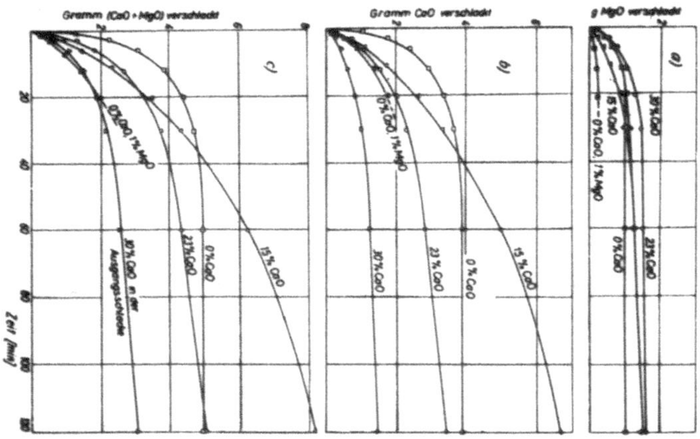

Abb. 11: Verschlackung von Dolomitstäben durch Eisen(II)-Oxydschlacken unterschiedlicher Ausgangszusammensetzung bei 1450° C

In Abb. 12 ist bei Aufblasversuchen im Induktionsofen mit Teerdolomitauskleidung die Vergrößerung der Periklaskristalle und ihr Zusammenwachsen zu erkennen.

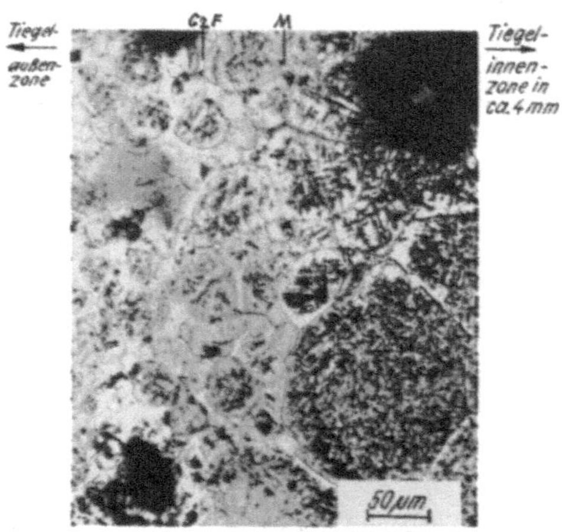

Abb. 12: Teil des Induktionsofenfutters aus ca. 4 mm Tiefe geätzt: Flußsäure 1 sec.
C_2F = Dicalciumferrit M = Magnesiumoxydmischkristalle

In Abb. 13 zeigt die Magnesiowüstitschicht in der Nähe der Arbeitsfläche.

Abb. 13 : Teil eines Induktionsofenfutters (Arbeitsfläche) geätzt: Flußsäure 1 sec.
I = Magnesiumoxydmischkristall mit Magnesioferrit - Entmischungen
II = Spinellphase

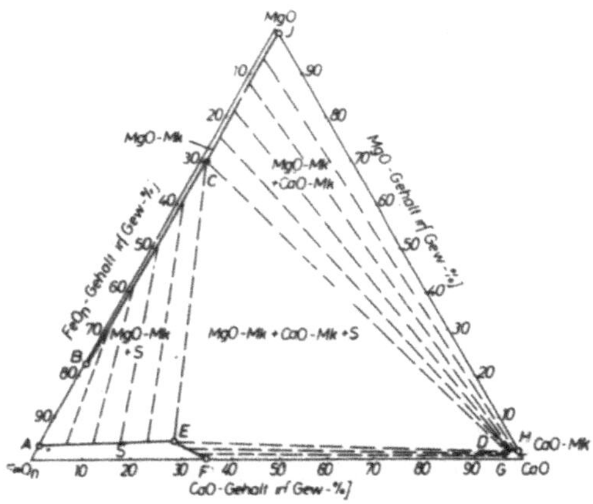

Abb. 14 : Isothermer Schnitt durch das System FeO_n-CaO-MgO in Gegenwart von metallischem Eisen bei 1600° C

Magnesiumoxyd nimmt sehr viel Eisen(II)-Oxid in fester Lösung auf (Abb. 14), bei 1600° C fast 80 %, was mit einer Volumenzunahme verbunden ist. Jedoch wird mit steigendem Calciumoxid-Gehalt in der Schlacke die Eisen (II)-Oxidlöslichkeit im Magnesiumoxid-Mischkristall[48] geringer. Im Gleichgewicht mit der sowohl an CaO-Mischkristall als auch an MgO-Mischkristall gesättigten Schlacke beträgt sie nur noch etwa 30 %[41].

Das Wachsen der Periklas-Kristalle durch FeO-Aufnahme kann soweit gehen, daß sie schließlich abplatzen. Es ist vermutlich einer der Gründe, die zu unterschiedlichen Ansichten über die Veränderung des CaO/MgO-Verhältnisses im Dolomit geführt haben.

J. H. Chesters[49] und H. Parnham[50] fanden keine bessere Futterhaltbarkeit beim Zusatz von MgO zum Dolomit. H. Ohba[51] nimmt dagegen an, daß es für die Anreicherung ein Maximum gibt, ohne dieses näher zu erläutern. Aus den bereits erwähnten Ergebnissen zur Verschlackung von Dolomit[41] kann man nun folgern, daß bei Veränderung des CaO/MgO-Verhältnisses im Dolomit mit MgO, homogene Verteilung vorausgesetzt, das dolomitische Gefüge erhalten bleiben muß - siehe Abb. 5 - ein schnelleres Zusammenwachsen der Magnesiowüstit-Schicht stattfindet, und sie auch noch bei den Schlacken, deren Kalkgehalt sonst zu hoch ist, auftritt. Die Anreicherung darf jedoch nicht soweit gehen, daß die einzelnen Magnesiowüstit-Kristalle aufeinander Druck ausüben, der schließlich zum Abplatzen führt, wie es von Magnesit bekannt ist.

Das von H. Ohba[51] erwähnte Optimum der Veränderung des CaO/MgO-Verhältnisses im Dolomit müßte demnach so aussehen, daß die ausgewachsenen Magnesiowüstite den CaO-Verlust gerade kompensieren. Das bedeutet wegen des Verlaufes der Sättigungs-Linie der (Fe, Mg, Ca)O-Mischkristalle (Abb. 14), daß die Anreicherung umso stärker sein muß, je kalkreicher die angreifende Schlacke ist. Ein allgemeiner Wert für das Optimum läßt sich daher nicht angeben, er muß auf die jeweilige Verfahrensweise und Schlackenführung abgestimmt sein. Bei Überschreiten des Optimums tritt eine Haltbarkeitsverminderung auf. Da sich die Schlacke einen Teil ihres Kalkes aus dem Futter holt, kann es, wenn die Magnesiowüstit-Mischkristalle nicht zusammenwachsen, bei niedrigerem CaO/MgO-Verhältnis im Dolomit zu einer tieferen Herauslösung des CaO kommen. Dadurch fällt das Rest-MgO ab, ein stärkerer Futterverschleiß tritt auf.

Aus den gemachten Ausführungen geht hervor, wie eng der Zusammenhang zwischen Schlackenbildung und Futterhaltbarkeit ist. Es ist daher nicht verwunderlich, daß bei Untersuchungen zur Schlackenbildung viele Ergebnisse zur Futterhaltbarkeit anfallen.

Für die Schlackenbildung ist außer der Zusammensetzung des Roheisens und den Blasbedingungen vor allem die Kalkqualität, die noch mehr beachtet werden sollte als bisher, von großer Bedeutung. Aus diesem Grunde soll hierauf etwas näher eingegangen werden.

Eine weitere Haltbarkeitssteigerung und eine Verringerung des spezifischen Verbrauchs an Dolomit kann im Zusammenhang mit der Steuerung der Kalkauflösung erwartet werden.

Futterhaltbarkeit, Kalkauflösung und metallurgisches Ergebnis stehen in einem so engen Zusammenhang, wie aus dem folgenden Beispiel zu ersehen ist. Unter

Eisen (II)-Oxid-Schlacke, die mit Kalk-, Dolomit- oder Magnesitfutter im Gleichgewicht ist, nimmt mit steigendem MgO-Gehalt in der Schlacke der Sauerstoffgehalt im Stahl zu, die Schwefelverteilung (S)/ [S] wird erniedrigt[52]. Die Entphosphorung bei Phosphatschlacken wird durch MgO nicht verschlechtert, solange das MgO echt gelöst ist[53]. Die Löslichkeitsgrenze liegt jedoch bei relativ niedrigem MgO-Gehalt. Auch bei phosphatfreien Schlacken liegt die MgO-Sättigung bei relativ niedrigem MgO-Gehalt[41, 54]. Während MgO in der Schlacke in metallurgischer Hinsicht durch einen höheren Sauerstoff- und Schwefelgehalt im Stahl ungünstig wirkt, erhöht es die Futterhaltbarkeit. Abb. 15 zeigt, daß bei

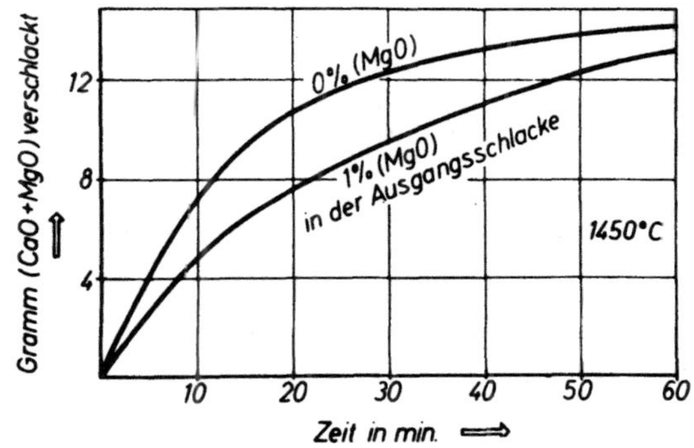

Abb. 15 : Einfluß von MgO auf die Verschlackung von Dolomit durch 85 % FeO_n - 15 % CaO-Schlacke

Gegenwart von MgO in gelöster Form in der Schlacke die Verschlackung von Dolomit geringer ist als ohne Gegenwart von MgO[41, 55, 56], was in Betriebsversuchen beim Verblasen von Stahleisen durch Zusätze von hochreaktionsfähigem Dolomit[33, 56, 57] zur Schlacke bestätigt wurde. Die bei den Betriebsversuchen erreichte verbesserte Futterhaltbarkeit hat vermutlich zwei Gründe. Durch einen gewissen Anteil von gelöstem MgO in der Schlacke wird das Konzentrationsgefälle zwischen Schlacke und beiden Dolomitkomponenten[41] verringert, die Kalkauflösung wird durch den Einfluß des MgO auf die Sättigungsfläche des 2CaO. SiO_2[41] (Abb. 16) beschleunigt und damit das Konzentrationsgefälle zwischen Schlacke und Futter schneller abgebaut.

Die Zusammenhänge zwischen Futterhaltbarkeit, Kalkauflösung und metallurgischem Ergebnis lassen sich jedoch nur in enger Zusammenarbeit zwischen Feuerfesthersteller, Kalkerzeuger und Stahlwerker genau untersuchen. Eine Entwicklung auf dem Feuerfestgebiet für die Stahlerzeugung ohne genauere Kenntnis der Schlackenführung ist wenig sinnvoll. Nur durch eine solche Zusammenarbeit kann man auch die unterschiedlichen Verschleißzonen im Konverter feststellen und darauf abgestimmte Steinqualitäten einsetzen, worüber schon mehrfach[34 bis 40] berichtet wurde.

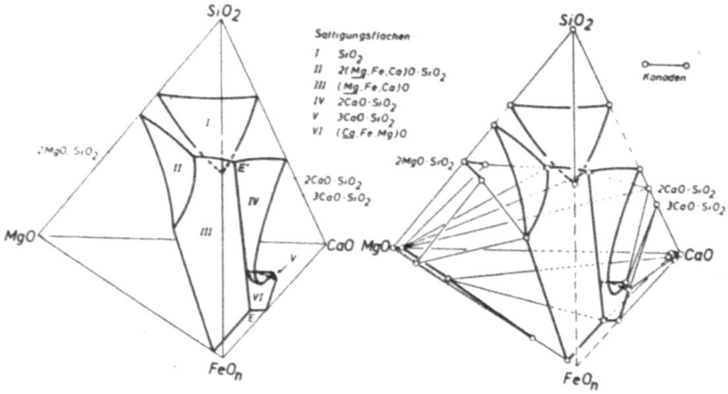

Abb. 16 : Zustandsschaubild des Systems FeO_n - CaO - MgO - SiO_2 bei 1600° C in Gegenwart von metallischem Eisen

Die unterschiedlichen Verschleißzonen im Konverter können durch Temperaturmessungen im Gefäßmantel und in den verschiedenen Zonen der Ausmauerung während der Konverterreise sowie durch Aufnahme von Verschleißbildern und durch Untersuchung von Reststeinen festgestellt werden. Abb. 17 zeigt schematisch die Abwicklung eines Konverterfutters. Die Stellen, die besonders stark verschlissen waren und an denen das Dauerfutter erreicht wurde, sind punktiert

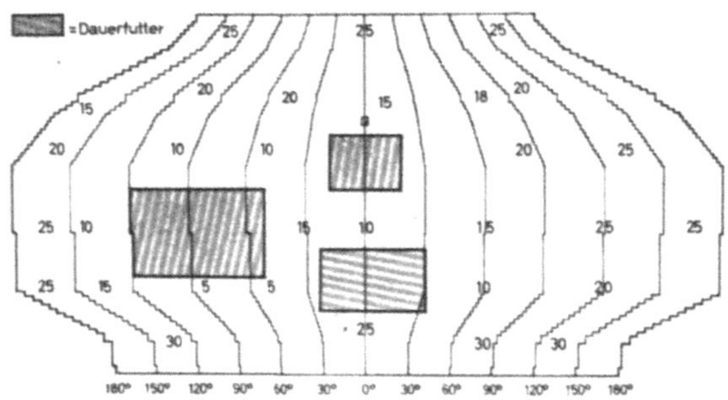

Abb. 17 : Verschleißbild eines LD-Konverters bei einheitlicher Zustellung (469 Chargen)

eingezeichnet. Die Zahlenangaben geben die Reststeinlänge des übrigen Arbeitsfutters an. Man erkennt, daß das Futter ungleichmäßig verschlissen wird. Da der Konverterausbruch nicht wieder benutzt wird, sind große Reststeinstärken Materialvergeudung. In dem gezeigten Beispiel bestand die gesamte Zustellung mit kleineren Ausnahmen im Hut einheitlich aus vergüteten Teerdolomitsteinen, wie es vom Thomaskonverter übernommen wurde.

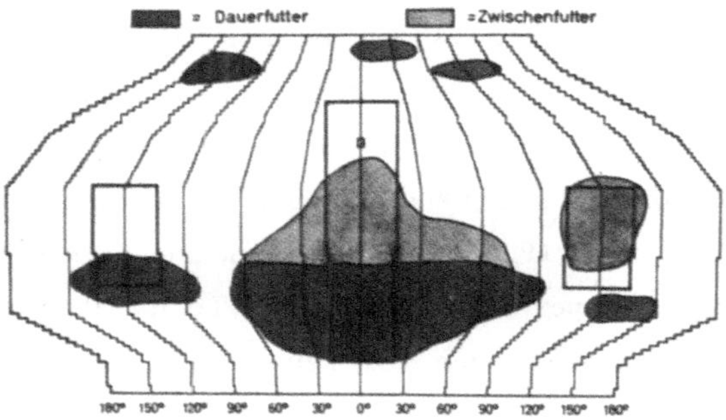

Abb. 18: Verschleißbild eines LD-Konverters bei kombinierter Versuchszustellung (716 Chargen)

In Abb. 18 ist die Abwicklung des gleichen Konverters nach einer Reise zu sehen, bei der die unterschiedlichen Verschleißzonen mit darauf abgestimmten Steinqualitäten versuchsweise zugestellt wurden. Es handelt sich dabei um keramisch gebundene Dolomitsteine mit unterschiedlichem Kornaufbau und um keramisch gebundene Dolomitsteine mit speziellem CaO/MgO-Verhältnis und ebenfalls unterschiedlichem Kornaufbau. Das CaO/MgO-Verhältnis lag zwischen 1,7 und 0,4 und wurde auf die Einsatzzone abgestellt. Die keramisch gebundenen Steine waren je nach Einsatzzone unter Normaldruck oder unter Vakuum teergetaucht. 86 % vom Gewicht des Arbeitsfutters waren jedoch nach wie vor mit vergüteten Teerdolomitsteinen zugestellt. Wie aus der Abwicklung ersichtlich ist, ist der Futterverschleiß schon wesentlich gleichmäßiger als bei der vorhin gezeigten Abwicklung, bei der nur eine Steinqualität eingesetzt war. Die Futterhaltbarkeit insgesamt konnte beträchtlich gesteigert werden. Es läßt sich denken, daß bei weiterer Anpassung der Steinqualität an die jeweilige Verschleißzone der Futterverschleiß noch gleichmäßiger und geringer wird. Außer durch besondere Steinqualitäten kann der Futterverschleiß vermutlich auch durch unterschiedlich starke Ausmauerung gleichmäßiger gestaltet werden. Für jede Konvertergröße gibt es jedoch eine optimale Futterstärke. So ist es zu erklären, daß an einem Konverter bei einer versuchsweisen Verstärkung des Arbeitsfutter von 650 auf 800 mm keine bessere Futterhaltbarkeit erreicht wurde, das Blasverhalten und das Ausbringen waren sogar schlechter. Dagegen erwies sich eine Verminderung der Futterstärke als günstig, wobei das Schmelzengewicht um 1/3 erhöht werden konnte. Die optimale Futterstärke ist, wie bereits gesagt, von Konverter zu Konverter verschieden und hängt außerdem von dem Preisverhältnis Schrott/Roheisen ab[41]. Durch die Erhöhung des Schmelzengewichtes um 1/3 wird schon bei einer um etwa 1/3 verringerten Schmelzenanzahl der gleiche spezifische Verbrauch wie bisher erreicht.

Die bereits erwähnte Temperaturmessung am Konvertermantel und in der Ausmauerung dient nicht nur zur Feststellung von Zonen voreilenden Verschleißes, sondern auch zur laufenden Betriebskontrolle. Aus vielen Reisen ergibt sich derjenige Temperaturverlauf in Abhängigkeit von der Chargenzahl, der Reisen mit höchsten Haltbarkeiten ergeben kann. Liegen die täglich eingetragenen Meßwerte um diese Kurve, Abb. 19, so ist mit einer langen Lebensdauer der Ausmauerung zu rechnen. Der periodisch auftretende Temperaturabfall ist auf die Stillstandszeiten an den Wochenenden zurückzuführen. Diese Stillstandszeit ist gesetzlich bedingt und für die Haltbarkeit ungünstig. Abb. 20 zeigt die

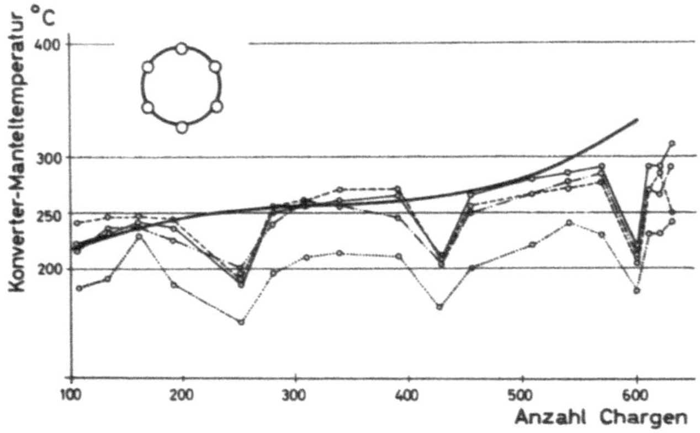

Abb. 19: Manteltemperatur an einem Großkonverter bei hoher Haltbarkeit (716 Chargen)

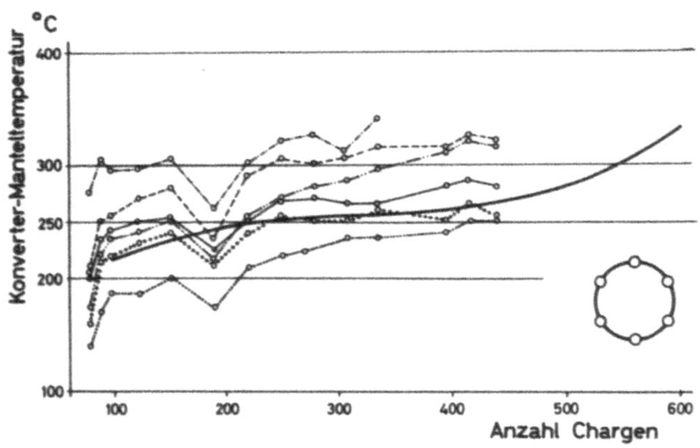

Abb. 20: Manteltemperatur an einem Großkonverter bei verminderter Haltbarkeit (460 Chargen)

Manteltemperatur bei verminderter Haltbarkeit. Die Meßwerte liegen schon frühzeitig über derjenigen Kurve, die bei Reisen mit höchsten Haltbarkeiten ermittelt wurde.

V. Voraussichtliche Weiterentwicklung

In Zukunft wird man durch umfangreiche und verbesserte Überwachungsmethoden eine weitere Haltbarkeitssteigerung erzielen können. Andererseits werden die Dolomitqualitäten den unterschiedlichen Verschleißzonen im Frischgefäß noch weiter angepaßt werden. Abgesehen von der bereits heute üblichen Berücksichtigung von mechanisch stärker beanspruchten Stellen und von Partien, die temperaturmäßig höher beansprucht werden, ist dazu, wie bereits gesagt, eine genaue Kenntnis des Schlackenweges nicht nur für jedes heute übliche Verfahren sondern auch für jedes Frischgefäß von entscheidender Bedeutung. In gewissen Grenzen kann nämlich auch die Schlacke dem Stein angepaßt werden, wenn Stahlwerker und Steinhersteller gemeinsam auf eine Erhöhung der Futterhaltbarkeit hinarbeiten.

Im allgemeinen wird man aber den Stein nicht nur dem jeweiligen Verfahren sondern auch dem speziellen Schlackenweg, vor allem der Frischperiode mit den aggressivsten Schlacken anpassen müssen, indem man alle Varianten bei der Steinherstellung stets von neuem überprüft und im Zusammenhang mit den metallurgischen Erfordernissen und den mechanischen Beanspruchungen dem jeweiligen Verwendungszweck angleicht. Die Anpassung beginnt schon beim Sinter, der selbstverständlich möglichst homogen und in Dichte, Porosität und Zusammensetzung auf den späteren Verwendungszweck zugeschnitten sein muß. Der Mischkristallbildung[5] und den Vorgängen beim Brennen[58] kommt große Bedeutung zu. Auch bei der Formung sind sicherlich noch Fortschritte möglich, indem die heute gebräuchlichen Verfahren dem Preßgut und seinem späteren Verwendungszweck noch besser als bisher angepaßt, oder indem völlig neue Wege beschritten werden. Das wird besonders von Interesse sein, wenn man in Anlehnung an die Zustellung von E-Öfen mit Blöcken auch in Aufblasgefäßen mit großformatigen Dolomitkörpern zustellt[33], um damit eine noch schnellere Konverterbereitschaft zu erzielen.

Bei der weiteren Entwicklung wird man nicht umhin können, sich Untersuchungsverfahren zu schaffen, die über das Verhalten der jeweiligen Qualität bei der Anwendung im Schmelzgefäß gesicherte Voraussage erlauben. Die heute üblichen Untersuchungsverfahren geben sehr viele wertvolle Hinweise, die dazu geeignet sind, eventuelle Abnahmebedingungen zu schaffen. Sie sind aber noch nicht genügend zur Beurteilung des Produktes während der Anwendung geeignet. Es ist sicherlich richtig, einzelne Steineigenschaften unter Ausschaltung anderer Einflußgrößen bei definierten Bedingungen zu untersuchen, jedoch sollten die abstrahierten Versuchsbedingungen den Verhältnissen bei der Anwendung möglichst nahekommen. Wenn man bedenkt, daß in jedem Konverter, ja sogar in den einzelnen Zonen eines Konverters verschiedene Bedingungen herrschen, die sich aus dem unterschiedlichen Zusammenspiel vieler mechanischer, thermischer, chemischer und physikochemischer Beanspruchungen ergeben, so erkennt man, wie schwierig eine Normung auf diesem Gebiet ist.

Besonders schwierig ist bisher die Prüfung von teergebundenen bzw. teergetauchten-keramisch gebundenen Dolomitsteinen. Die Verwendung von Teer im Dolomit geht ebenso wie die Verwendung von Dolomit selbst schon auf Thomas zurück. Über die günstige Wirkung des Kohlenstoffes in basischen Steinen ist schon häufig berichtet worden[26, 59 bis 62]. Es ist jedoch denkbar, daß man durch entsprechende Maßnahmen nicht nur den Gehalt, sondern auch den Ordnungsgrad des Kohlenstoffes im Stein dem Verwendungszweck im Gefäß besser als bisher anpaßt, um so für die Verschleißzonen die entsprechende Schlackenbeständigkeit oder Wärmeleitfähigkeit einzustellen. Teergebundene oder vergütete Steine sind im Grunde genommen chemischgebunden. Auch aus diesem Grunde ist die Bedeutung des Teeres und seiner Komponenten sicherlich grösser als bisher angenommen.

Jeder Weiterentwicklung ist jedoch eine wirtschaftliche Grenze gesetzt, was folgendes Beispiel zeigt:

Wenn in einem 200 t-Konverter auf Dolomitfutter 400 bis 700 Schmelzen (Abb. 21) erreicht werden - heute werden durchaus schon 748 Schmelzen ohne jegliches

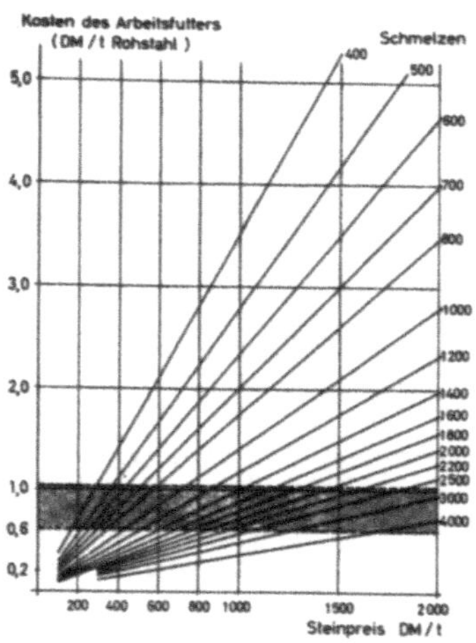

Abb. 21 : Arbeitsfutterkosten bei einem 200 t Großkonverter

Nachflicken bei einem spezifischen Verbrauch für das Arbeitsfutter von 1, 86 kp/t Rohstahl erreicht - so betragen die Kosten für das Arbeitsfutter bei einem Steinpreis von 300, -- DM/t 0, 60 bis 1, 04 DM/t Rohstahl. Steigt durch den Einsatz angepaßter Qualitäten in den verschiedenen Verschleißzonen der mittlere Steinpreis auf

400, -- DM/t, so müssen 525 - 925 Schmelzen
600, -- DM/t, so müssen 800 - 1400 Schmelzen
800, -- DM/t, so müssen 1050 - 1850 Schmelzen
1100, -- DM/t, so müssen 1450 - 2500 Schmelzen
1900, -- DM/t, so müssen 2500 - mehr als 4000 Schmelzen

erreicht werden, um auf die gleichen Kosten pro t Rohstahl zu kommen. Auf einen einfachen Nenner gebracht, heißt dieses, daß man um auf die gleichen Kosten in DM/t Rohstahl für das Arbeitsfutter zu kommen, bei einem verdoppelten mittleren Steinpreis in etwa die doppelte Schmelzenzahl erreichen muß. Im mittleren Steinpreis muß, falls geflickt wird, auch die Flickmasse enthalten sein. Bei der heute üblichen Betriebsweise mit einem Konverter in Reserve bedeutet jedoch in den meisten Fällen Flickzeit einen nicht unerheblichen Produktionsausfall, wenn man bedenkt, daß die Blasezeiten bei einem 200 t-Gefäß auf 15 Minuten und die Gesamtchargenzeiten auf unter 30 Minuten gesenkt werden konnten. Aus diesem Grunde scheint es nach unserer Meinung nicht wirtschaftlich zu sein, durch ständiges Flicken die Haltbarkeit zu erhöhen.

Zusammenfassung

Die Verwendung von Dolomit als feuerfester Baustoff geht auf S. G. Thomas zurück. 1966 betrug der Gesamtverbrauch an basischen Stoffen in der Stahlindustrie der Bundesrepublik Deutschland 773. 000 t, davon waren 569. 000 t Dolomit.

Die Herstellung dolomitischer Formkörper sowie ihr Einsatz bei den einzelnen Stahlerzeugungsverfahren werden beschrieben. Teergebundene Formkörper in grünem oder vergütetem Zustand sowie keramisch gebundene Formkörper, die nach dem Brennen unter Normaldruck oder Vakuum in Teer getaucht wurden, werden mit gutem Erfolg in Aufblaskonvertern und Thomaskonvertern sowie in SM- und Lichtbogenöfen eingesetzt.

Durch zonenweise Zustellung der Aufblaskonverter mit Sondersteinen auf Dolomitbasis, deren Menge nicht mehr als 14 % der Gesamtzustellung betrug und deren Eigenschaften auf die besonderen Beanspruchungen abgestimmt waren, wurden Haltbarkeitszahlen von mehr als 700 Schmelzen bei einem spezifischen Verbrauch für das Arbeitsfutter von weniger als 2 kp/t Rohstahl erzielt. Bei weiterer Entwicklung der Steinqualitäten wird man nicht umhin können, sich Untersuchungsverfahren zu schaffen, die über das Verhalten der jeweiligen Qualität bei der Anwendung im Schmelzgefäß gesicherte Voraussagen erlauben. Jeder Weiterentwicklung sind jedoch wirtschaftliche Grenzen gesetzt, was am Kostenbeispiel eines 200 t LD-Konverters gezeigt wird.

Literaturverzeichnis

1 Stahleisen-Kalender 1967, S. 175
Stahl u. Eisen 87 (1967) S. 178

2 Springorum, F. A. : Stahl u. Eisen 80 (1960) S. 1838/1851

3 Mund, A. und H. W. Kreutzer : Stahl u. Eisen 87 (1967) S. 74/88

4 Buntenbach, F. : Haus der Technik, Essen, Vortragsveröffentlichungen Heft 77, 1966

5 Obst, K. H. : TIZ 90 (1966) S. 411/415

6 Bischoff, F. : Arch. Eisenhüttenwes. 32 (1961) S. 345/352

7 Obst, K. H. und W. Münchberg : Ber. DKG demnächst, Vortrag 9. Internationales Kolloquium Aachen 1966

8 Trojer, F. : Die oxydischen Kristallphasen der Industrieprodukte Stuttgart 1963

9 Malissa, H., K. H. Obst, G. Jellinek und H. Chr. Horn : TIZ 90, (1966) S. 408/410

10 Obst, K. H., H. Chr. Horn und W. Münchber : TIZ 90 (1966) S. 415/420

11 Horn, H. Chr. : Dissertation TH Wien 1967

12 Flachsenberg, P. : Sprechsaal No. 93, 1960, S. 123/126

13 Bischoff, F. : Ber. DKG No. 39, 1962, S. 321/325

14 Trömel, G. : Arch. Eisenhüttenwes. 21 (1950) S. 153/157

15 Eilender, W.. und J. Schoop : Stahl u. Eisen 72 (1952) S. 1513/1521

16 Trömel, G. und Th. Hartmann: TIZ No. 82, 1958, S. 137/148

17 Lehmann, H. und Th. Hartmann: TIZ No. 81, 1957, S. 336/343 und 376/381

18 Klärding, I. N., A. Latour und L. Heinen: Radex Rdsch., 1959, S. 517/532

19 Lehmann, H. K.; J. Leers und Th. Hartmann: Stahl u. Eisen 86, (1966) S. 1071/1077

20 Gareis, F.: Stahl u. Eisen 72 (1952) S. 345/347

21 Fehlicht, K. und H. Kludas: Neue Hütte, 1961, S. 507/515

22 Special Report No. 87, 1964 The Iron and Steel Institut London

23 Schustek, R.: Stahl u. Eisen 82, (1962) S. 1846/1855

24 Benediktowa, I. B. u. a.: Ogneupory, 1962, S. 151/155

25 Köhler, W., J. Schoop, K. K. Aschendorff und K. H. Obst: Stahl u. Eisen 84 (1964) S. 909/913

26 Special Report No. 74, 1962 The Iron and Steel Institute London

27 Armbruster, M.: Circ. Inform. Techn. 1964, S. 1791/1802

28 Pirogov, A. A. u. a.: Ogneupory No. 31, 1966, S. 15/19

29 Carr, K., J. L. Evans, L. A. Leonard und H. M. Richardson: Trans. Brit. Ceram. Soc. 64, (1965) S. 473/521

30 Eichler, B. und A. J. Owen: Refract. Journ., 1965, S. 366/374

31 Hubble, D. H., C. K. Russel und W. H. Powers: 67. Jahrestagung der Am. Ceram. Soc. 1965

32 The Magazine of Metals Producing, Juli 1966

33 Circ. Inform. Techn., 1965, S. 1973/1983

34 Koenitzer, J. und K. A. Zimmermann: TIZ demnächst, Vortrag BOT-Tagung Australien 1966

35 Friedl, E.: Radex Rdsch. 1967 S. 377/400

36 Willenbrock, H. C.: Iron and Steel Eng., 1961, S. 75

37 Ohba, H., T. Ikenou und J. Nishikawa: s. (23) S. 54/59

38 Kaltner, E. und F. Hödl: Berg- und Hüttenmänner. Mh., 1963, S. 274/281

39 Longin, H.: Radex Rdsch. 1965, S. 759/767

40 Obst, K. H.: Ber. DKG demnächst, Vortrag 9. Internationales Kolloquium Aachen 1966

41 Trömel, G., K. H. Obst, E. Görl und J. Stradtmann: TIZ No. No. 90, 1966, S. 193/209
Dr.-Ing.-Dissertation von J. Stradtmann, TH Clausthal 1966

42 Trömel, G.: Arch. Eisenhüttenwes. 24 (1953) S. 449/456

43 Fischer, W. A. und H. Spitzer: Arch. Eisenhüttenwesen 29 (1958) S. 611/617

44 Förster, E.: Dr.-Ing.-Dissertation Berlin 1961

45 Euler, R.: Ber. DKG demnächst, Vortrag 9. Internationales Kolloquium Aachen 1966

46 Treffner, W. S.: J. Amer. Ceram. Soc. 47, (1964) S. 401/409

47 Kienow, S.: Arch. Eisenhüttenwes. 32 (1961) S. 77/87

48 Johnson, R. E. und A. Muan: J. Amer. Ceram. Soc. 48, (1965), S. 359/364

49 Chesters, J. H.: Refract. Journ. 1961, S. 200/204

50 Parnham, H.: s. (23), S. 21

51 Ohba, H.: s. (23), S. 78

52 Fischer, A. F. uns H. Spitzer: Arch. Eisenhüttenwes. 29 (1958) S. 611/617

53 Trömel, G., W. Fix und K. Kaup: Stahl u. Eisen demnächst, Dr.-Ing.-Dissertation von K. Kaup, TH Clausthal 1966

54 Margot-Marette, H. und P. V. Riboud: Rev. Métallurg. 1964, S. 709/713

55 Tückhardt, K. W.: Unveröffentlichte Diplomarbeit, TH Clausthal 1967

56 Obst, K. H. und J. Stradtmann: Stahl u. Eisen demnächst, Vortrag Paritätischer Kalkausschuß, Stahlwerksausschüsse des VDEH 1966

57 United States Patent Office 3288 592 29. 11. 1966

58 Varma, C. N. S. P. und A. L. Roberts: Trans. Brit. Ceram. Soc. 61, (1962) S. 212/223

59 Barthel, H.: Stahl u. Eisen 86 (1966) S. 81/88

60 Metz, P.: Stahl u. Eisen 74 (1954) S. 10/24

61 Gregoire, R. und A. Decker: Stahl u. Eisen 74 (1954) S 24/26

62 Kriek, H. J. S., B. B. Segal, J. G. D. Steyn und P. de Waal: Trans. Brit. Ceram. Soc. 65 (1966) S. 129/155

Dr.-Ing. Karl-Heinz Obst
Dr.-Ing. Jürgen Stradtmann
Dipl.-Ing. Kurt Benczek
alle in Fa. Dolomitwerke G. m. b. H.
D-5603 Wülfrath

STAND DER ENTWICKLUNG DER FEUERFESTEN ZUSTELLUNG DER STAHL-SCHMELZ-AGGREGATE IN ÖSTERREICH *

Von E. Neumann, Kapfenberg-Diemlach

Mit 7 Textabbildungen

Der Bericht befaßt sich mit den Entwicklungen, die sich bei den Zustellungen der LD-Tiegel, SM-Öfen und Lichtbogenöfen in Österreich ergeben haben und mit den in den verschiedenen Stahlwerksbetrieben vorliegenden Erfahrungen.

Durch die Verschiedenheit des Schmelzprogrammes und der örtlichen Betriebsverhältnisse unterscheiden sich diese oft sehr wesentlich voneinander und lassen sich daher auch nicht immer ohne Schwierigkeiten auf andere Werke übertragen.

Tiegelzustellungen

Seit der Inbetriebnahme des LD-Stahlwerkes bei der VÖEST in Linz, die im November 1952 erfolgte, sind bis Jänner 1967 insgesamt 14, 346. 000 t LD-Stahl erzeugt worden. Für diese Stahlmenge wurden in den Tiegeln rund 100. 000 t basisches feuerfestes Material vermauert und verstampft.

Obwohl der feuerfeste Materialverbrauch in der Höhe von rund 7 kp/t im Vergleich zu anderen Schmelzaggregaten verhältnismäßig niedrig liegt, stellt er doch einen wesentlichen Kostenfaktor dar. Da bei drei vorhandenen Tiegeleinheiten, wie dies im LD-Stahlwerk 1 in Linz der Fall ist, zwei ständig in Betrieb sein müssen, ist es notwendig, das Verschleißmauerwerk in seiner Mauerungsstärke und Qualität so zu gestalten, daß seine Haltbarkeitsziffern den betrieblichen Erfordernissen unter gleichzeitigen optimalen wirtschaftlichen Bedingungen mit Sicherheit entsprechen.

---

* Gemeinschaftsarbeit des Stahlwerksausschusses der "Eisenhütte Österreich", erstattet auf der Feuerfest-Tagung am 2. August 1967 in Leoben vom Obmann Werksdirektor Dipl. -Ing. E. Neumann, Diemlach

Die feuerfeste Tiegelauskleidung besteht grundsätlich aus einem Dauer- und einem Verschleißfütter. Das Dauerfutter hat lediglich eine Sicherheitsfunktion zu erfüllen. Wie aus dem Ausmauerungsschema der Abb. 1 entnommen werden kann, ist es am Boden bedeutend stärker als im Hut und im zylindrischen Teil des Tiegels. Es beträgt am Boden 400 bis 500 mm und setzt sich aus mehreren

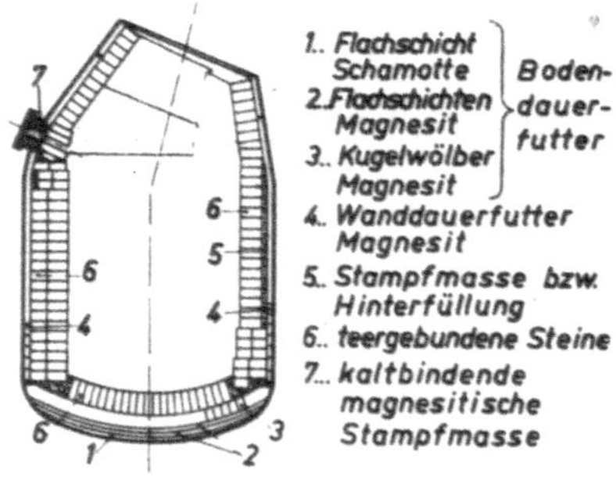

Abb. 1 : 50 t-Tiegel Ausmauerungsschema

Flachschichten und einer abschließenden Lage von Kugelwölbern in einer Stärke von 230 mm zusammen, das beim Kippen ein tragendes Gewölbe bildet. Die unterste Flachschichte besteht aus Schamotte, die darüber liegenden Lagen aus Magnesit.

Für das Dauerfutter, das 115 bis 150 mm stark ist, werden in der Regel genormte Halb- und Ganzgewölbe aus Magnesit verwendet. Dieses Dauerfutter hat sich von Anbeginn bestens bewährt, nur entsprechen die gebrannten Magnesitsteine noch nicht den Erfordernissen. Durch den Teergehalt der Verschleißsteine kommt es zu Kohlenstoffablagerungen in den Dauerfuttersteinen, die nach einer gewissen Betriebszeit zu ihrer Zerstörung führen.

In Deutschland werden daher verschiedentlich für diesen Zweck die wesentlich billigeren vergüteten Dolomitsteine verwendet.

Von den Verschleißsteinen muß verlangt werden, daß sich die Vermauerung rasch durchführen läßt und mit wenigen Steinformaten das Auslangen gefunden wird. Die zwischen Dauerfutter und Verschleißmauerwerk angebrachte Stampfmasse hat den Vorteil, örtliche Zerstörungen des Verschleißmauerwerkes leichter feststellen zu können. Sie nimmt aber auch den Druck auf, den das sich ausdehnende Verschleißmauerwerk auf das Tiegelgefäß ausübt. Die Gesamtstärke des Verschleißmauerwerkes ist abhängig von den charakteristischen Merkmalen der metallurgischen Prozeßführung und vom Schmelzprogramm.

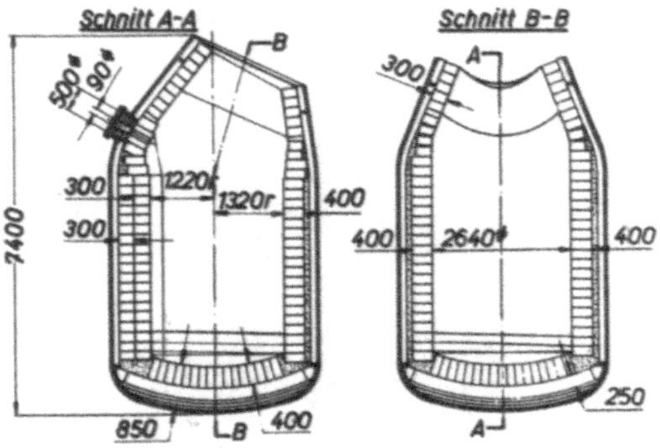

Abb. 2: 30 t-Tiegel

Die Verschleißfutterausbildung eines 30 t Tiegels der LD-Anlage in Linz zeigt Abb. 2. Im Rückenteil ist zwischen Dauerfutter und Verschleißfutter eine Hinterstampfung von 100 mm zu ersehen. Der Übergang vom Bodenmauerwerk zum Mauerwerk der Wand ist ebenfalls gestampft. Dadurch läßt sich ein gleichmäßiges Auflager für das Wandmauerwerk erzielen und Hackarbeit an den Steinen ersparen. Die Verschleißsteine des Tiegelbodens und des Rückenteiles haben eine Länge von 400 mm, während die Tiegelbauchseite, das ist die Schrott- und Roheisen-Chargierseite, in einer Gesamtstärke von 600 mm ohne Masse-Hinterfüllung ausgemauert ist. Die Hutpartie des Tiegels weist schließlich eine Wandstärke von 300 mm auf.

Einen für den ungestörten Produktionsaufbau sehr wesentlichen Teil der Verschleißzustellung bildet die Abstichöffnung. Bei einer Neuzustellung des Tiegels wird der Abstich im Bereich des Dauerfutters gestampft und im Bereich des Verschleißfutter gemauert. Zu diesem Zweck wird auf dem Abstichstutzen eine Graugußplatte montiert, in die ein perforiertes Stahlrohr als Schablone für die Abstichöffnung angebracht wird. Das Ausstampfen erfolgt bei liegenden Tiegeln mit einer kaltbindenden hochwertigen Stampfmasse auf Magnesitbasis. Bei notwendigen Heißtemperaturen wird die vorher von Schlacke gesäuberte Abstichöffnung in gleicher Weise mit einer hochwertigen magnesitischen Schlemm-Masse ausgegossen oder torkrediert.

Abb. 3 zeigt die Zustellung eines 50 t Tiegels. Die Tiegelbauchseite ist 700 mm stark ausgeführt, der Hutteil im Rücken ist mit 400 mm starken Steinen ausgekleidet. Was die Form sowohl des gezeigten 30 t, als auch des 50 t Tiegels betrifft, so sei noch erwähnt, daß diese seinerzeit in Anlehnung an die frühere Windfrischpraxis entwickelt wurde und der Tiegel auf Grund der gewonnenen Betriebserfahrungen erst nachträglich mit einer Abstichöffnung ausgestattet worden ist.

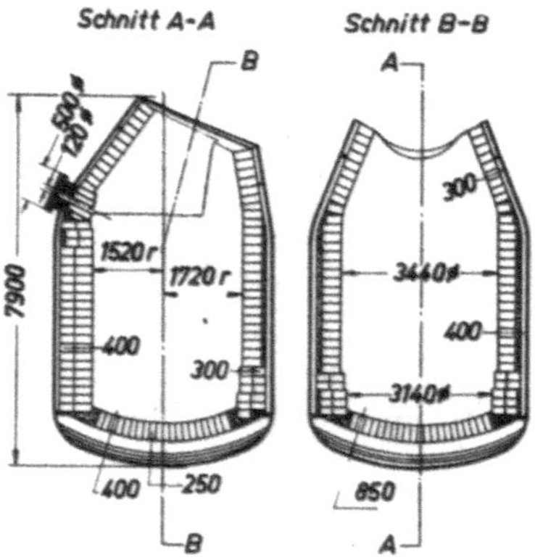

Abb. 3: 50 t-Tiegel

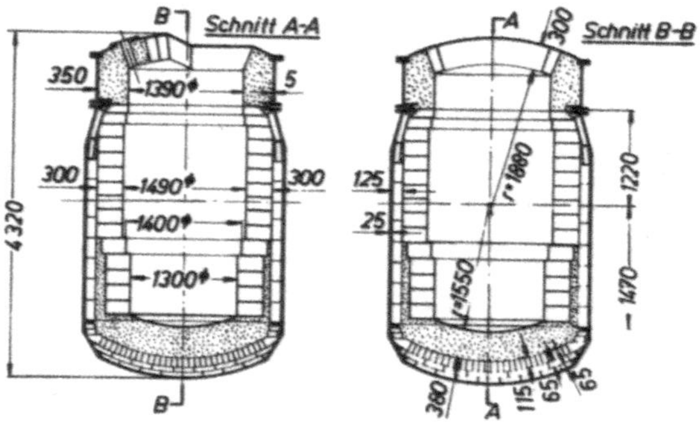

Abb. 4: 5 t-Tiegel

Der Vollständigkeit halber ist in Abb. 4 noch die Ausmauerung des 5 t Tiegels wiedergegeben, der in Linz im Rahmen einer "LD"-Versuchsanlage nicht kontinuierlich betrieben wird. Über die besonderen Merkmale und Vorzüge, die diese Tiegelform sowohl metallurgisch, als auch vor allem mauerungstechnisch kennzeichnet, wurde bereits von Herrn Hüttendirektor Dr. Rinesch im Jahr 1960 ausführlich berichtet. Das Verschleißmauerwerk des Bodens ist gestampft. Der auswechselbare Deckel ist mit einer kalt-bindenden magnesitischen Stampfmasse ausgekleidet und lediglich im Bereich der Mündung zur Erzielung einer erhöhten Widerstandsfähigkeit gegen mechanische Beanspruchung mit Formsteine aus Spezialmagnesit gemauert. Die Lebensdauer dieser Deckelauskleidung entspricht unter den gegebenen Betriebsbedingungen zwei Ausmauerungen.

Die Vöest hat sich von Anfang an für die Verwendung von teergebundenen Steinen und teergebundenen Stampfmassen entschieden, die in eigenen Anlagen hergestellt werden. Als Rohstoff dient ein inländischer dolomitischer Sintermagnesit, in einer Körnung von 2 bis 15 mm, mit bestimmten Kornklassenanteilen und ungefähr folgenden Analysengrenzen:

MgO	65 - 85 %
CaO	10 - 25 %
SiO_2	2 - 4 %
Fe_2O_3	3 - 5 %

Als Bindemittel wird ein wasserfreier Teer verwendet, mit einer vorgeschriebenen Viskosität und Siedeanalyse. Für die Steine beträgt die zugesetzte Teermenge 4 %, für die Stampfmasse 6 %. Die Steine in Keilform werden in zwei Längen 400 und 300 mm erzeugt, in einer Höhe von 190 mm und einem mittleren Keilmaß von 160 mm.

Vom Verschleißmauerwerk wird wird ungefähr nur die Hälfte verbraucht. Der zurückgebliebene Rest wird ausgebrochen. Nach Aussortierung der Schlacke und Eisenteile lassen sich ungefähr 33 % der ursprünglich eingebrachten Steinmenge wieder verarbeiten, unter Beimischung von 3 bis 4 % Teer als Bindemittel.

Die aus neuen Sintergut hergestellten Steine kommen grundsätzlich in jene Partien zur Vermauerung, die der größten Beanspruchung ausgesetzt sind, während die aus Rückgutmaterial erzeugten Steine in Zonen geringerer Beanspruchung eingebaut werden.

Der Mauerverschleiß wird durch einen mechanischen und chemischen Angriff verursacht. Erhöhten mechanischen Beanspruchungen, wie sie auf der Chargierseite des Tiegels auftreten, kann durch eine Verstärkung des Mauerwerkes entgegengetreten werden. Die Stellen des höchsten chemischen Angriffes liegen erfahrungsgemäß im Bereich der Schlackenreaktionszone.

Unter den bestehenden Betriebsbedingungen, die in Linz durch ein Stahlroheisen mit 0,6 bis 1 % Si, 1,3 bis 1,6 % Mn und 0,13 bis 0,20 % P gekennzeichnet sind und durch ein Schmelzprogramm, das in Überwiegendem Ausmaß aus niedrig gekohlten Blechqualitäten besteht, werden Tiegelhaltbarkeiten von 400 bis 500 Chargen erreicht.

Auf die Tonne Blöcke bezogen ergibt dies einen gesamten feuerfesten Materialverbrauch von 6,2 kp/t für die 50 t Tiegel und 7,7 kp/t für die 30 t Tiegel. Letztgenannte und im Vergleich zum 50 t Tiegel höher liegende Verbrauchsziffer ergibt sich dadurch, daß von den vorhandenen drei Tiegeln immer zwei in Betrieb sind und die einzelnen Tiegeln daher hinsichtlich des Verbrauches ihres Verschleißmauerwerkes in der Regel nicht in jenem Ausmaß ausgefahren werden können, als dies bei einem Wechselbetrieb von nur zwei Tiegel möglich ist. In diesen Verbrauchsziffern sind die aus dem Rücklaufmaterial erzeugten Steine und Massen enthalten.

Seit Einführung des LD-Verfahrens hat die Herstellung von teergebundenen feuerfesten Materialien bedeutsame Entwicklungen erfahren. Das gilt sowohl bei der Verarbeitung hochmagnesitischer Teermassen zu Steinen, aber auch für dolomitische Teermassen, bei denen durch eine Vergütung der gepreßten Steine verbesserte Haltbarkeiten und vor allem eine größere Widerstansfähigkeit gegen Hydratation erreicht werden konnte.

Für die Verhältnisse, wie sie in Linz derzeit bei Zustellung der LD-Tiegel vorliegen, sind folgende zwei Probleme noch offen und bedürfen einer Lösung:

1. Die Entwicklung eines gebrannten basischen Dauerfuttersteines, der gegen die Einflüsse des aus dem Teer des Verschleißsteines kommende Kohlenstoffes unempfindlich ist;

2. die Entwicklung eines vorgefertigten Steinmateriales für den Verschleißteil des Tiegelabstiches, das vor allem eine Heißreparatur des Abstiches während der Tiegelreise in kürzester Zeit ermöglicht.

Darüber hinaus ist die Frage der Erhöhung der Haltbarkeit der Schlackenreaktionszone für jeden LD-Betrieb von wesentlicher Bedeutung.

Im Hüttenwerk Donawitz der Österreichischen Alpine Montangesellschaft liegen seit dem Jahr 1954 Erfahrungen über die Verwendung von gebrannten Magnesitsteinen vor. Durch verschiedene Abänderungen in der Zustellungsart, konnten 1957 Haltbarkeiten von etwa 520 Schmelzen erreicht werden. Als im Jahr 1958 die Entstaubungsanlage mit einem zwischengeschaltetem Abhitzekessel in Betrieb genommen wurde, stieg durch eine höhere Oberhitze im Tiegel infolge ungünstiger Zugverhältnisse die Beanspruchung des Hutmauerwerkes. Dadurch sanken die Tiegelhaltbarkeiten auf 460 Schmelzen ab. Durch Änderung der Vermauerungsart und Wahl anderer Steinformate konnte die Haltbarkeit wieder auf die frühere Höhe gebracht werden.

Auch die Anordnung eines Abstichloches im Jahr 1961 brachte neuerlich einen geringen Abfall der Tiegelhaltbarkeit. Vor dem Einbau der Abstichöffnung wurde die Schlacke unmittelbar nach Blasende im horizontal-gestellten Tiegel mit Kalk abgesteift. Durch diese Maßnahme, die für ein schlackenfreies Abkippen des Stahles notwendig war, wurde jedenfalls die Aggressivität der Schlacke auf das Futter vermindert.

Im Laufe der Jahre hatten sich die Betriebsverhältnisse ganz wesentlich geändert. Im Jahre 1953 wurde mit einem Chargendurchschnittsgewicht von 26,7 t gefahren, bei einer Tageserzeugung von 628 t. Die Rohstahlerzeugung und Leistung wurde dann laufend gesteigert, wie aus Abb. 5 hervorgeht. Die gestrichelte Linie

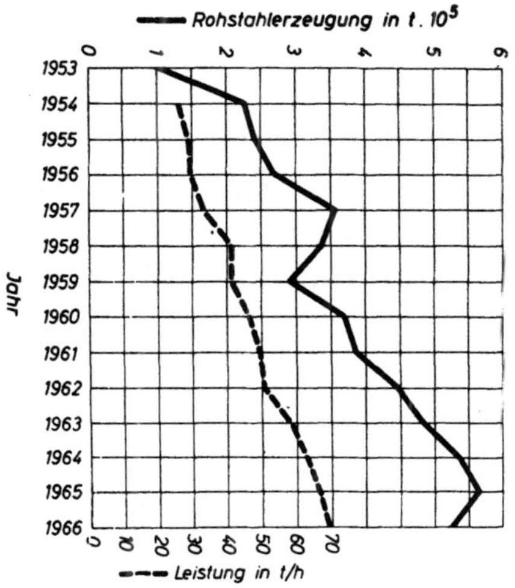

Abb. 5 : Rohstahlerzeugung und Leistung

gibt die Leistung in Tonnen pro Stunde wieder und die vollausgezogene die jährliche Rohstahlerzeugung. Die Chargengewichte erfuhren eine Erhöhung auf 36,5 t, der Chargenzyklus von Abstich zu Abstich erreichte im Jahr 1966 einen Durchschnitt von 33 Minuten. Der Steinverbrauch betrug 1965 7 kp/t Stahlblöcke.

Mit der Leistungssteigerung konform ging zunächst die Tiegelhaltbarkeit, Abb. 6, die aber mit der rascheren Chargenfolge einen Wendepunkt erreichte und wieder abfiel.

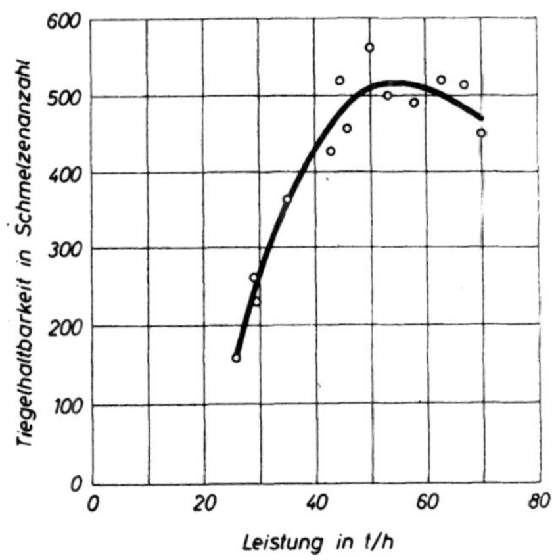

Abb. 6 : Abhängigkeit der Tiegelhaltbarkeit von der Leistung

Für das Absinken der Tiegelhaltbarkeiten während der beiden letzten Jahre auf ungefähr 460 Schmelzen werden folgende Ursachen angeführt :

Die Kühlschrottmenge ist durch den höheren Si-Gehalt des Roheisens im Vergleich zu früher wesentlich angestiegen. Das Roheisen hat jetzt ungefähr folgende Zusammensetzung:

Si	0,2 - 0,4 %
Mn	2,3 - 2,6 %
P	0,1 - 0,13 %

Als Kühlschrott steht oft nur ein sperriger Schrott zur Verfügung, der zu Zündverzögerungen führt, sodaß in solchen Fällen der Sauerstoff direkt auf die heiße Tiegelauskleidung bläst. Die schädigende Wirkung ist umso größer, je heißer die Auskleidung zu Beginn des Blasens war.

Der Anteil an Stählen mit einem C-Gehalt von max. 0,05 % stieg in den letzten Jahren wesentlich an. Die dadurch bedingten eisenreicheren und daher aggressiveren Schlacken haben sicherlich auch eine höhere Beanspruchung auf die Tiegelauskleidung zur Folge.

Die Tiegelgefäße stehen seit 1953 in ununterbrochenem Betrieb. Da die Lager nicht mehr ganz einwandfrei sind, können beim Kippvorgang geringfügige Stöße entstehen, die gleichfalls zu einer rascheren Zerstörung des Mauerwerkes führen.

Im Jahre 1965 wurden erstmalig auch gebrannte, teerimprägnierte Magnesitsteine eingebaut. Die Haltbarkeitsziffern bewegten sich bei diesen Versuchszustellungen weit über den Durchschnitt aller anderen Qualitäten. Es scheint somit in der Verwendung dieser Steine ein Weg gefunden zu sein, auch unter ungünstigen Betriebsverhältnissen optimale Haltbarkeitswerte zu erreichen.

Die gebrannten Magnesitsteine weisen im Gebiet hoher Temperaturen Schlakkeninfiltrationen auf, die durch die Temperaturwechselbeanspruchung zu Steinabplatzungen führen. Bei den teerimprägnierten Steinen scheint die Schlackeninfiltration doch bedeutend geringer zu sein, wodurch die Temperaturwechselbeanspruchung nicht so nachteilig in Erscheinung tritt.

SM-Ofen Zustellungen

Mit der ständigen Forderung, die Schmelzleistungen der SM-Öfen zu erhöhen, sind auch die Ansprüche an die feuerfesten Baustoffe bedeutend gestiegen. Die Leistungen der SM-Öfen konnten durch die Verwendung höherwertiger Brennstoffe beträchtlich gesteigert werden. Seinerzeit sind in Österreich fast alle SM-Öfen mit Generatorgas betrieben worden, nur die Vöest in Linz verwendete ein Gemisch von Koks- und Generatorgas, während jetzt sämtliche SM-Stahlwerke auf die Beheizung mit Heizöl oder Erdgas und Heizöl übergegangen sind.

Das Bestreben, die Einsetzzeiten möglichst zu verkürzen, zwingt während des Einschmelzens größere Brennstoffmengen zuzuführen, als es früher üblich war. Die großen Hüttenwerke in Östterreich, die eigene Sauerstoffanlagen besitzen, benützen zur Verbesserung der Verbrennungsintensität Sauerstoff, um beim Einschmelzen eine schärfere Flamme zur Verfügung zu haben. Für die kleineren Werke stellt sich der Nm^3 Sauerstoff hierfür noch viel zu teuer.

Die Ofenreisen werden im allgemeinen von den Haltbarkeiten des Gewölbes, der Vorder- und Rückwand und durch die Verschlackung bzw. Verstaubung der Gitterung in den Kammern bestimmt. Nach ungefähr einer halben Ofenreise erweist sich meistens schon eine Zwischenreparatur als unbedingt notwendig, bei der die Vorder- und Rückwand erneuert werden, aber auch Ausbesserungsarbeiten am Gewölbe und an den übrigen Ofenteilen ausgeführt werden müssen. Von der Gitterung werden die obersten Lagen entfernt und durch neue Steine ersetzt. Die restlichen unteren Lagen werden auf verschiedene Weise durchgeputzt oder ausgegittert und von den anhaftenden Schlackenkrusten gereinigt.

Für diese Arbeiten werden viele Arbeitsstunden aufgewendet und es müßte eine Methode gefunden werden, mit der es möglich ist, diese Arbeiten einfacher und schneller als bisher durchführen zu können. Die Zwischenreparaturen werden auch benützt, die abgelagerte Schlacke in den Schlackenkammern auszuräumen.

Hinsichtlich der Haltbarkeit sollen nun die verschiedenen Ofenteile der SM-Öfen einer kritischen Betrachtung unterzogen werden.

In den meisten österreichischen SM-Stahlwerken werden Hängestützgewölbe verwendet. Versuche mit Hängedecken haben kein befriedigendes Ergebnis gebracht.

Als Gewölbesteine haben sich in allen Fällen chemisch gebundene Magnesitchrom- bzw. Chrommagnesitsteine mit Innenblechen durchgesetzt.

Der voreilende Verschleiß des Gewölbes unmittelbar über den Einsetztüren wird durch stärkere Abplatzungen hervorgerufen, die zum Teil auf eine ungenügende Temperaturwechselbeständigkeit der Steine, sowie auf eine Ablenkung der Flamme zurückzuführen sind, aber auch beim Einsetzen durch mechanische Beschädigungen entstehen können. Besonders starke Verschleißerscheinungen sind auch oft an den Widerlagersteinen feststellbar. Heiße Reparaturen am Gewölbe während des Betriebes müßten sich durch den Einsatz geeigneter Steinqualitäten zur Gänze vermeiden lassen, denn sie sind schwierig und äußerst kostspielig.

Die Zustellung der Vorder- und Rückwand erfolgt bis über die Schlackenzone mit gebrannten Magnesit- bzw. schlackenbeständigen Spezialmagnesitsteinen, darüber werden chemisch gebundene Magnesitchrom- bzw. Chrommagnesitsteine verwendet. Versuche mit höchst MgO-hältigen Steinen mit über 95 % MgO werden durchgeführt.

Obwohl die Pfeiler in den meisten Fällen mit 2 bis 3 Rohren wassergekühlt sind, bilden sie häufig einen Grund für eine kurzzeitige Betriebsunterbrechung. In der Schlackenzone unterliegen die Magnesitsteine durch die ungenügende Widerstandsfähigkeit gegen chemischen Angriffe einem besonders raschen Verschleiß. Bein Einsetzen sind sie einem starken Temperaturwechsel ausgesetzt, aber auch mechanischenBeschädigungen durch sperrigen Schrott. An der Rückwand treten oft schon nach kurzer Betriebsdauer Verschleißerscheinungen auf, die weit über den Badstand reichen.

Abb. 7 läßt deutlich erkennen, daß der an der schräg gemauerten Hinterwand anschließende Teil stärker abplatzt, als der darüberliegende. Diese Erscheinung dürfte auf Schlackenspritzer und ungenügende Temperaturwechselbeständigkeit zurückzuführen sein. Die mit großer Geschwindigkeit auf den festen Einsatz auftreffende Flamme dürfte durch ihre Ablenkung zu einem weiteren Verschleiß beitragen.

Abb. 7: Hinterwand eines SM-Ofens über Badstand

Um diese Ofenteile bis zu den geplanten Zustellungen zu erhalten, erweisen sich Schlemmspritzmassen als vorteilhaft. Die Pfeiler können durch Schmiermassen instandgehalten werden.

Für die Brennköpfe und Luftschächte werden chemisch gebundene und gebrannte Magnesitchromsteine verwendet. Die Beanspruchungen dieser Ofenteile haben sich in den Werken, die Sauerstoff anwenden, stark erhöht, sodaß bei diesen während der Zwischenreparaturen Ausbesserungsarbeiten vorgenommen werden müssen. Versuche mit Zellensteinen hoher Heißfestigkeit sind sehr erfolgversprechend.

Bei SM-Öfen ohne Sauerstoffanwendung kann mit dem derzeit vorhandenen Steinmaterial noch das Auslangen gefunden werden. Der untere Teil der Luftschächte, die sogenannte Birne beim 2-Schachtofen und die Trompete werden durchwegs in Ferroklipkonstruktionen ausgeführt. Die Art der Aufhängung dieser Steine hat den Nachteil, daß sie nach einem stärkeren Verschleiß undicht werden und durch das Einsaugen von Falschluft die Leistung des Ofens ungünstig beeinflußt wird.

Die Kammergewölbe sind als Ferroklipkonstruktionen, bei älteren Öfen in saurer Zustellung ausgeführt. In den Wänden bewähren sich Magnesitchromsteine und Spezialmagnesitsteine.

Die Gitterung besteht in Abhängikeit von den Betriebsbedingungen aus Spezialmagnesit- oder Schamottesteinen. In den oberen Lagen haben sich bei starker Beanspruchung Spezialmagnesitsteine besonders bewährt. Durch krustenartige Schlackenansätze oder Flugstaubalagerungen auf diesen Steinen kann es zu Verstopfungen der freien Gitterquerschnitte kommen.

Die Zustellung der Herde erfolgt im Dauerfutter mit gebrannten Magnesitsteinen, darüber wird entweder ein Sinterherd aus Magnesit oder dolomitischen Magnesit, bzw. ein Stampfherd feucht oder trocken aufgebracht. Die Haltbarkeit dieser Herde beträgt meistens mehrere Ofenreisen mit den üblichen laufenden Herdreparaturen und größeren Instandsetzungen nach den Zustellungen. Herde aus hoch MgO-hältigen Spezialmassen sind derzeit in Erprobung; ein abschließendes Urteil kann darüber noch nicht abgegeben werden.

Die Verschleißerscheinungen bei den SM-Öfen hängen im weitestgehendem Ausmaße von der Ofengröße, Bauart, den bestehenden Arbeits- bzw. Betriebsverhältnissen und vom Schmelzprogramm ab. Die sehr unterschiedlichen Steinverbrauche je Tonne Stahlblöcke, die aus nachstehender Zahlentabelle entnommen werden können, erklären sich durch die Merkmale der bestehenden Betriebsverhältnisse in den angeführten SM-Stahlwerken.

Zahlentafel 1: Betriebsdaten verschiedener SM-Öfen

	Ofengröße t	Ofenausführung	Brennstoff	Roheiseneinsatz	Schmelzprogramm	Schmelzleist. Rohstahl flüssig t/Std.	Chargendauer v. Abstich zu Abstich	Ofenreise Chargenanzahl	Steinverbrauch einschl. Mörtel und Sinmagnesit kg/t
A	200	Kippofen	Heizöl 20 Nm^3 O_2/t	flüssig	unlegierte weiche C-Stähle	22,38	9,9	660	10,0
B	30	ältere Bauart	Erdgas 33 % Öl 30-35 Nm^3 O_2/t	flüssig	unlegierte weiche und beruhigte C-Stähle	6,5	5,42	1200	19,8
C	40	ältere Bauart	Erdgas 45 % Öl	fest	legierte Stähle	6,8	5,8	1500	14,5
D	50	mit hintereinanderliegenden Kammern	Heizöl	fest	unlegierte weiche und beruhigte C-Stähle.	8,8	5,8	1150	9,6

Lichtbogenofen-Zustellungen

Österreich hat sich schon als eines der ältesten Edelstahl erzeugenden Ländern schon frühzeitig mit Lichtbogenöfen befaßt. Seither ist dieses Ofensystem sogar bis zu Großraumöfen für die Massenstahlproduktion in Ländern mit billiger elektrischer Energie entwickelt worden. Das ausgesprochene Edelstahlprogramm für Kohlenstoffstähle und legierte Stähle bleibt vorwiegend den Lichtbogenöfen vorbehalten.

Auf die Elektrostahlerzeugung entfallen in Österreich ungefähr 400.000 t, die in Lichtbogenöfen von 3 bis 40 t Fassungsvermögen erschmolzen werden. Dies entspricht rund 13 % der gesamten Rohstahlerzeugung des Landes. Die Lichtbogenöfen mit geringerer Kapazität arbeiten vielfach für Stahformguß.

Die Zustellung der Lichtbogenöfen ist bis auf den Deckel vorwiegend basisch. Die Deckel sind im allgemeinen in Silika- und nur bei besonderen Beanspruchungen in Magnesitchrom- oder Tonerdesteinen ausgeführt. Der Herd wird entweder mit Steinen gemauert, aus einzelnen Segmenten zusammengesetzt, oder mit Stampfmassen zugestellt.

Durch die Sauerstoffmetallurgie hat sich infolge der höheren Schmelztemperaturen die Beanspruchung aller feuerfesten Stoffe wesentlich verschärft. In diesen Fällen ist der Magnesit mit höherer Feurfestigkeit dem Dolomit überlegen.

Der Herd erreicht meist eine Standzeit von 1 bis 2 Ofenreisen. Das Stampfen des Herdes erfolgt in der Regel auf einem als verkehrtes Gewölbe ausgebildeten Boden. Die Stampfmasse kann trocken oder mit einem geringen Feuchtigkeitsgehalt aufgestampft werden. Von ausschlaggebender Wichtigkeit ist die weitgehende Verdichtung der Stampfmasse, um eine gute Haltbarkeit des Herdes zu erzielen. Vor der ersten Schmelze ist ein Trocknen des Herdes unerläßlich.

Die Wand wird aus Segmenten, die entweder aus einem magnesitischen oder dolomitischen Material bestehen, zusammengefügt. Ebenso sind aus Sondermagnesitsteinen zugestellte Wände üblich.

Bei Lichtbogenöfen mit größeren Fassungsvermögen kann durch elektrische Verhältnisse ein besonders starker Angriff in gewissen Teilen der Wand erfolgen. Es gibt noch keinen feuerfesten Baustoff, der diesen hohen Beanspruchungen standhält.

Durch den chemischen Angriff der Schlacke wird jeder Baustoff einem starken Verschleiß ausgesetzt. Die verschlissenen Stellen müssen nach Abguß jeder Schmelze sorgfältig mit einem Flickmaterial, bestehend aus Magnesit oder Dolomit, mittels Torkretieren oder von Hand aus ausgebessert werden. Hier besteht noch ein weites Feld für die feuerfeste Steinindustrie, besonders gegen chemischen Angriff widerstandsfähigere Baustoffe zu entwickeln.

Die Haltbarkeit der Wandzustellung schwankt je nach Ofengröße und Schmelzprogramm zwischen 100 bis 250 Schmelzen. Der Steinverbrauch beträgt 8 bis 20 kp/t.

Der gebräuchlichste Zustellungsbaustoff für die Deckel ist Silika mit hohem SiO_2-Gehalt und einem möglichst geringem Flußmittelanteil. Die Vermauerung kann in konzentrischen Ringen oder Parkettausführung erfolgen.

Um das basische Mauerwerk zu schonen, bewähren sich teilweise basische Widerlagersteine aus temperaturwechselbeständigem Material. Der stärkst beanspruchte Teil des Deckels ist das sogenannte Herzstück mit den Elektrodenöffnungen. Es wird auch versucht, das Herzstück aus Wirtschaftlichkeitsgründen zu stampfen. Die Haltbarkeit des Herzstückes kann durch die in den Deckel versenkten Elektrodenkühlringe verbessert werden. Umfangreiche Versuche mit verschiedenen Magnesitsteinen im Deckel haben bei Öfen größerer Kapazität noch kein befriedigendes Ergebnis gebracht. In feststehenden Lichtbogenöfen, bis ungefähr 8 t Fassungsvermögen, haben sich dagegen Magnesitchromsteine bewährt und durch ausreichende Haltbarkeit als wirtschaftlich erwiesen.

In letzter Zeit werden tonerdereiche Steine mit 85 % Al_2O_3-Gehalt auf den Markt gebracht. In Öfen mit kurzem Abstand vom Bad bis zum Scheitel des Deckels und insbesonders bei Schmelzen, die eine hohe Überhitzung, sei es durch Sauerstoff oder einer nachfolgenden Vakuumbehandlung erfahren, kann mit Silikatsteinen meist nicht mehr das Auslangengefunden werden. In solchen Fällen muß mit Sondersteinen eine Haltbarkeit angestrebt werden, die noch kostenmäßig vertretbar ist. Die feuerfeste Steinindustrie ist bestrebt, gerade für Deckel Baustoffe zu entwickeln, die den hohen Anforderungen hinsichtlich Überhitzung, besserer Temperaturwechselbeständigkeit und chemischer Beständigkeit entsprechen. Bei Silikadecken kann je nach Ofengröße und Beanspruchung ein Steinverbrauch von 3 bis 10 kp/t angenommen werden.

Zusammenfassung

Die feuerfesten Erzeugnisse stellen einen wesentlichen Bestandteil der Umwandlungskosten bei der Stahlherstellung dar. Sie beeinflussen im weitgehendsten Ausmaße den Ausnützungsgrad der Schmelzaggregate. Aus wirtschaftlichen Gründen muß daher eine sehr hohe Güte angestrebt werden. Auf Grund der in Österreich vorliegenden Rohstoffverhältnisse, sind die basischen Zustellungstoffe vorherrschend. Im vorliegenden Bericht wurden Zustellungsfragen bei den Tiegeln, SM- und Lichtbogenöfen behandelt und besonders beanspruchte Teile herausgegriffen, die einer Verbesserung der Haltbarkeit bedürfen, wobei die Feuerfest-Steinindustrie stets mit Erfolg bemüht war, den Stahlwerkern geeignete Produkte zur Verfügung zu stellen. Dabei muß daran erinnert werden, daß die Entwicklung auf dem Gebiete der verschiedenen Stahlherstellungsverfahren wie stets, so auch in Zukunft, aufs Engste mit denen der feuerfesten Baustoffe verknüpft sind.

Den Herren des Stahlwerksausschusses, die sich für diese Gemeinschaftsarbeit zur Verfügung gestellt haben, sei an dieser Stelle bestens gedankt.

Dipl.-Ing. Dr. rer. pol. Gerolf Strohmeier, Direktor
und technisches Vorstandsmitglied und Dr.-Ing. K. Sedlatschek
c/o Metallwerk Plansee, 6600 Reutte

Werksdirektor Dipl.-Ing. Erich Neumann
Grazerstraße 51
8605 Kapfenberg-Diemlach

Diskussion zu den Vorträgen von K. -H. Obst und E. Neumann

E. Friedl, Rheinhausen, wiederholt in seinem Diskussionsbeitrag im wesentlichen das in seinem Aufsatz in "Radex-Rundschau", Heft 1, Februar 1967, Gesagte.

S. Kienow, Wiesbaden, frägt Herrn Direktor Neumann, ob schon eisenarmer Magnesit als Hintermauerungsmaterial für den LD-Tiegel, das durch Kohlenstoff nicht angegriffen wird, gemacht wurden. Die Firma Didier hat mit diesem Material schon gute Erfolge erzielt. Es ist allgemein das Eisenoxyd, das eine katalytische Wirkung auf die Kohlenstoffabscheidung ausübt.

H. Lehmann, Clausthal-Zellerfeld: Diese Erscheinung wurde in erster Linie bei der VÖEST in Linz festgestellt bei der Verwendung von teergebundenen Magnesitsteinen.

J. Eibl, Linz: Wir verwenden für diesen Zweck in der Regel nur Steine handelsüblicher Qualität, haben aber dieses Problem schon an die heimische Magnesitindustrie herangetragen.

Nun möchte ich Herrn Dr. Obst eine Frage im Zusammenhang mit seinem Vortrag stellen: Viele westdeutsche Werke bezeihen die dolomitischen Steine für ihre Tiegel bei ihrer Firma. Diese Werke, die früher dieses Material in Eigenerzeugung hergestellt haben, haben dadurch den Vorteil einer Wiederverwendung des Ausbruchmaterials. In welcher Form nun wird bei Ihnen diese Frage gelöst und durch welche Vorteile wird das Aufgehen dieser Möglichkeit kompensiert?

K.-H. Obst, Wülfrath: Der von uns bisher erreichte Bestwert im spez. Dolomitverbrauch ist 1,86 kg/t Stahl für das Arbeitsfutter, das sind ca. 2,14 kg/t Stahl auf das Gesamtfutter bezogen. - Zur Frage der werkseigenen Herstellung von Dolomitsteinen: Fast alle Werke hatten eine Thomasstahltradition und eigene Dolomitanlagen für Steine, Böden und Masse für die Konverterzustellung. Diese Anlagen waren nur wirtschaftlich, wenn sie ausgelastet sind, was nicht immer der Fall ist. Die Blasböden waren letztlich der Grund dafür, daß z. B. die letzte hüttenwerkseigene Dolomitanlage in der BRD von der Phoenix-Rheinrohr, jetzt August-Thyssen-Hütte, Werk Ruhrort, 1959 in Betrieb genommen wurde, weil die benötigten Blasböden wegen Ihrer Größe weder mit der Eisenbahn noch mit LKW transportiert werden konnten. Wenn keine Blasböden mehr hergestellt werden, sind in den meisten Fällen die werkseigenen Dolomitanlagen bestenfalls zu 50 % ausgelastet und damit nicht mehr wirtschaftlich. Ein Feuerfest-Werk, das sich nur mit der Herstellung von Dolomiterzeugnissen beschäftigt, kann in jedem Falle rationeller und wirtschaftlicher arbeiten und auch qualitativ hochwertigere Produkte herstellen als ein Stahlwerk, dessen Aufgabe ja die Herstellung von Stahl ist und das Dolomit nur nebenbei verarbeitet. Wenn die Ausmauerung des Konverters so auf den Verschleiß abgestimmt ist, daß im gesamten Gefäß eine gleichmäßig geringe Reststärke des Futters übrig bleibt, ist die Ausbruchsmenge so gering, daß sich eine Aufbereitung einfach nicht mehr lohnt. Außerdem ist die Wiederverwendung des Ausbruchs kostspieliger als die Verarbeitung von Frischdolomit und birgt ferner noch gewisse Gefahren in sich.

O. Porkert, Wien, fragt Dr. Obst, welches maximale Steingewicht er vom zustellungstechnischen Standpunkt noch für vertretbar und welche maximale Steinhöhe oder Steinlänge er bei gegebenem Steingewicht für optimal hält.

K.-H. Obst : Bezüglich der Steinstärke bzw. der Steinlänge sind wir durch das bestehende Arbeitsrecht auf 35 kg maximales Hebegewicht für einen Mann bei der Zustellung begrenzt. Bei der Steinlänge haben wir u. a. auch Steine mit 750 mm Länge versuchsweise eingesetzt, in der Annahme, damit eine Haltbarkeitssteigerung zu erreichen. Die Erwartungen wurden aber nicht erfüllt, so daß wir in der Steinlänge wieder zurückgegangen sind. In der Futterstärke wird es für jedes Gefäß ein gewisses Minimum geben, bei dem eine erhöhte Wärmeabstrahlung auftritt, die wiederum einen niedrigeren Schrottsatz zur Folge hat. Allgemein läßt sich sagen: größere Futterstärke verringern das Konvertervolumen und damit den Inhalt, lassen aber einen höheren Schrottsatz zu; geringere Futterstärken erhöhen das Volumen, lassen höhere Schmelzengewichte bei niedrigerem Schrottsatz zu. Unter Berücksichtigung des Schrottpreises muß von Fall zu Fall geklärt werden, was für den Betrieb wirtschaftlich ist, wobei der spez. Dolomitverbrauch nicht unbedingt die ausschlaggebende Rolle zu spielen braucht.

UNTERSUCHUNGEN AN COWPER UND COWPERSTEINEN

Von H. E. Schwiete und S. Galler

Mit 32 Textabbildungen

Mitteilungen aus dem Institut für Gesteinshüttenkunde der RWTH Aachen

1. Einleitung

Die steigenden Anforderungen der Praxis bringen es mit sich, daß die Ausmauerungen und der Besatz in den verschiedenstenBrennaggregaten immer höher beansprucht werden demzufolge feuerfeste Materialien mit höherer Widerstandsfähigkeit eingesetzt werden müssen.

Bei den Cowpern ist man aus diesem Grunde seit einiger Zeit dazu übergegangen, bei höchsten Beanspruchungen anstelle der üblichen Schamotte- und tonerdegereicherten Steine Silikamaterial in den oberen Besatzschichten zu verwenden. Dadurch wurde es möglich, Blastemperaturen bis zu 1250° C und damit verbundene Kuppeltemperaturen bis zu 1500° C zu erreichen.

Im Rahmen der laufenden Forschungsarbeiten wurden die Winderhitzermaterialien und die in den Cowpern auftretenden Beanspruchungsmöglichkeiten eingehend untersucht. Bevor jedoch die Versuchsergebnisse behandelt werden, sei zunächst ein kurzer Überblick über die Entwicklung und die Zustellung der Cowper bis zum heutigen Zeitpunkt gegeben.

2. Entwicklung der Cowper

Die eigentliche Entwicklung der Winderhitzer begann im Jahre 1857, als E. A. Cowper[1] sich einen Winderhitzer patentieren ließ, der nach dem regenerativen Prinzip arbeitete (Abb. 1). Das Hochofengas wurde durch ein am Fuß des Cowpers angeordnetes Ventil in einen mittleren Brennschacht geführt, in der Kuppel umgelenkt und zog dann durch den Regenerator nach unten. Das Besatzmaterial konnte soweit erwärmt werden, daß am Heißwindaustritt Temperaturen bis zu 760° C gemessen wurden.

Auf dieser Grundlage wurden die Cowper weiter entwickelt und führten zu Ausführungen mit innen- und außenliegendem Brennschacht sowie zu brennschachtlosen

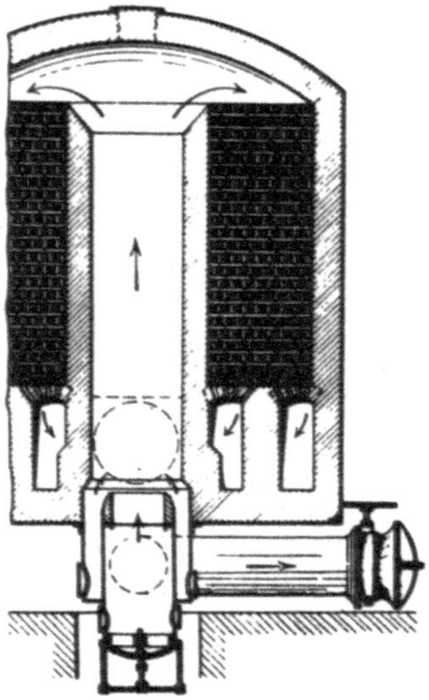

Abb. 1: Winderhitzer mit Gasheizung von E. A. Cowper. Nach: Dinglers Polytechn. Journ. 158 (1860) Taf. 2, Fig. 4

Bauarten. Das Arbeitsprinzip ist jedoch das gleiche geblieben. Die Gichtgase des Hochofens werden zusammen mit Sauerstoff im Brennschacht verbrannt. Nach Beendigung der Aufheizung wird der Cowper auf "Blasen" umgestellt, und der von unten eintretende Kaltwind wärmt sich auf seinem Wege durch das Gitterwerk nach oben überwiegend durch Konvektion auf.

Zur Erhöhung der Windtemperatur und Verbesserung des Wirkungsgrades wurden von Gokhman[2], Leonidow[3], Kirichenkow[4], Niskevitch und Zaitsev[5] und Petit[6] Untersuchungen durchgeführt. Am wirkungsvollsten erwiesen sich Verbrennungsluft- und Gasvorwärmung. Gichtgas allein hat jedoch keinen ausreichenden Heizwert, so daß in vielen Fällen Koksofengas und Naturgas zugesetzt werden. Ebenso können höhere Verbrennungstemperaturen und damit höhere Besatz- und Blastemperaturen durch Anreicherung des Gichtgases mit Öl erreicht werden.

Eine andere Blastemperatursteigerung konnte Petit[7] aufgrund der Tatsache erreichen, daß Wasserdampf durch Konvektion und Strahlung Wärme aufnehmen kann. Die Erhöhung der Blastemperatur hat jedoch immer zur Voraussetzung, daß eine gute Speicherfähigkeit der feuerfesten Materialien und durch geeignete Ausbildung der Steinkanäle ein guter Wärmeübergang gegeben sein muß.

Die Verwendung der Cowper mit innen liegendem Brennschacht hat jedoch bei höchster Beanspruchung in bezug auf die Standfestigkeit der Ausmauerung und des Besatzes manche Schwierigkeiten aufgeworfen. So führen unterschiedliche Erwärmungen des Brennschachtes und des Mauerwerkes zu unterschiedlichen

Dehnungen beider Teile und bewirken dadurch Abplatzungen und langgezogene Risse in den Wänden. Am gefährdetsten ist die Trennwand zwischen Brenn- und Gitterschacht, in der sich Kurzschlußöffnungen ausbilden können. Der daraus resultierenden Kurzschlußströmung, verbunden mit der plötzlichen Erhöhung der Beanspruchung, ist das feuerfeste Material in den meisten Fällen nicht gewachsen, so daß sich als Folge Absenkungen und Einstürze des Gitterbesatzes einstellen.

Um diese Beanspruchungen zu umgehen, ist man dazu übergegangen, Winderhitzer mit außen liegendem Brennschacht zu verwenden, so daß die unterschiedlichen Wärmedehnungen zwischen Besatz und Brennschacht vermieden werden. Zusätzlich wird durch diese Maßnahme auch eine Vergrößerung der Heizfläche erreicht, da aus kostentechnischen Gründen meistens die Blechmäntel der wiederverwendeten Cowper bestehen bleiben müssen.

Vorschläge für die Verwendung von Winderhitzern mit außen liegendem Brennschacht und gemeinsamer Kuppel gehen bereits auf eine Patentschrift aus dem Jahre 1910 zurück[8] (Abb. 2). 1938 wurde ein Patent für einen Winderhitzer

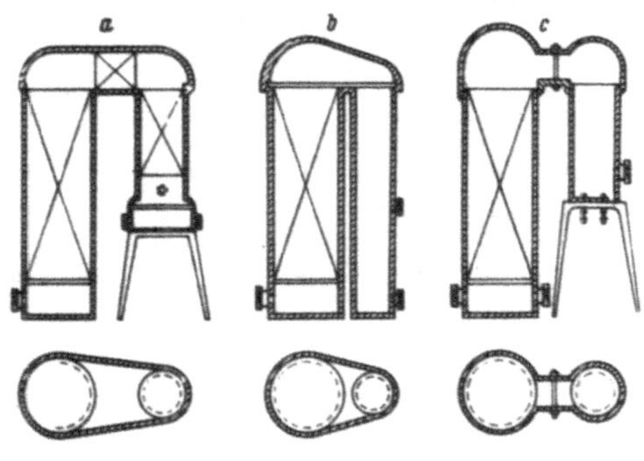

Abb. 2 : Gegenüberstellung verschiedener Ausführungen von Winderhitzern mit Außenbrennschacht. a) und b) : Brenn- und Gitterschacht sind durch eine gemeinsame Kuppel verbunden. DP 239202 vom 1. 1. 1910 u. Österr. P. 211341 vom 15. 3. 1960. c) : Brenn- und Gitterschacht haben je eine eigene Kuppel, die durch ein feuerfest ausgekleidetes Rohr verbunden sind. DP 756182 vom 28. 10. 1838. Nach : E. E. Hofmann, Stahl u. Eisen 83 (1963), S 198-203

mit außen liegendem Brennschacht aber getrennter Kuppel für Brenn- und Gitterschacht erteilt[9], die mit einem Rohr verbunden waren. 1960 wurde dann ein österreichisches Patent angemeldet[10], in dem Brenn- und Gitterschacht eine verbesserte Kuppel besitzen.

Neben den genannten Ausführungsformen werden Winderhitzer ohne Brennschacht vorgeschlagen, bei denen ebenfalls der ganze Raum unter der Kuppel

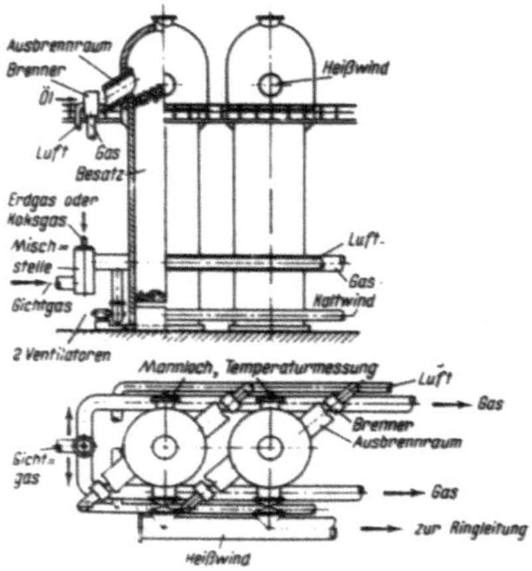

Abb. 3: Brennschachtloser Winderhitzer mit 2 Kuppelbrennern.
Nach: D. Petit, Journ. Iron Steel Institute, 202 (1964) S. 305-13

für den Gitterbesatz ausgenutzt werden kann (Abb. 3). Nach einer Anordnung von Petit[11] sind zwei gegenüberliegende Brenner direkt an der Kuppel angebracht. Um das Kupplungsmauerwerk nicht zu stark mit der Flamme zu beanspruchen, ist zwischen Brenner und Kuppelraum ein sog. Ausbrennraum für die Flamme vorgesehen, der tangential nach oben in die Kuppel gerichtet ist. Durch diese Anordnung der Brenner wird zusätzlich eine gleichmäßigere Beaufschlagung des Gitterwerkes gewährleistet. Der Kaltwind wird wie üblich von unten durch das Gitterwerk geleitet undt tritt oben als Heißwind in Höhe des Ausbrennschachtes in einer besonderen Öffnung aus. Ein weiterer Vorteil besteht in einer geschlossen ausgeführten Kuppel, d. h. Ausbrennraum, Mannloch und Heißwindaustritt befinden sich in darunter liegenden Ebenen.

3. Zustellung von Cowpern

Die übliche Zustellung der Cowper erfolgt in Mehr-Zonen-Bauart. In der obersten Besatzschicht werden Steine mit dem höchsten Al_2O_3-Gehalt eingesetzt, der bei normalen Ausführungen mit Kuppeltemperaturen zwischen 1200 und 1300° C zwischen 42 und 44 % liegt. Der Al_2O_3-Gehalt der Steine am kalten Ende beträgt max. 35 %.

Die Steine sind aus Gründen einer guten Wärmespeicherfähigkeit am heißen Ende dickwandig und haben dementsprechend eine kleine Oberfläche, im Gegensatz zu den tieferen Lagen mit großer Oberfläche und geringerem Steingewicht. Als Beispiel hierfür werden die Cowper der Mannesmann-AG-Hüttenwerke herangezogen, deren Ausführungsformen als 3- bzw. 2-Zonen-Cowper zugestellt sind. Für die 3-Zonen-Ausführung wurden im unteren Teil 27-Loch-Steine der Qualität DW III mit 32 bis 35 % Al_2O_3 verwendet, für den mittleren Teil die Qualitäten DW II mit 35 bis 39 % Al_2O_3 und für die obersten 5 Meter Gitterung die Qualität DW I mit 39 bis 42 % Al_2O_3. Der innere Brennschacht ist ebenso wie die Kuppel mit der Qualität DW I ausgekleidet. Bei den neueren Ausführungen und speziell in der Kuppel und im inneren Brennschacht werden Qualitäten mit über 44 % Al_2O_3 eingesetzt. In der neuesten Ausführung wurde der Al_2O_3-Gehalt der obersten 4 Meter des Besatzes sowie der Kuppel und des inneren Brennschachtes auf 50 % gesteigert, wodurch natürlich auch höhere Kuppel- und Blastemperaturen gefahren werden können. Bei der Auswahl des Besatzmaterials muß vor allem berücksichtigt werden, daß die Standfestigkeit in erster Linie von der Höhe des Glasphasengehaltes und der beginnenden eutektischen Schmelze sowie von der Art und der Menge an Flußmitteln abhängig ist.

Aufgrund der Forderung nach höheren Blastemperaturen hat es nicht an Versuchen gefehlt, die Schamottesteine durch andere Qualitäten zu ersetzen. Kraner[12] veröffentlichte 1962 Versuche mit halbsauren-Steinen mit etwa 24 % Al_2O_3, die zwar eine bessere Standfestigkeit gegenüber Schamottesteinen mit 44 % Al_2O_3 aufwiesen, jedoch über 1450° C ihre Standfestigkeit verloren, so daß sie keine Sicherheit bei Überhitzung bieten. Im Gegensatz dazu sind Mullitsteine für die heißen Schichten am besten geeignet, da sie geringe Mengen an Glasphase, d. h. wenig Alkalien und Flußmittel enthalten, hohe Feuerfestigkeit haben und nicht zu Rißbildungen neigen.

Anstelle der Mullitsteine sind auch Sillimanitsteine in den heißen Schichten eingesetzt worden, sie erreichen jedoch infolge ihres geringeren Al_2O_3-Gehaltes bei gleichem Flußmittelgehalt nicht die Standfestigkeit der Mullitsteine. Zwei Winderhitzer wurden von Kraner mit diesen Qualitäten und für Windtemperaturen von 980° C ausgelegt. Die obersten Schichten des Besatzes wurden mit Mullit oder Sillimanit ausgelegt, die folgenden mit halbsauren und die restlichen mit Schamottesteinen mit 41 % Al_2O_3. Ähnliche Versuche wurden auch von Slagly und Coolidge[13] und von Debenham[14] mit Semi-Silikatsteinen in der zweiten Besatzschicht unternommen.

Anstelle der kostspieligen Mullitsteine verwendeten sie jdoch hochgebrannte Hartschamottesteine und tonerdeangereicherte Schamottesteine mit einem Raumgewicht von 2,565 g/cm^3. Halbsaure Steine von 74 bis 80 % SiO_2 und geringe Mengen an Verunreinigungen können zwar wegen ihrer Standfestigkeit als Besatzsteine verwendet werden, sind aber wegen ihres geringen Raumgewichtes mit 2,005 g/cm^3 und der damit verbundenen geringeren Wärmekapazität in wärmewirtschaftlicher Hinsicht den Schamottesteinen unterlegen.

In den letzten Jahren wurden nun anstelle der üblichen Qualitäten bei besonders hohen Anforderungen Silikasteine in den oberen Besatzlagen eingesetzt. Silika mit einem t_a-Punkt zwischen 1650 und 1700° C ist oberhalb 650° C bis etwa 1470° C form- und volumenbeständig und deshalb auch aus diesem Grunde für die periodischen Temperaturschwankungen entsprechend der Arbeitsweise des Cowpers, gut geeignet.

Schuhmacher[15] verwendet in einer Cowperbatterie mit außen liegenden Brennschächten und 25 Meter Besatzhöhe in den oberen 7,5 Metern Silikasteine und in den restlichen 17,5 Metern Schamottesteine. Beim Betrieb wurde darauf geachtet, daß die Temperatur an der Trennfuge zwischen Silika und Schamotte 650° C nicht unter- bzw. 1100° C überschreitet, um die Dehnungs- bzw. Kontraktionsveränderungen beider Qualitäten möglichst klein zu halten. Mit dieser Anlage können Windtemperaturen bis zu 1250° C im Dauerbetrieb ohne Schwierigkeiten und mit großer Betriebssicherheit erzeugt werden, ohne daß an der feuerfesten Ausmauerung irgendwelche Schäden auftreten.

4. Beanspruchung der Cowpersteine

Die Winderhitzermaterialien sind im Betrieb mannigfaltigen Beanspruchungen ausgesetzt. Vor allem gilt das Interesse dem eigentlichen Regenerator, dem Gitterwerk, das während einer Ofenreise 10 000 bis 30 000 Temperaturwechseln standhalten muß, wobei die obersten Schichten am gefährdetsten sind. Das ist auch verständlich, da mit zunehmender thermischer Beanspruchung in den oberen Besatzlagen das Temperaturintervall zwischen Gas und Wind und damit das Temperaturintervall im Steinmaterial am größten wird. Weiterhin dürfen die Gittersteine trotz der unterschiedlichen Temperaturverhältnisse im oberen und unteren Bereich kein störendes Zusammensinken ergeben, müssen also eine möglichst hohe Fließ- oder Dauerfestigkeit aufweisen. Die Gittersteine sind durch Frisch- und Abgase weiterhin dem Angriff aggressiver Flußmittel wie Eisenoxid und Alkalien und damit der Gefahr einer Verschlackung ausgesetzt. Ebenso beeinflussen die Konzentration der Gase und die Temperaturverteilung im Gitterwerk zusammen mit der chemischen Zusammensetzung und der Struktur der Steine den Angriff und damit die Lebensdauer des Gitterwerkes.

5. Schwingungsmessungen an Cowpertürmen

Die Lebensdauer der in den Cowpern eingesetzten Materialien wird nun neben den rein chemischen Einflüssen und den Wärmebeanspruchungen auch zusätzlich durch die rein statischen Beanspruchungen beeinflußt und, wie sich in der Praxis wiederholt gezeigt hat, sind auch die auftretenden dynamischen Beanspruchungen nicht ohne Einfluß. In den Hüttenwerken gehen in den meisten Fällen diese dynamischen Zusatzbelastungen von größeren laufenden Maschinen aus, deren freie Massenkräfte sich in dem Erdboden fortpflanzen und auf die Cowperbatterien und Hochöfen in deren näheren Umgebung einwirken. Die Größe der dabei auftretenden Schwingungsfrequenzen und -amplituden wurden an vier verschiedenen Cowperbatterien der Werke A, B, C und D ermittelt.

5.1 Meßgeräte

Für die Messungen wurden elektrisch-seismische Erschütterungsaufnehmer in Verbindung mit einem Trägerfrequenz-Meßverstärker, einem Direktschreiber und einem Zeitmarkengerät verwendet (Abb. 4). Die Geber sind für die im vor-

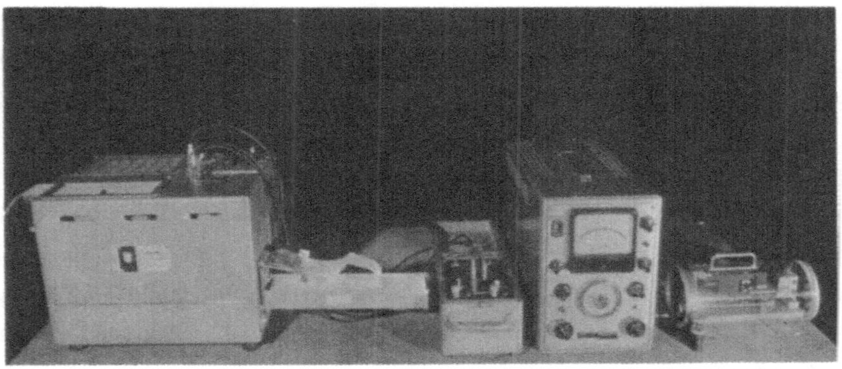

Abb. 4 : Verwendete Meßgeräte

liegenden Fall zu messenden Frequenzen tief abgestimmt. Ihre ungedämpfte Eigenfrequenz beträgt etwa 1 Hz, die Dämpfung etwa 0,65 der "kritischen Dämpfung". Bei den Gebern der Geräte handelt es sich um trägerfrequenzgespeiste Induktiv-Geber in Halbbrückenschaltung (Wheatstone). Der größte meßbare Weg beträgt $\pm$ 1 mm, der kleinste 2×10^{-5} mm.

5.2 Meßanordnung und -durchführung

Die Lage der Meßstellen an dem Winderhitzerturm der dreiteiligen Winderhitzerbatterie im Werk A ist auch aus Abb. 5 zu ersehen. Die Geber werden nacheinander auf der Turmspitze I, an der Einspannstelle des Winderhitzers II und auf dem Erdboden III aufgestellt. Gemessen wurde dabei jeweils in Längs- und Querrichtung sowie auf der Kuppel und auf dem Erdboden und auch in der Vertikal-

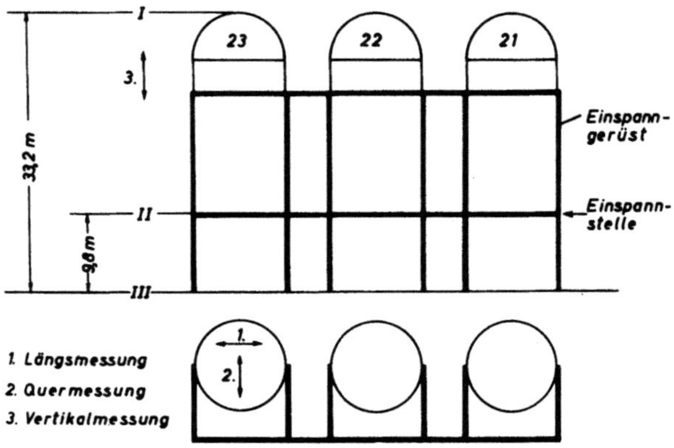

Abb. 5: Anordnung der Meßstelle

richtung. Durch diese Anordnung der Aufstellung der Geber war eine gute Kontrolle des Amplitudenverlaufes entlang der äußersten Schale möglich.

Der von den Gebern bei den Längs- und Quermessungen eingeschlossene Winkel von 90° ermöglichte eine Phasenkontrolle der Schwingungen. Mit ihr kann eine mögliche bestimmte Schwingungsrichtung festgestellt werden. Die Bewegungsimpulse wurden über entsprechende abgeschirmte Kabel zu den am Erdboden aufgestellten Meßbrücken und zu dem Schreiber geleitet. Eine Eichung wurde mit dem Potentiometer der Meßbrücke durchgeführt. Die Messungen an dreiteiligen Winderhitzerbatterien der Werke B und C wurden in gleicher Weise durchgeführt. Eine Einspannung der Cowper war hier jedoch nicht vorhanden. Durch Messungen an einem vierten Winderhitzerturm im Werk D konnten die erhaltenen Ergebnisse bestätigt werden.

Zahlentafel 1: Geometrische Abmessungen der Cowper

	Turmhöhe I (m)	Einspannstelle bez. Meßhöhe II (m)	Turm durchmesser (m)
Cowper 23 "Werk A"	33,2	9,8	6,5
Cowper A 3 "Werk B"	38,5	15,2	8,5
Cowper 11 "Werk C"	35,0	14,13	6,5

Zahlentafel 2 : Durchsatzmenge an Gas und Wind während der Messungen

	Gas (Nm^3/h)	Wind (Nm^3/h)
"Werk A"	8. 500 - 25. 000	52. 000
"Werk B"	14. 000 - 28. 000	100. 000
"Werk C"	28. 000	35. 000-70. 000 (Radialgebläse) 60. 000 (Sammelleitung)

5. 3 Meßergebnisse

Zunächst werden die Meßergebnisse vom Cowper 23 des Werkes A beschrieben.

Bei einer mehrmals wiederholten Eichung wurde das Potentiometer der Meßbrükke um ± 100 µm verstellt. Dabei ergab sich für den Kanal 1 bei der Verstärkung 20. 000 ein Ausschlag von ± 3 mm. Für den Kanal 2 stellte sich bei der Verstätkung von 10. 000 ein Ausschlag von ± 7, 5 mm ein. Diese beiden Eichungen sind für alle weiteren Messungen maßgebend.

Die aufgenommenen Diagramme auf der Kuppel zeigten bei den verschiedenen Durchsatzmengen an Gas keine Abweichung voneinander (Abb. 6 und 7). Die

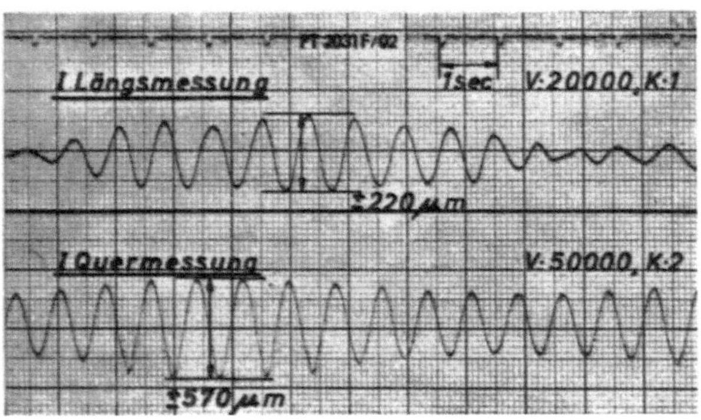

Abb. 6 : Längs- und Quermessung auf der Turmspitze I für 8500 Nm^3/h Gasdurchsatz (Werk A)

Schwingungsfrequenz wurde zu 1, 25 Hz ausgezählt und verändert sich nicht. Die Schwingungsamplituden, deren Maximalwerte in den Diagrammen aufgetragen

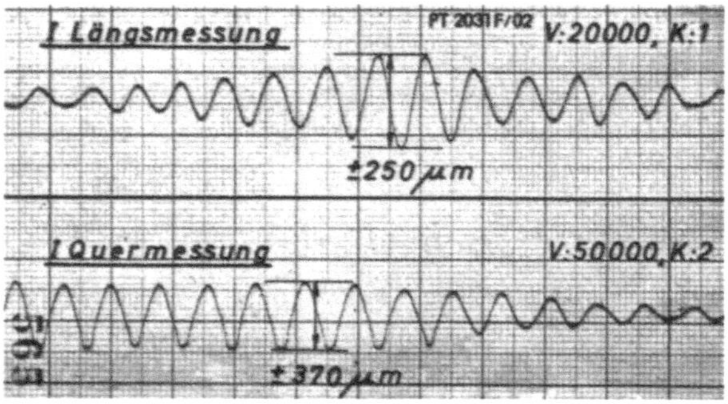

Abb. 7 : Längs- und Quermessung auf der Turmspitze I für 25000 Nm^3/h Gasdurchsatz (Werk A)

sind, wiesen verschieden starken Auf- und Abbau auf, der jedoch bei allen Durchsatzmengen wiederkehrte, sich also praktisch auch nicht veränderte. Der Maximalwert der Amplitude bei der Längsmessung betrug ± 250 μm, bei der Quermessung ± 750 μm und bei der Vertikalmessung ± 4 μm. Die hintereindander auf der Turmspitze I, an der Einspannstelle II und am Erdboden III aufgenommenen Quermessungen werden in Abb. 8 dargestellt. Die

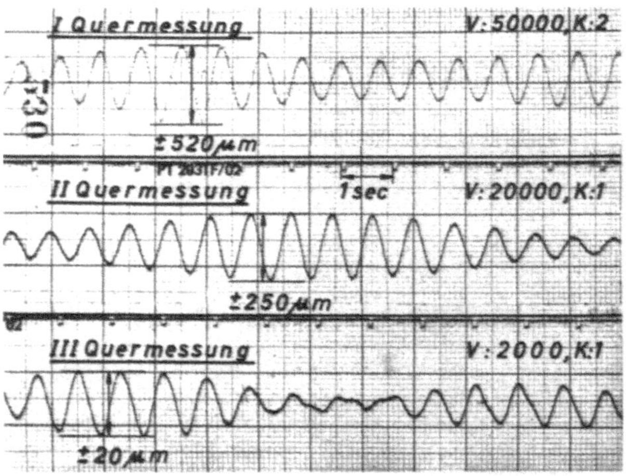

Abb. 8 : Quermessung (Werk A) in den Meßebenen Turmspitze I, Einspannstelle II (beide 8500 Nm^3/h Gas) und Boden (52000 Nm^3/h Wind)

Frequenz bleibt konstant, die Amplituden nehmen von I über II nach III deutlich erkennbar ab. Abb. 9 zeigt die Vertikalmessung.

Messungen an dem Cowper A 3 einer dreiteligen Winderhitzerbatterie des Werkes B zeigten ähnliche Ergebnisse hinsichtlich der Schwingungsfrequenz und der -amplituden. Die Frequenz verändert sich bei den verschiedenen Durchsatzmengen an Gas und Wind nicht, und die Amplituden verringerten sich in Richtung Meßstelle

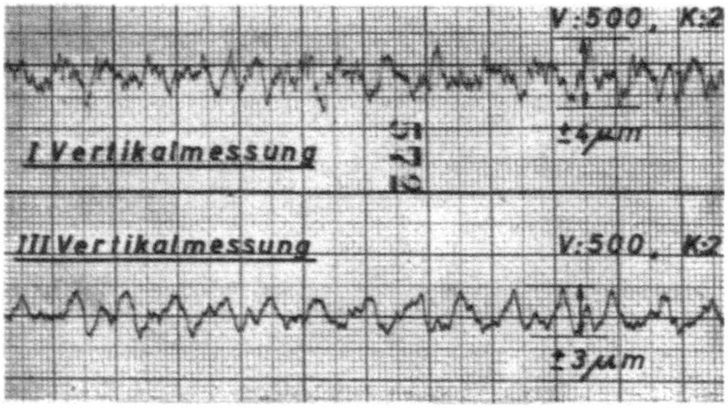

Abb. 9: Vertikalmessung (Werk A) in zwei Meßebenen: Turmspitze I (8500 Nm^3/h Gas) und Boden III (52000 Nm^3/h Wind)

III am Boden. Die Frequenz wurde zu 1, 55 Hz ausgezählt und die maximale Amplitude betrug ± 400 μm und trat in Längsrichtung auf.

Aus den Diagrammen der im Werk C durchgeführten Messungen ging hervor, daß hier die Frequenz bei durchschnittlich 1, 65 Hz liegt, also etwas höher als bei den anderen Cowpern. Die maximale Amplitude trat in Längsrichtung auf und betrug ± 110 μm. Bei den Messungen auf der Turmspitze wurde mit verschiedenen Durchsatzmengen an Wind gefahren, um noch einmal nachzuprüfen, ob sich Frequenz und Amplitude durch verschiedene Durchsatzmengen beeinflussen ließen. Außerdem kam hier noch hinzu, daß der Wind einmal über ein Radialgebläse und zum anderen über Kolbenmaschinen erzeugt wurde. Ein Unterschied in den Meßergebnissen konnte jedoch auch hier nicht festgestellt werden.

5.4 Pulsation der Gasflamme

Um die möglichen Ursachen für die Schwingungen herauszufinden, wurden an den Cowpern im Werk A und C zunächst die Pulsationsfrequenzen der Gasflamme gemessen. Im Werk C wurde ein Druckgeber eingesetzt, mit dem Drucke von 0, 002 bis 0, 2 kp/cm^2 aufgenommen werden können. Der Geber ist so geeicht, daß sich für einen Ausschlag von ± 120 μm ein Druck von ± 0, 2 kp/cm^2 ergibt. Für die Messung wurde der Geber am äußersten Ende des Rohres für die Gas- und Verbrennungsluftzufuhr angebracht. Die Eichung ergab bei einer Verstellung des Potentiometers der Meßbrücke von ± 100 μm einen Wert von ± 8, 5 mm. Die Verstärkung betrug 20.000. Die gemessene Pulsationsfrequenz der Gasflamme ergab sich zu etwa 7 Hz, der Druck zu ± 0, 01 kp/cm^2 (Abb. 10). Da es sich hierbei jedoch um einen sehr kleinen Druck handelt, ist dieser für eine Schwingungsanregung des Cowpers mit seiner großen Masse von untergeordneter Bedeutung.

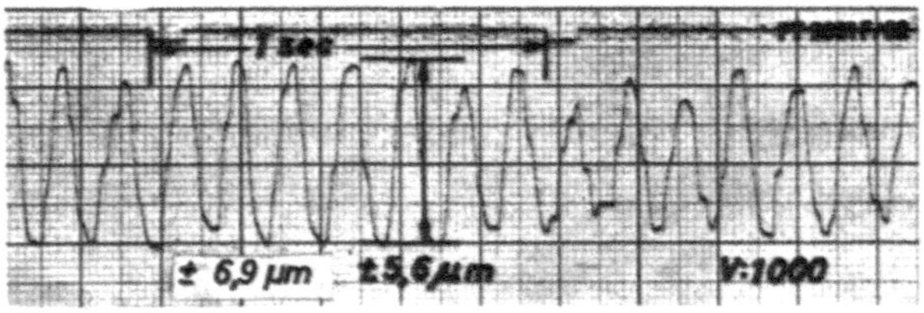

Abb. 10: Pulsationsfrequenz und -druck der Gasflamme bei 28000 Nm^3 h (Werk C)

Im Werk A wurde mit einem Quarzgeber gearbeitet. Für die Frequenz ergab sich ebenfalls ein Wert von etwa 7 Hz, die Amplitude war jedoch wegen der zu geringen Empfindlichkeit des Gebers nur schwach ausgeprägt.

5.5 Gegenseitige Beeinflussung

Zur Prüfung der gegenseitigen Beeinflussung benachbarter Cowper wurden im Werk A die Cowper 23 und 22 stillgesetzt, während Cowper 21 mit 52.000 Nm^3/h Wind gefahren wurde. Bei dem aufgenommenen Meßschrieb in Längsrichtung zeigte sich keine Veränderung in bezug auf die Frequenz (1,25 Hz) und Amplitude ($\pm$ 220 bis $\pm$ 250 µm) im Vergleich zu den vorher aufgeführten Beispielen mit verschiedenen Durchsatzmengen an Gas und Wind.

Daraus folgt, daß die Schwingungsanregung nicht durch den Cowper selbst, also etwa durch schwingende Gassäulen hervorgerufen wird, sondern vielmehr in einer vom Cowper unabhängigen Erregerstelle zu suchen ist.

5.6 Untersuchung der Eigenfrequenz

Es liegt nahe, daß ein Cowper mit einer so großen Masse nur schwer zu erzwungenen Schwingungen anzuregen ist. Es ergibt sich eher die Möglichkeit, daß er mit seiner Eigenfrequenz schwingt. Anhand einer Abschätzung der Eigenfrequenz soll nun gezeigt werden, daß diese im Bereich der gemessenen Frequenzen zu suchen ist.

Die Eigenfrequenz eines einseitig eingespannten Kragbalkens berechnet sich gemäß:

$$\omega_e = \sqrt{\frac{I \cdot E \cdot g}{F \cdot \gamma \cdot l^4}}$$

Mit $I = F \cdot \frac{D^2 + d^2}{16}$ wird

$$\omega_e = \sqrt{\frac{(D^2 + d^2) \cdot E \cdot g}{16 \cdot \gamma \cdot l^4}} .$$

I	= Flächenträgheitsmoment	(m^4)
E	= Elastizitätsmodul	(kp/m^2)
g	= Erdbeschleunigung	(m/s^2)
γ	= spez. Gewicht	(kp/m^3)
l	= Balkenlänge	(m)
D	= Außendurchmesser des Balkens	(m)
d	= Innendurchmesser des Balkens	(m)
F	= Querschnitt des Balkens	(m^2)

Mit $d \longrightarrow 0$ erhält man:

$$\omega_e = \frac{D}{l^2} \sqrt{\frac{E \cdot g}{16 \cdot \gamma}}$$

und bei $d \longrightarrow D$:

$$\omega_e = \frac{D}{l^2} \sqrt{\frac{2 \cdot E \cdot g}{16 \cdot \gamma}}$$

In jedem Fall, gleichgültig ob es sich um ein Rohr oder einen vollen Querschnitt handelt, ist die Eigenfrequenz abhängig vom Durchmesser, dem Quadrat der Länge und einer entsprechenden Stoffkonstanten.

Die Eigenfrequenzabschätzung soll nun getrennt für einen oben offenen Blechmantel und eine volle Steinsäule vorgenommen werden (geometrische Abmessungen des Cowpers im Werk A):

Oben offener Blechmantel ($d \longrightarrow D$)

$E = 2,1 \cdot 10^6 \ kp/cm^2$; $l = 33,2$ m (Länge bis Turmspitze)
$\gamma = 7,8 \cdot kp/dm^3$; $D = 6,5$ m

$$\omega_{e1} = \frac{1}{4} \sqrt{\frac{E}{\varrho}} \ \frac{D}{l^2} \sqrt{2} = 10,7 \ 1/sec$$

und mit $\omega = 2\pi f$:

$$f_1 = \frac{\omega}{2 . \pi} \quad \frac{10 . 7}{2 . \pi} \quad \underline{\underline{f_1 = 1,7 \text{ Hz}}}$$

Volle Steinsäule (d ⟶ O):

$$E = 2,5 . 10^5 \text{ kp/cm}^2 ; \; l' = 30,2 \text{ m}$$

$$\gamma = 2,6 \text{ kp/dm}^3 ; \quad D = 6,5 \text{ m}$$ (Länge bei Besatzoberkante)

$$\omega e_2 = \frac{1}{4} \cdot \sqrt{\frac{E}{\varrho}} \cdot \frac{D}{l'^2} = 5,49 \; 1/\text{sec}$$

und damit:

$$\underline{\underline{f_2 = 0,87 \text{ Hz}}}$$

Da bei diesen Überlegungen für den Blechmantel und die Steinsäule getrennt gerechnet wurde, es sich aber um einen Verbundkörper handelt, wird dessen Eigenfrequenz zwischen den beiden Werten f_1 und f_2 liegen. Für die beiden anderen Cowper gilt entsprechendes. Da nun die wirklich gemessenen Frequenzen zwischen diesen beiden Werten f_1 und f_2 liegen, kann daraus gefolgert werden, daß der Cowper mit seiner Eigenfrequenz schwingt.

5.7 Anregung und Wirkung der Schwingungen

In vielen Fällen sind in der unmittelbaren Umgebung der Winderhitzer große Gichtgaskolbenmaschinen aufgestellt, die durch ihre großen Massenkräfte Erschütterungen in den Boden einleiten und dähere Umgebung in Schwingungen versetzen. Diesen können sich von anderen Maschinen ausgehende Schwingungen überlagern und es treten dann schwebungsähnliche Verstärkungen und Abschwächungen auf. Die resultierende Bodenbewegung mit einem entsprechenden Frequenzband regt den Turm an. Er spricht dabei auf die zu seiner Eigenfrequenz passende Erregerfrequenz an, da - wie schon oben erwähnt - eine erzwungene Schwingung nicht möglich ist. Trotzdem kann man hier nicht von einem Resonanzfall im üblichen Sinne sprechen, da dazu eine konstante Anregung vorhanden sein müßte.

Der Turm wird nun durch die seismische Unruhe, aber auch durch Windböen zu Schwingungen im Takt seiner Eigenfrequenz angestoßen. Die Amplituden schaukeln sich auf bzw. klingen nach kurzer Zeit wieder ab, je nachdem, wie die Erregung anwächst und nachläßt. Damit sind die in den Meßschrieben beobachteten zu- und abnehmenden Amplituden zu erklären.

Der Ausgangspunkt der Hauptanregung kann auch direkt lokalisiert werden, wie folgendes Beispiel zeigt: Bei dem Cowper im Werk A waren in etwa 200 m Entfernung vier große Gichtgaskolbenmaschinen in Betrieb, die Schwingungen in den Boden einleiteten. Die Drehzahl der Maschinen betrug n = 75 U/min und damit die Frequenz

$$f = \frac{n}{60} = 1,25 \text{ Hz}$$

Die am Cowper gemessene Frequenz - wohl die Eigenfrequenz - betrug aber ebenfalls 1,25 Hz.

Aus den Schwingungsuntersuchungen geht hervor, daß sich den bereits angeführten Belastungsarten zusätzlich dynamische Beanspruchungen überlagern. Sie stellen höhere Anforderungen an einen Werkstoff als rein statische Belastungen gleicher Größenordnung, sodaß bei der Beurteilung der Widerstandsfähigkeit eines Werkstoffes auch eine Widerstandsfähigkeit gegen dynamische Belastung berücksichtigt werden muß. Bezogen auf das feuerfeste Auskleidungsmaterial bedeutet dies, daß bei zusätzlicher dynamischer Belastung die Erweichung zu einem früheren Zeitpunkt, also bei einer niedrigeren Temperatur als bei rein statischer Belastung einsetzen wird. Steigende Frequenzen und Amplituden wirken dabei im Sinne einer Erniedrigung des Erweichungsbeginnes. Ebenso spielen der Glasgehalt der Steine sowie die chemische Zusammensetzung und hier insbesondere der Alkali- und Fe_2O_3- Gehalt eine wesentliche Rolle. Die Wirkungsweise dieser Parameter wird anhand der im folgenden beschriebenen Laboratoriumsversuche dargestellt.

6. Versuchsaufbau und Meßeinrichtung

6.1 Versuchsapparatur (40 to-Presse)

Für die Ausübung von hohen statischen und dynamischen Belastungen wird eine hydraulische Presse verwendet, die die Aufbringung von 40 to statischer und 20 to dynamischer Last gestattet. Ein in die Presse eingesetzter Ofen ermöglicht die gleichzeitige thermische Belastung.

In Abb. 11 sind folgende Einzelapparaturen wiedergegeben:

1 der Schaltschrank für den Ofen mit Regler und Schreibgerät

2 die 40 to-Presse

3 der Ofen, der über die Proben zwischen den Stempeln geschoben werden kann.

Der Ofen ist mit einer Kanthal-A1-Wicklung ausgelegt und ermöglicht eine maximale Arbeitstemperatur von 1250° C.

4 Das Pendelmanometer, mit Lastanzeigemanometer, mit eingebauter Ölmeßpumpe und Ölbehälter.

5 Der elektrische Schaltschrank für die Presse und ein Lastanzeigemanometer.

6 Das universal-Laststeuergerät zur Erzeugung von Druckschwingungen. Mit diesem Gerät kann die Frequenz der Schwingung als auch die Amplitude stufenlos verändert werden.

Abb. 11: Versuchsanlage für statische und dynamische Druckversuche bei hohen Temperaturen

6.2 Versuchsapparatur (500 kp-Presse)

An den gleichen Ölkreislauf wurde zusätzlich eine 1 to-Presse angeschlossen (Abb. 12), die die Durchführung von Versuchen mit geringer statischer und dynamischer Belastung ermöglicht. Der in dieser Presse eingesetzte Ofen ist mit einem Crusilite-Heizelement und einer Kaskadenheizung ausgerüstet. Diese Anordnung bewirkt eine außerordentliche gute Temperaturkonstanz im Bereich des Prüfkörpers. Die Betriebstemperaturen betragen hier maximal 1500° C.

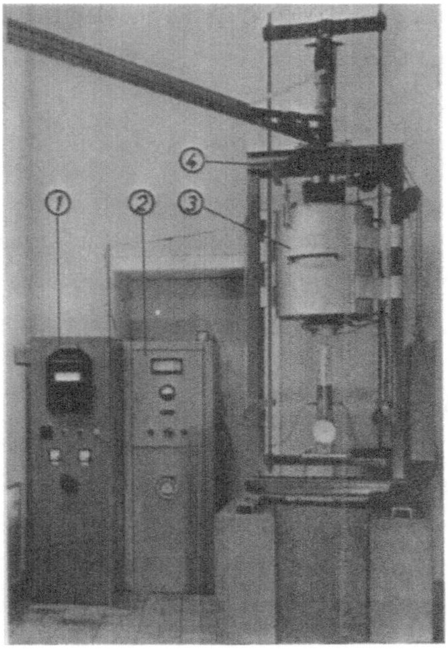

Abb. 12 : Versuchsanlage - 500 kp-Presse 1 Steueranlage für die Hauptheizung - 2 Steueranlage für die Kaskadenheizung - 3 Ofen - 4 Pressengerüst mit Druckelement

6.3 Meßeinrichtung

Die Verformungsmessungen der Probe erfolgen nach einer Differenzenmethode (Abb. 13), die im wesentlichen darin besteht, daß keramische Stäbe und Rohre

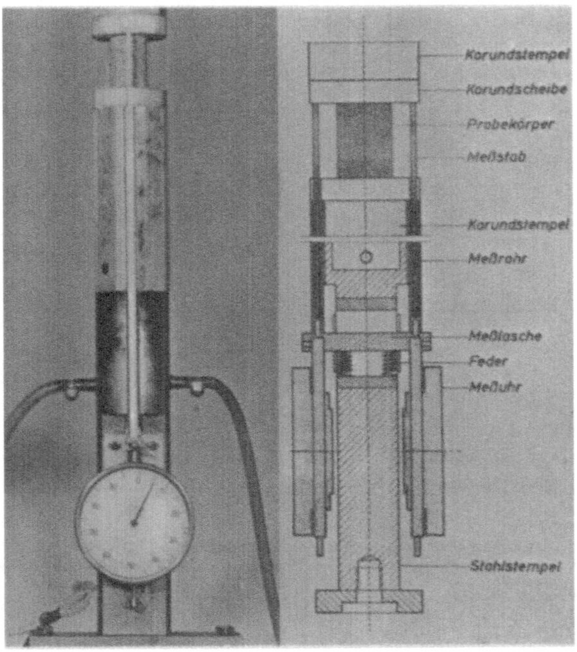

Abb. 13 : Verformungsmessung nach der Differenzmethode

die Ober- und Unterkante der Probe abtasten und den Einfluß der Ausdehnung der Apparatur ausschalten. Die Längenänderungen werden auf Meßuhren direkt übertragen und dort abgelesen.

7. Ausgangsmaterialien für Belastungsversuche

Um den Einfluß der chemischen Zusammensetzung, des Mineralbestandes und der Dauerfestigkeit zu untersuchen und aufzuzeigen, wurden unter statischer und zusätzlicher dynamischer Belastung vier verschiedene Cowpersteine mit unterschiedlichem Al_2O_3-Gehalt, ein quarzarmer und ein quarzreicher Silikastein untersucht.

7.1 Chemische Analyse der Cowpersteine

Die chemische Analyse (Zahlentafel 3) der Cowpersteine ergab eine Veränderung des Al_2O_3-Gehalt von rund 34 über 46 und 50 auf 60 %. Der SiO_2-Gehalt verminder sich dementsprechend. Der steigende Al_2O_3-Gehalt, d. h. der Gehalt an Mullit entspricht ebenso wie der fallende Flußmittelgehalt an Fe_2O_3 und Alkalien ($Na_2O + K_2O$) einer Verbesserung der Standfestigkeit und des Fließverhaltens der Qualität.

Zahlentafel 3: Chemische und mineralogische Analyse von ungebrauchten Cowpersteinen

Chemische Analyse: (%)

	C, Al 34	C, Al 46	C, Al 50	C, Al 60
SiO_2	58,10	48,10	44,50	34,70
Al_2O_3	34,20	45,80	49,80	60,10
TiO_2	2,28	2,37	2,22	2,57
Fe_2O_3	2,06	1,79	1,31	1,08
MgO	0,45	0,35	0,56	0,40
CaO	0,80	0,27	0,28	0,45
K_2O	2,06	1,17	1,10	0,41
Na_2O	< 0,10	< 0,10	< 0,10	< 0,41
SO_3	0,01	0,08	0,01	0,02
	100,06	100,03	99,88	99,83

Mineralanalyse: (%)

	C, Al 34	C, Al 46	C, Al 50	C, Al 60
Mullit	39	60	61	53
Cristobalit	5	-	1	2
Quarz	1	-	-	-
Korund	-	-	5	21
Röntgenamorpher Anteil (Glasphase)	55	40	33	22
	100	100	100	100

Glasphasengehalt nach der Flußsäuremethode[1]: (%)

	C, Al 34	C, Al 46	C, Al 50	C, Al 60
Glasphase	50,8	36,5	33,9	22,5

[1] Nach: H. E. Schwiete, H. Müller-Hesse und A. K. Bose
Forschungsbericht d. Landes NRW, Nr. 398 und 544

7.2 Mineralanalyse der Cowpersteine

Mit der Mineralanalyse werden röntgenographisch die Mengen an Mullit, Cristobalit, Quarz und Korund bestimmt. Durch eine Addition zu 100 % erhält man indirekt den Anteil an Glasphase. Zusätzlich wird die Glasphase der Steine durch Herauslösen mit Flußsäure nach der von Schwiete, Müller-Hesse und Bose[16] beschriebenen Methode bestimmt. Da das Verformungsverhalten von Schamottesteinen im wesentlichen durch den Anteil und die chemische Zusammensetzung der Glasphase bzw. der Schmelzphase bestimmt wird, kann aufgrund des Mineralbestandes d. h. mit fallendem Glasanteil und dem entsprechenden steigenden Al_2O_3-Gehalt mit einer Verbesserung des Widerstandes gegen Verformung vom Stein C, Al 34 zum Stein C, Al 60 gerechnet werden.

7.3 Technologische Daten der Cowpersteine

Aus den technologischen Daten (Zahlentafel 4) können u. U. Rückschlüsse auf das Verformungsverhalten der Qualitäten gezogen werden. Poren verkleinern z. B. den tragenden Querschnitt, auf den die Last wirkt und verdichtet die Spannungslinien, so daß mit fallender Porosität hier also vom Stein C, Al 34 zum Stein C, Al 60 eine Verbesserung des Verformungsverhaltens zu erwarten ist.

Zahlentafel 4 : Technologische Daten von ungebrauchten Cowpersteinen

Technologische Daten:

	C, Al 34	C, Al 46	C, Al 50	C, Al 60
Spez. Gewicht g/cm^3 1)	2,611	2,791	2,800	3,096
Raumgewicht g/cm^3 2)	2,03	2,25	2,37	2,52
Gesamtporosität % 2)	22,1	19,6	15,5	18,6
Wasseraufnahme % 2)	7,9	7,5	5,3	6,5
Scheinbare Porosität % 2)	16,1	16,8	12,6	16,4
Gasdurchlässigkeit nPm 3)	3,7	2,6	1,9	1,7
KDF (kp/cm^2) 2)	320	690	685	590

1) aus 2, 2) aus 6, 3) aus 10 Einzelbestimmungen

8. Meßergebnisse

8.1 Ausdehnungsversuche an Cowpersteinen

Da es sich bei den feuerfesten Materialien um einen Werkstoff mit einem sehr inhomogenen Gefügeaufbau behandelt, wurden für die Versuche möglichst große Prüfkörperabmessungen von 50 mm Höhe und 36 mm Durchmesser gewählt. Als Ausgangswert für alle folgenden Untersuchungen wurde die absolute thermische Ausdehnungskurve der unbelasteten Proben optisch bestimmt.

Belastete und unbelastete Proben werden bis zu einer bestimmten Temperatur ein gleiches Ausdehnungsverhalten aufweisen. Bei Zufuhr weiterer thermischer Energie wird die Ausdehnung der belasteten Probe weniger stark steigen, um schließlich in eine Kontraktion überzugehen. Die Temperatur, bei der diese Abweichung erfolgt, wurde von Schwiete und Klein[17] mit Fließtemperatur bezeichnet. Diese Definition wird insofern erweitert, als sich vom Transformationsbereich der Glasphase an ein von der Ausdehnungskurve ohne Belastung abweichender Verlauf ergibt. Diese Ausdehnung weist einen annähernden linearen aber geringeren Anstieg auf und ist belastungsabhängig. Die Abweichung von diesem neuen linearen Anstieg wird ebenfalls mit Fließtemperatur bezeichnet. Die Höhe der Fließtemperatur ist ein Maß für die Widerstandsfähigkeit eines feuerfesten Materials gegen thermische und mechanische Beanspruchung.

Das Versuchsprogramm umfaßt u. a. eine Reihe von Modellversuchen unter hohen Belastungen bis zu max. Werten von 480 kp/cm^2. Die Versuche sollten einen Aufschluß über das Fließverhalten bis zur Bruchgrenze des Materials geben, das z. B. ebenso wie die Kalt- oder Heißdruckfestigkeit Anhaltswerte für Festigkeitseigenschaften liefert. Sie haben jedoch gegenüber diesen den Vorteil, daß sie nicht nur eine Zahl angeben, sondern die Fließtemperatur-Abhängigkeit von der Belastung bis zum Bruch wiedergeben.

In Abb. 14 wird zunächst das Ausdehnungsverhalten des Steines C, Al 46 mit 46 % Al_2O_3 und Belastungen von 30 bis 480 kp/cm^2 wiedergegeben. Die Fließtemperaturen nehmen von der kleinsten zur größten Belastung von 950 auf 600°C, d. h. um 350 °C ab.

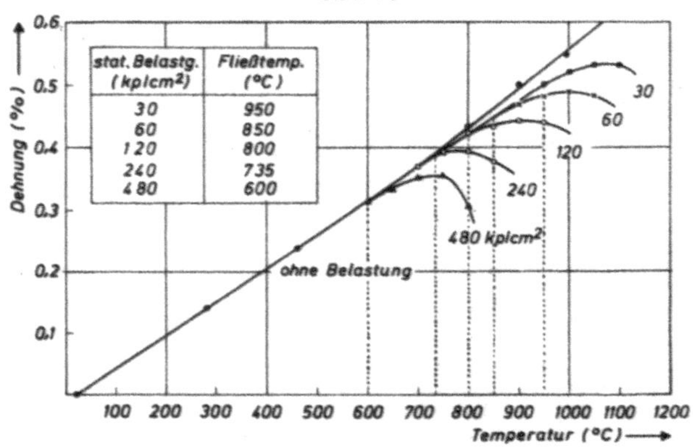

Abb. 14 : Ausdehungsverhalten des Cowpersteines C, Al 46 bei statischer Belastung

Die Versuche unter zusätzlicher dynamischer Belastung wurden unter der gleichen statischen Grundlast von 60 bis 480 kp/cm^2 durchgeführt. Die Schwingungsamplituiden wurden zu A = ± 20 kp/cm^2 gewählt und die Frequenz zu f = 10 min^{-1} und f = 75 min^{-1} (Abb. 15). Im Gegensatz zu statischer Belastung erniedrigen sich die Fließtemperaturen und zwar um so mehr, je höher die Frequenz gewählt wird. So beträgt z. B. bei einer Belastung von 120 kp/cm^2 und 120 ± 20 kp/cm^2 bei einer Schwingungsfrequenz von f = 75 min^{-1} die Fließtemperaturdifferenz 100 °C.

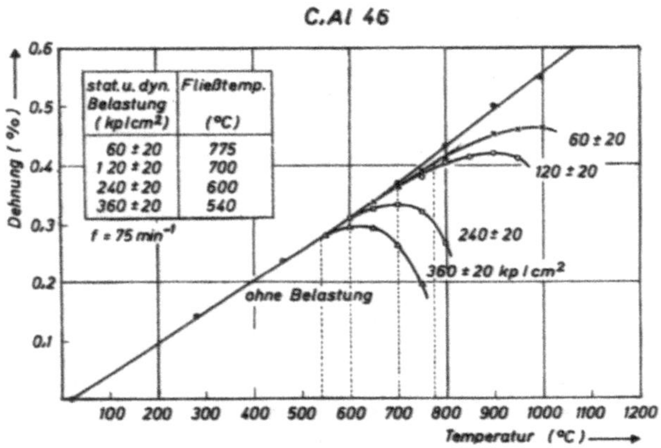

Abb. 15: Ausdehnungsverhalten des Cowpersteines C, Al 46 bei statischer mit überlagerter dynamischer Belastung.

Zur besseren Differenzierung dieser unterschiedlichen Fließtemperaturen bei statischer sowie statischer mit überlagerter dynamischer Belastung wurde in der Abb. 16 die Fließtemperatur über der Belastung aufgetragen. Besonders deutlich ist hier der hohe Abfall der Fließtemperatur im unteren Belastungs-

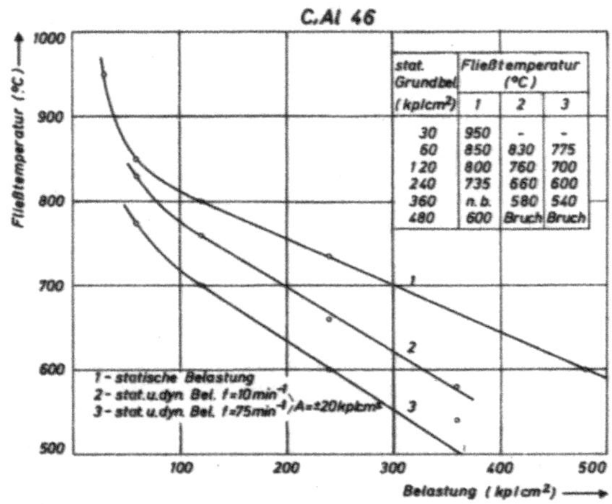

Abb. 16: Fließtemperatur des Cowpersteines C, Al 46 in Abhängigkeit von statischer sowie statischer mit überlagerter dynamischer Belastung

bereich zu erkennen, der etwa bei 120 kp/cm^2 in einem annähernden linearen Verlauf übergeht. Das Gesamtergebnis der einzelnen Untersuchungen an den vier Qualitäten bei hohen Belastungen ist in den Abbildungen 17 und 18 aufgezeichnet.

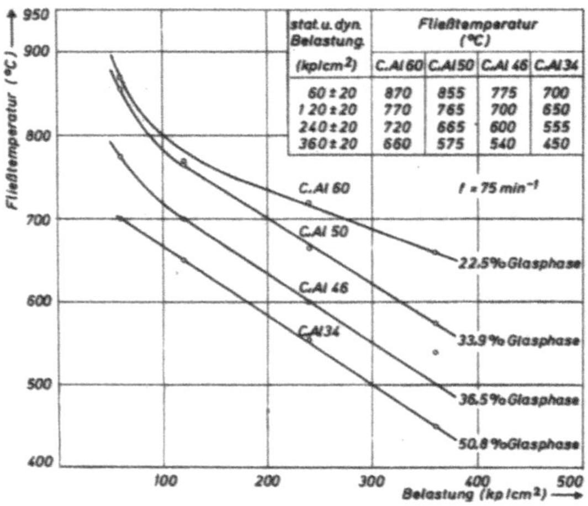

Abb. 17: Fließtemperaturen von Cowpersteinen in Abhängigkeit von der statischen Belastung

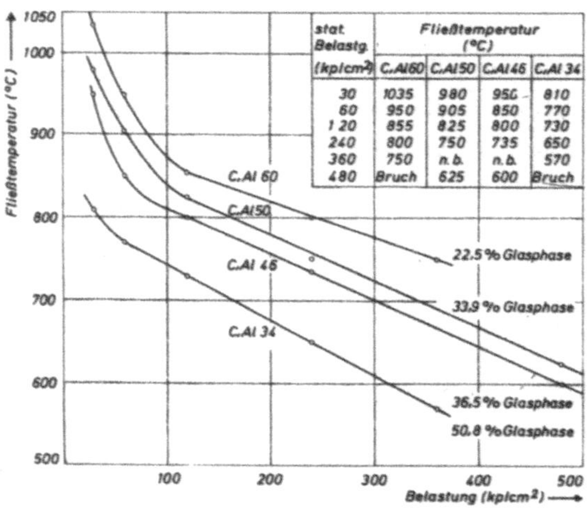

Abb. 18: Fließtemperaturen von Cowpersteinen in Abhängigkeit von statischer mit überlagerter dynamischer Belastung

In Abb. 17 wurden die Fließtemperatur-Belastungskurven bei statischer Belastung aufgetragen. Der anfangs schon erwähnte und zu erwartende Einfluß der Glasphase ist besonders auffallend. Mit fallenden Glasphasengehalt wird die Widerstandsfähigkeit gegen Verformung erheblich höher. So besteht z. B. bei der höchsten Belastung von 360 kp/cm^2 beim Stein C, Al 60 mit 22,5 % Glasphase und dem Stein C, Al 34 mit 50,8 % Glasphase ein Fließtemperaturunterschied von 180 $^{\circ}$C.

Die gleiche Tendenz ist bei der statischen mit überlagerter dynamischer Belastung in Abb. 18 zu beobachten, nur mit dem Unterschied insgesamt geringerer Fließtemperaturen. Die Frequenz betrug hier $f = 75\ min^{-1}$.

Interessant für den Einsatz der Materialien im Cowper sind die Ergebnisse der Untersuchungen unter niedrigen Belastungen, die im Cowper je nach Besatzhöhe 6-8 kp/cm^2 erreichen. Zu diesem Zweck wurde die anfangs schon beschriebene 500 kp-Presse im Eigenbau erstellt, die eine minimale Lasteinstellung von 2 kp/cm^2 erlaubt. Die Versuche wurden in der gleichen Weise wie bei den hohen Belastungsstufen durchgeführt.

In Abb. 19 werden zunächst die Ergebnisse unter den rein statischen Belastungen wiedergegeben. Die Fließtemperaturen erniedrigen sich bei einem Übergang von 2 zu 20 kp/cm^2 um 190 $^{\circ}$C. Der Einfluß ist also gerade in dem Bereich, der platisch vorliegt, besonders groß.

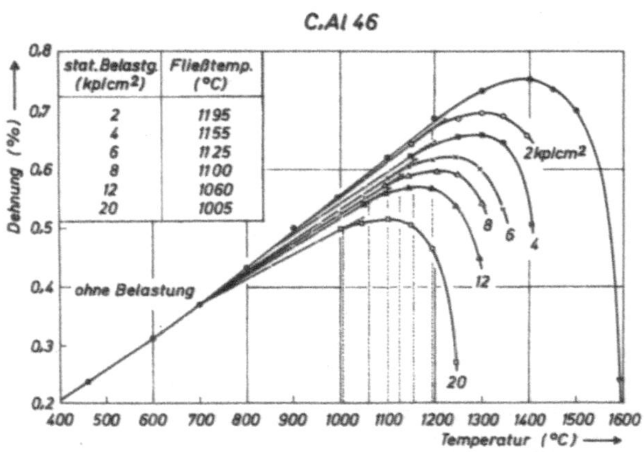

Abb. 19: Ausdehnungsverhalten des Cowpersteines C, Al 46 bei statischer Belastung

Als Beispiel für eine niedrige Zusatzbelastung ist in Abb. 20 eine dynamische Überlagerung von ± 1 kp/cm^2 über 2;4 und 8 kp/cm^2 dargestellt. Die Frequenz betrug wieder $f = 75\ min^{-1}$.

Ein zusammenfassendes Ergebnis dieser Einzeluntersuchungen zeigt die Abb. 21. Die Fließtemperaturen nehmen mit steigender Belastung und steigender Amplitude ab, wobei der Einfluß der dynamischen Belastung eindeutig zur Geltung kommt.

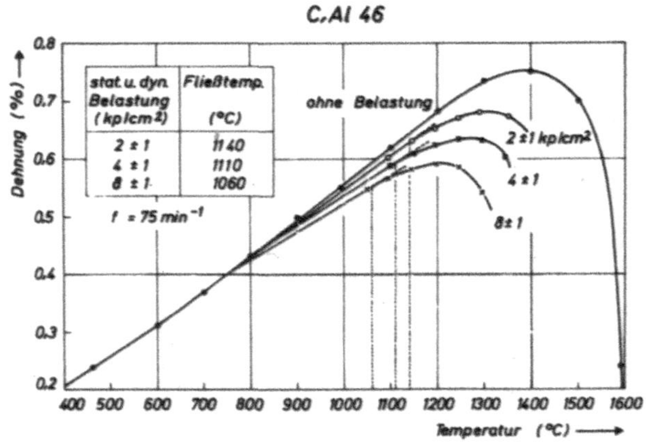

Abb. 20: Ausdehnungsverhalten des Cowpersteines C, Al 46 bei statischer mit überlagerter dynamischer Belastung

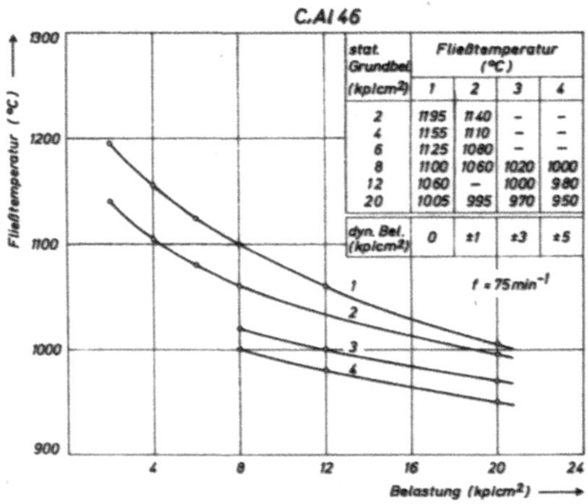

Abb. 21: Fließtemperaturen des Cowpersteines C, Al 46 in Abhängigkeit von statischer sowie statischer mit überlagerter dynamischer Belastung

Betrachtet man z. B. die kleinste Belastung von 2 und 2 $\pm$ 1 kp/cm^2, so erniedrigt sich die Fließtemperatur bei dynamischer Zusatzbelastung von 1195 auf 1140° C um 55 °C.

8.2 Dauerstandsversuche an Cowpersteinen

Dauerstandsversuche geben im Gegensatz zu Ausdehnungsversuchen noch deutlicher das Fließverhalten bei hohen Temperaturen wieder. Die Proben wurden ebenfalls wie bei den Ausdehnungsversuchen unter den jeweiligen statischen und dynamischen Belastungen aufgeheizt und dann unter konstanten Prüftemperaturen 24 h gehalten.

Die Ausdehnung des Steines C, Al 46 mit einer Belastung von 2 kp/cm² hatte bei 1300° C ihr Maximum erreicht. Führt man bei dieser Temperatur einen Dauerstandsversuch durch, so stellt sich nach 24 h schon eine Kontraktion von 0,34 % ein (Abb. 22) und erhöht sich bei einer zusätzlichen dynamischen Überlagerung von ± 1,5 kp/cm² auf 0,44 bzw. 0,48 %, bezogen auf die jeweilige maximale Dehnung bei 1300° C und die Zeit O.

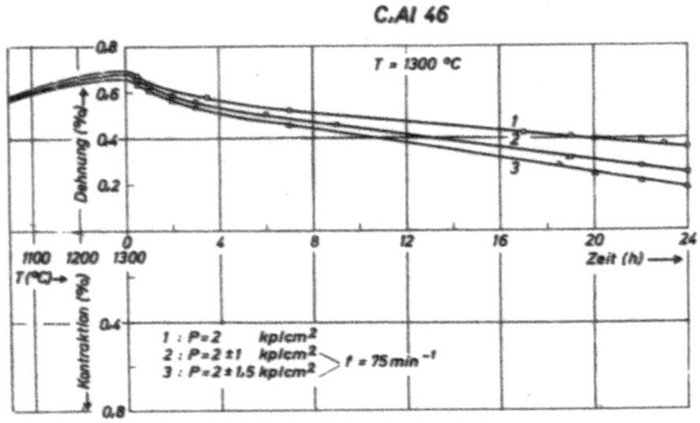

Abb. 22: Dauerstandsverhalten des Cowpersteines C, Al 46 bei statischer sowie statischer mit überlagerter dynamischer Belastung. T = 1400° C.

Der Zeiteinfluß bei Dauerstandsversuchen kann in noch anschaulicherer Weise durch Versuche bei gleicher Belastung aber erhöhter Temperatur dargestellt werden. So beträgt die Endkontraktion bei statischer Belastung von 2 kp/cm² bei 1350° C schon 0,845 % und erreicht bei 1400° C einen Wert von 1,795 % (Abb. 23). Ebenso steigert sich die Differenz der Endkontraktion zwischen statischer und dynamischer Belastung mit ± 1 kp/cm² über 1300, 1350 und 1400° C von 0,175 auf 0,300 % und 0,455 %.

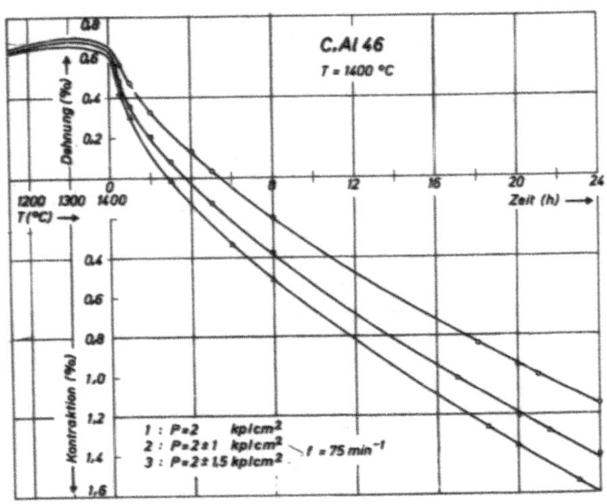

Abb. 23: Dauerstandsverhalten des Cowpersteines C, Al 46 bei statischer sowie statischer mit überlagerter dynamischer Belastung. T = 1400° C.

Zahlentafel 5 : Chemische und mineralogische Analyse und technologische Daten von Silikasteinen

Chemische Analyse [%]	Silikastein S 1 (quarzarm)	Silikastein S 2 (quarzarm)
SiO_2	95, 19	95, 85
Al_2O_3	1, 16	1, 35
TiO_2	1, 24	0, 56
Fe_2O_3	0, 34	Sp.
CaO	1, 42	2, 06
MgO	0, 55	-
Na_2O	0, 02	0, 04
K_2O	0, 07	0, 07
SO_3	0, 08	-
G. V.	0, 15	0, 21
	100, 22	100, 14
Mineralanalyse [%]		
Quarz	2	31
Cristobalit	50	30
Tridymit	19	28
Röntgenamorpher Anteil (Glasphase)	29	11
	100	100
Technologische Daten:		
Dichte g/cm^3	2, 330	2, 420
Raumgewicht g/cm^3	1, 71	1, 95
Gesamtporosität %	26, 6	19, 4
Offene Porosität %	25, 8	-
Wasseraufnahme %	15, 1	-
Gasdurchlässigkeit n P m	5, 8	5, 5
K D F kp/cm^2	240	-
D F B (ta-Punkt) °C	1680	-

Zahlentafel 6 : Chemische Analyse des Steinmaterials und der verschlackten Köpfe aus einem Cowper

Chemische Analysen (%)

Steinmaterial: Qualität DWI S (42-44 % Al_2O_3 TiO_2)

Steinlage +)	0 m	0, 5 m	1 m	1, 5 m	2 m	3 m	4 m
Al_2O_3	41, 90	41, 19	40, 50	40, 73	39, 90	39, 57	40, 80
SiO_2	52, 04	51, 18	50, 98	51, 09	51, 60	52, 36	51, 70
Fe_2O_3	2, 15	1, 83	2, 36	2, 04	2, 48	2, 05	2, 19
TiO_2	1, 80	2, 70	3, 06	3, 16	2, 96	3, 60	3, 32
MnO	0, 18	0, 06	0, 07	0, 07	0, 07	0, 06	0, 06
CaO	0, 40	0, 34	0, 40	0, 36	0, 36	0, 37	0, 42
MgO	0, 18	0, 24	0, 18	0, 21	0, 42	0, 16	0, 17
K_2O	1, 32	1, 90	1, 90	1, 62	1, 70	1, 40	1, 30
Na_2O	0, 10	0, 39	0, 17	0, 10	0, 15	0, 10	0, 10

+) gerechnet von der Oberkante des Besatzes an.

Verschlackte Köpfe des Steinmaterials:

Al_2O_3	37, 95	38, 85	37, 78	40, 10	38, 18	38, 56	-
SiO_2	44, 73	49, 10	47, 50	47, 05	46, 81	47, 40	-
Fe_2O_3	10, 22	5, 10	6, 00	5, 30	6, 67	5, 74	-
TiO_2	1, 50	2, 36	2, 72	3, 04	2, 41	2, 91	-
Mn O	0, 14	0, 12	0, 14	0, 11	0, 17	0, 14	-
Ca O	2, 72	1, 10	1, 35	1, 20	1, 62	1, 60	-
MgO	0, 58	0, 62	0, 71	0, 62	0, 69	0, 58	-
K_2O	1, 52	2, 32	2, 52	2, 10	2, 50	2, 30	-
Na_2O	0, 10	0, 33	0, 82	0, 36	0, 30	0, 31	-

In Abb. 24 wurde eine von der üblichen Darstellung abweichende Auftragungsweise gewählt, in der in übersichtlicher Form die Abhängigkeit von der Verformung, der Temperatur, der Zeit und Belastung diskutiert werden kann.

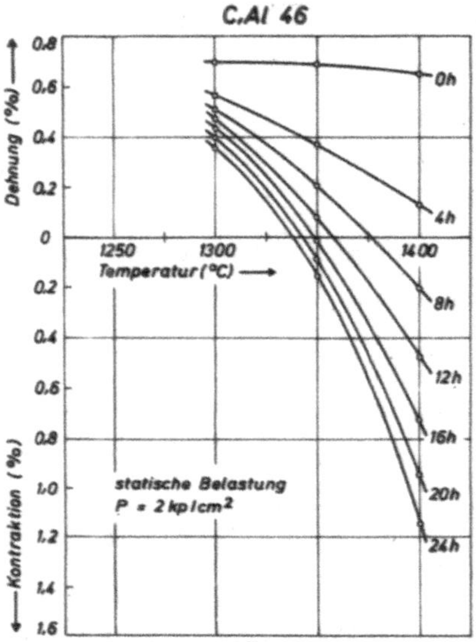

Abb. 24 : Verformungsverhalten des Cowpersteines C, Al 46 bei Dauerstandsversuchen unter konstanter Last und variierter Temperatur

Bei einer statischen Belastung von 2 kp/cm^2 ist z. B. die Verformung bei einer Haltezeit von 0 h, also zu Beginn des Versuches, bei 1300 und 1400° C nur wenig unterschiedlich. Ihre Differenz beträgt 0, 045 %. Nach einer Haltezeit von 24 h hat sich demgegenüber eine starke Verschiebung bei gleichen Belastungsstufen und Temperaturen ergeben, so daß nunmehr die Differenz 1, 480 % beträgt.

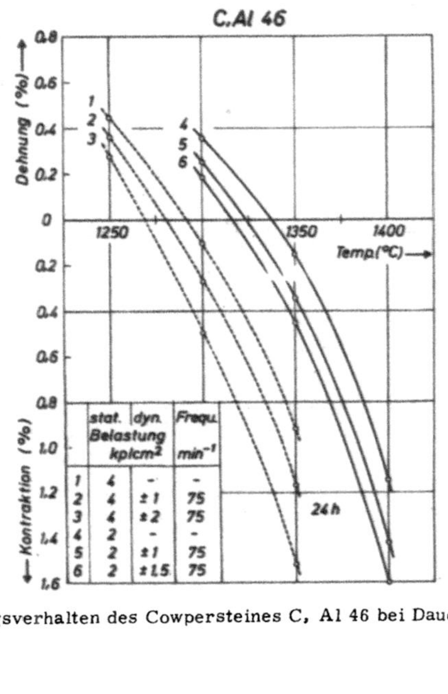

Abb. 25 : Verformungsverhalten des Cowpersteines C, Al 46 bei Dauerstenasversuchen nach 24 h

Für eine zusätzliche dynamische Belastung erhöhen sich die Verformungen entsprechend. Die Abb. 25 gibt einen Vergleich zwischen den einzelnen Belastungsstufen für statische und zusätzliche dynamische Belastungen bei einer Haltezeit von 24 h. Daraus geht hervor, daß sich bei einer Erhöhung der Temperatur um 50° C und gleichzeitiger Erniedrigung der Belastung um 2 kp/cm^2 Verformungswerte von etwa gleicher Größe ergeben.

8.3 Ausdehnungs- und Dauerstandsversuche an Silikasteinen

Zunächst wurden für den quarzarmen und den quarzreichen Silikastein die chemische und mineralogische Analyse sowie die technologischen Daten bestimmt (Zahlentafel 5).

Die chemische Analyse beider Qualitäten stimmt nahezu überein. Demgegenüber unterscheiden sich die beiden Qualitäten sehr stark in ihrer Mineralzusammensetzung und auch in den technologischen Daten. Während für den quarzarmen Stein nur 2 % Quarz nachgewiesen werden konnten, betrug dieser bei quarzreichen Stein 31 %. Entsprechend der guten Quarzumwandlung unterscheiden sich auch die Cristobalitgehalte.

Durch den erhöhten Quarzgehalt von S 2 gegenüber S 1 erhöht sich auch dessen Dichte und das Raumgewicht, als dessen Folge dann die Gesamtporosität gegenüber S 1 abnimmt. Hier sei nochmals auf den hohen t_a-Punkt von S 1 mit 1680° C hingewiesen, der diesen Stein für den Einsatz im Cowper bis zur höchsten Beanspruchung besonders qualifiziert.

In den Abbildungen 26 und 27 sind die Ergebnisse der Ausdehnungsversuche des Steines S 1 unter statischer und zusätzlicher dynamischer Belastung aufgezeichnet.

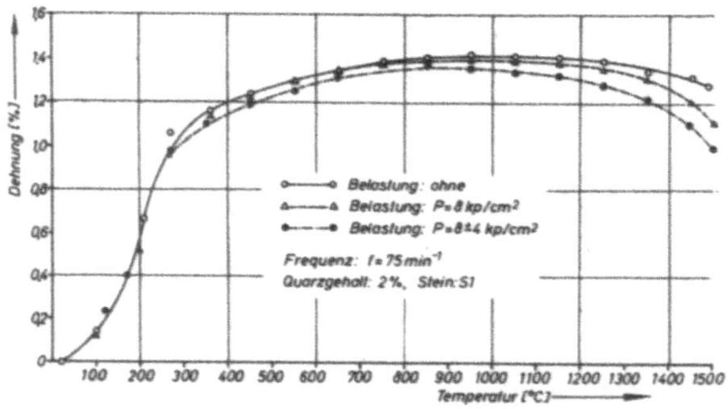

Abb. 26 : Ausdehnungsverhlaten eines quarzarmen Steines bei statischer sowie statischer mit überlagerter dynamischer Belastung

Der Ausdehnungsverlauf mit und ohne Belastung (Abb. 26) ist charakteristisch für Silikamaterial, dessen Ausdehnung zwischen 600 und 700° C abgeschlossen ist. Bis zu einer Temperatur von etwa 1300° C unterscheidet sich der Ausdehnungsverlauf zwischen unbelasteter und mit 4 kp/cm^2 belasteter Probe nicht, erst dann weist die belastete Probe eine etwas stärkere Kontraktion auf, die bei 1500° C aber nur um einen Differenzwert von etwa 0, 1 % niedriger liegt. Für eine zusätzlich überlagerte dynamische Belastung von ± 2 kp/cm^2 ($\hat{=}$ ± 50 % der statischen Grundbelastung) bei der Frequenz f = 75 min^{-1} wird diese Kontraktion bei 1500° C dann nochmals um 0, 1 % erhöht.

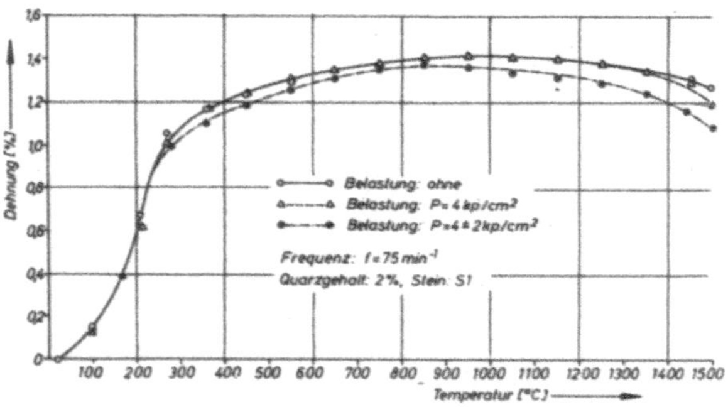

Abb. 27 : Ausdehnungsverhalten eines quarzarmen Silikasteines bei statischer sowie statischer mit überlagerter dynamischer Belastung

Ähnlich liegen die Verhältnisse bei einer Belastung von 8 bzw. 8 ± 4 kp/cm^2 (= ± 50 % der statischen Grundlast) (Abb. 27). Die erreichten Endkontraktionswerte bei 1500° C werden jedoch nochmals um 0, 1 % herabgesetzt.

Aus den Ergebnissen der Dauerstandsversuche ist abzulesen, daß sich bei einer Temperatur von 1500° C, einer Belastung von 4 kp/cm^2 und einer Haltezeit von 24 h eine weitere Kontraktion um 0, 7 % von 1, 2 auf 0, 5 % anschließt, bzw. bei 4 ± 2 kp/cm^2 um 0, 75 % von 1, 1 auf 0, 35 % (Abb. 28).

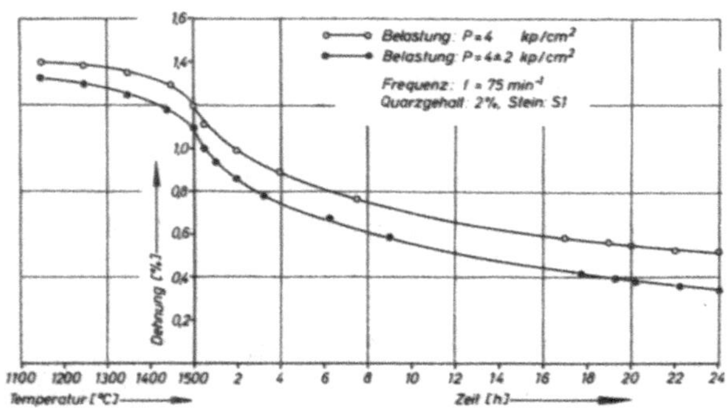

Abb. 28 : Dauerstandsverhalten eines quarzarmen Silikasteines bei statischer sowie statischer mit überlagerter dynamischer Belastung

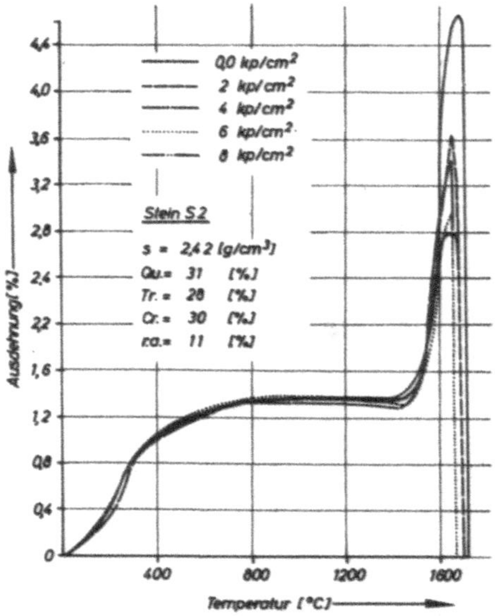

Abb. 29: Thermische Ausdehnung eines quarzreichen Silikasteines bei 1500° C und statischer Belastung

Wie die Abb. 29 zeigt, unterscheiden sich die Ergebnisse der Ausdehnungsversuche des quarzreichen Silikasteines S 2 mit 31 % Quarz und des quarzarmen Silikasteines mit 2 % Quarz bis 1300° C nicht, erst dann wird ein wesentlicher Unterschied festgestellt. Im weiteren Verlauf der Aufheizung ergibt sich für S 2 bis 1450° C bei einer Belastung von 6 und 8 kp/cm^2 eine vorübergehende Kontraktion, die auf das Vorhandensein einer geringfügigen Menge an Schmelzphase bei dieser Temperatur hinweist. Bei weiterer Temperatursteigerung wird diese kleine Kontraktion jedoch wieder durch eine starke Ausdehnung kompensiert, die auf die α-Quarz - α-Cristobalit-Umwandlung zurückzuführen ist. Diese Nachdehnung obehalb 1470° C ist natürlich von der Belastung abhängig. Bei unbelasteter Probe beträgt sie 4, 66 % und wird bei 8 kp/cm^2 auf 2, 8 % herabgesetzt.

Die Belastungsabhängigkeit kommt auch bei den Dauerstandsversuchen zum Ausdruck. Mit einer Temperatur von 1500° C ergibt sich bei 2;4 und 8 kp/cm^2 noch eine Nachdehnung (Abb. 30), die bei durchschnittlich 2 bis 4 h einen Dehnungswert erreicht, der sich im weiteren Verlauf des Versuches nicht mehr ändert. Entsprechend steigender Belastung liegt dieser erreichte Dehnungswert dann tiefer.

Bei 1650° C kommt die Belastungsabhängigkeit noch stärker zum Ausdruck (Abb. 31). Der Stein erreicht nach 24 h bei 2 kp/cm^2 einen Verformungsendwert von + 0, 8 %, bei 4 kp/cm^2 von - 0, 7 % und bei 8 kp/cm^2 tritt nach 15 h bei - 1, 7 % bereits der Bruch ein.

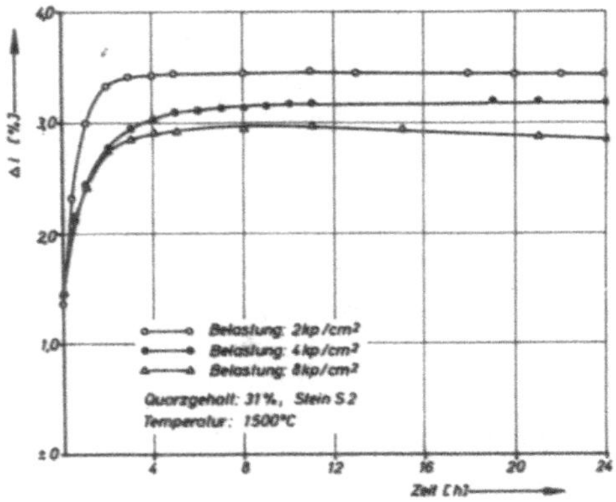

Abb. 30: Dauerstandsverhalten eines quarzreichen Silikasteines bei 1500° C und statischer Belastung

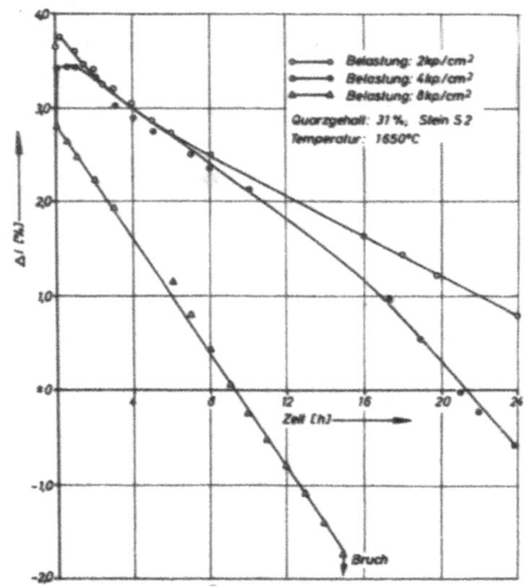

Abb. 31: Dauerstandsverhalten eines quarzreichen Silikasteines bei 1650° C und statischer Belastung

8.4 Ergebnisse der Untersuchungen von Silikasteinen

Aus diesen Untersuchungsergebnissen an Silikasteinen geht hervor, daß gut umgewandeltes Material aufgrund seiner guten Volumenbeständigkeit auch bei erhöhten Beanspruchungen für den Einsatz im Cowper gut geeignet ist und das "Fahren" höchster Besatz- und Blastemperaturen erlaubt. Als Nachteil muß wohl - bedingt durch das geringe Raumgewicht und die hohe Wärmeleitfähigkeit - die geringere Wärmespeicherfähigkeit gegenüber Schamotte- und tonerdeangereicherten Steinen in Kauf genommen werden.

9. Untersuchungsergebnisse an gebrauchten Cowpersteinen

Für die Untersuchungen standen aus einem Cowper zwei Schamottesorten der Qualität DW I S (42 bis 44 % Al_2O_3+ TiO_2) aus der obersten Besatzschicht von 0 bis 4, 5 m und der Qualität DW II (35 bis 39 % Al_2O_3+ TiO_2) aus der Besatzhöhe von 5 bis 10 m zur Verfügung. Anhand der Versuchsergebnisse können Rückschlüsse auf das Verhalten der Steine über lange Zeiträume hinweg und die Veränderung der Eigenschaften gezogen werden.

In der Zahlentafel 6 wird eine Gegenüberstellung der chemischen Analysen der Steine der obersten 3 Meter des Besatzes und der in diesem Bereich verschlackten Köpfe gegeben. Aus diesem Vergleich geht hervor, daß die verschlackten Kopfschichten stark mit Fe_2O_3 angereichert sind. Bis auf die oberste Schicht mit 10 % Fe_2O_3 wurden durchschnittlich 6 % Fe_2O_3 festgestellt. Der CaO- und K_2O-Gehalt liegt gegenüber der Gesamtanalyse der Steine etwa um 1 % höher. Geringfügig angestiegen sind ebenfalls die Mengen an Na_2O, MgO und MnO. ZnO wurde nicht festgestellt.

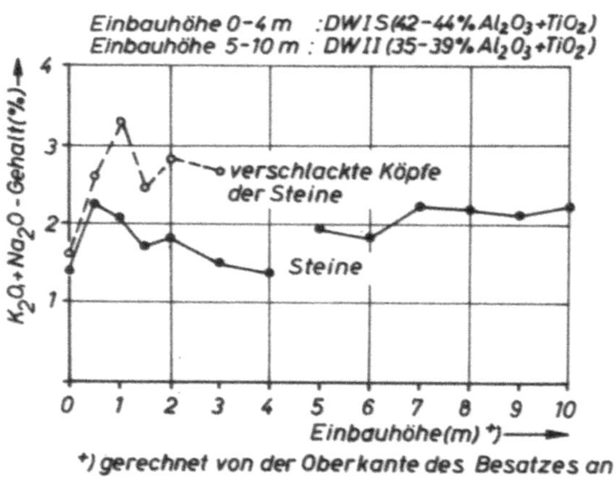

Abb. 32 : Alkaligehalt von gebrauchten Cowpersteinen aus den obersten Besatzlagen

In Abb. 32 ist der Alkaligehalt der Steine und der verschlackten Köpfe gegenüber der Einsatzhöhe aufgetragen. Der Verlauf des Alkaligehaltes der Zone von 0 bis 4 m Einsatzhöhe mit einem ausgeprägten Maximum kann so gedeutet werden, daß die im Gichtstaub mitgeführten Alkalien durch die Gichtgasverbrennung im Schacht verdampfen, diesen Zustand in der obersten Schicht noch beibehalten. und dann entsprechend dem Temperaturverlauf in Cowper in den darunter liegenden Schichten kondensieren. Bei dem vorliegenden Cowper liegt diese Zone etwa 0, 5 m unterhalb der Oberkante des Besatztes.

Ein ähnliches Bild ergibt sich aus den Analysen der verschlackten Köpfe, bei welchem der höchste Alkaligehalt etwa 1 m unterhalb der Oberkante des Cowperbesatzes liegt. Als Folge dieser Alkaliaufnahme stellt sich dann eine Mullitzersetzung und eine zunehmende Glasphasenbildung ein, die sich z. B. auf das Dauerstandsverhalten der Steine ungünstig auswirken kann.

10. Verschlackungsversuche an Cowpersteinen

Im Zusammenhang mit dem im Betrieb auftretenden Verschlacken der obersten Steinlagen wurden von der Mannesmann AG Hüttenwerke Verschlackungsversuche an Cowpersteinen durchgeführt, deren Ergebnisse freundlicherweise zur Verfügung gestellt wurden.

Die Versuche an insgesamt 4 Cowpersteinen unterschiedlicher Qualität mit Al_2O_3-Gehalten von 35 bis 39 %, 42 bis 44 %, 44 % und 50 % durchgeführt. Anstelle einer normalen Schlacke wurde ein Gasstaub aus einem Cowperbrenner folgender Zusammensetzung in Prozent verwendet. (Zahlentafel 7) :

Zahlentafel 7 : Gasstaub aus einem Cowperbrenner

SiO_2	7,3	P_2O_5	0,6
CaO	3,9	K_2O Na_2O	6
MgO	1,6	C	3
Al_2O_3 TiO_2	4,5	CO_2	6
ZnO	34,8	H_2O	10
Fe_2O_3	11,3	SO_3	2,1
PbO	8,1	Summe	100,0
MnO	0,8		

Auf die Probe mit 35,7 mm Durchmesser und 35,7 mm Höhe wurde eine 25 g schwere und im Durchmesser 25 mm große Tablette aus Gasstaub aufgelegt und in einen Ofen mit oxidierender Atmosphäre eingesetzt. Bei jeweils 2 Proben wurden bei verschiedenen Temperaturen und nach 4 bzw. 8 h Brennzeit der Gewichtsverlust, die Löslichkeit und die Tränkung bestimmt (Zahlentafel 8).

Aus diesen Untersuchungen geht hervor, daß mit fallendem Al_2O_3-Gehalt der Steine und mit steigender Brennzeit und -temperatur die Löslichkeit zunimmt. Eine Tränkung der Schamotteproben erfolgte nicht, ebensowenig konnte ein Gewichtsverlust festgestellt werden.

Zahlentafel 8 : Verschlackungsversuche an Cowpersteinen mit Gasstaub

Schamotte qualität % Al_2O_3	Brenn- zeit h	Tempera- tur °C	Gewichts- verlust %	Löslich- keit %	Tränkung %
	4	1150	n. n.	n. n.	n. n.
	4	1250	n. n.	n. n.	n. n.
50	4	1300	n. n.	3,8/3,9	n. n.
	8	1350	n. n.	9,2/9,9	n. n.
	8	1400	n. n.	13,4/13,9	n. n.
	4	1150	n. n.	n. n.	n. n.
	4	1250	n. n.	n. n.	n. n.
>44	4	1300	n. n.	3,5/3,6	n. n.
	8	1350	n. n.	12,0/12,4	n. n.
	8	1400	n. n.	15,9/16,7	n. n.
	4	1150	n. n.	n. n.	n. n.
	4	1250	n. n.	n. n.	n. n.
42 - 44	4	1300	n. n.	3,3/3,4	n. n.
	8	1350	n. n.	12,9/13,3	n. n.
	8	1400	n. n.	16,9/17,8	n. n.
35 - 39	4	1000	n. n.	n. n.	n. n.

Aus der mikroskopischen Untersuchung der Proben geht hervor, daß bei der Erhitzung der Steine mit 50, > 44 und 42/44 % Al_2O_3 bei 1150 und 1250° C eine Versinterung der Staubtabellel auftrat, ohne daß eine Haftung auf dem Schamottekörper erfolgte. Die Schamotteproben wiesen an der Berührungsfläche verschmolzene Schichten mit feinen Spinellkristallen auf, die je nach der Oberflächenbeschaffenheit der Schamotteproben in Tiefen von etwa 10 μm bei 1150° C bzw. 20 bis 50 μm bei 1200° C enthalten sind.

Bei einer Brenntemperatur von 1300, 1350 und 1400° C ist die Schamottetablette dagegen völlig verschmolzen und die Schamotteprobe an der Reaktionszone zunehmend aufgelöst. In den Reaktionszonen sind kleine Spinellkristalle enthalten, die in der Nähe des Schamottekörpers farblos und Al_2O_3-reich bleiben, während die der Schamotte fernliegenden Spinelle dunkel und eisenoxidreich sind. Neben diesen dunklen Spinellen wurde in der verschmolzenen Gasstaubmasse 2 ZnO . SiO_2 und ZnO festgestellt. Innerhalb der drei verschiedenen Schamotteproben, die auf 1300 bis 1400° C erhitzt wurden, konnte kein mikroskopisch erfaßbarer Unterschie festgestellt werden.

11. Zusammenfassung

Anhand eines kurzen Überblickes wurde die Entwicklung der Cowper aufgezeigt, die zu Ausführungen mit innen- und außenliegendem Brennschacht geführt hat. Insbesondere wurde die im Besatz, in der Kuppel und im Brennschacht auftretenden Beanspruchungen eingegangen, die in dem Angriff durch Alkalien und Flußmittel, durch den Einfluß der Temperaturwechsel und durch schwingende Beanspruchungen zu suchen sind.

In diesem Zusammenhang wurden an Cowpertürmen Schwingungsmessungen bei verschiedenen Durchsatzmengen an Gas und Wind durchgeführt. Die gemessenen Frequenzen schwanken zwischen 1,25 und 1,65 Hz; die max. Schwingungsamplituden wurden auf der Turmspitze zu ± 570 μm gemessen. Frequenzen und Amplituden hängen nicht vom Gas- oder Winddurchsatz ab, woraus geschlossen wird, daß strömende Gas- und Windmengen keine wesentliche Schwingungsanregung des Cowpers bewirken. Ebenso sind die gemessenen Pulsationsfrequenzen und -drücke der Gasflamme für eine Anregung von untergeordneter Bedeutung. Die Schwingungsanregung wird dem Cowper durch eine seismische Unruhe des Bodens zugeführt, die ihren Ausgangspunkt z. B. in laufenden Kolbenmaschinen hat, die Schwingungen in den Boden einleiten. Anhand einer kurzen rechnerischen Abschätzung wird nachgewiesen, daß der Cowper mit seiner Eigenfrequenz schwingt.

Die Zustellung der Cowper mit verschiedenen Schamotte- und tonerdeangereicherten Qualitäten, mit halbsauren Steinen, mit Silikasteinen, mit Sillimanit- und Mullitsteinen werden kurz erläutert. Gleichzeitig bilden sie den Ausgangspunkt für die Laboruntersuchungen.

Es wurden 2 Schamottesteine mit 34 bzw. 46 % Al_2O_3, zwei tonerdeangereicherte Steine mit 50 und 60 % Al_2O_3 sowie ein quarzarmer und ein quarzreicher Silikastein auf ihr Ausdehnungs- und Dauerstandsverhalten unter statischer sowie statischer mit überlagerter dynamischer Belastung untersucht. Die statischen Grundbelastungen bewegten sich in einem Bereich von 2 bis 480 kp/cm^2, wobei die Frequenzen und Amplituden der dynamischen Belastung variiert wurden.

Im Vergleich zu statischer Belastung erniedrigen sich die Fließtemperaturen um so mehr, je höher die Frequenz und die Amplitude gewählt wird, ebenso wie sie beim Übergang zu Qualitäten mit höherem Glasphasegehalt weiter abnimmt. Für einen Cowperstein mit 46 % Al_2O_3 beträgt die Fließtemperatur-Differenz bei hoher Belastung von z. B. 240 und 240 ± 20 kp/cm^2 und einer Frequenz von $f = 75\ min^{-1}$ 135° C und erniedrigt sich bei $f = 10\ min^{-1}$ auf 75° C. Bei einer niedrigen Belastung des gleichen Materials mit 2 kp/cm^2 bzw. 2 ± 1 kp/cm^2 und $f = 75\ min^{-1}$ nimmt die Fließtemperatur von 1195 auf 1140° C ab. Untersuchungen an Silikasteinen ergaben, daß mit zunehmender Belastung die Nachdehnung herabgesetzt wird. Bei unbelasteter Probe beträgt sie bei 1650° C 4,66 %

und wird bei 8 kp/cm^2 auf 2, 8 % herabgesetzt. Ebenso erniedrigen sich die Dehnungswerte bei Überlagerungen von dynamischen Zusatzbelastungen.

An 2 gebrauchten Cowpersteinen wird eine Gegenüberstellung der chemischen Analysen der Steine der obersten 3 Meter des Besatzes und der in diesem Bereich verschlackten Köpfe gegeben. Diese Schichten sind mit Alkalien angereichert, die üben den Gichtstaub mitgeführt werden, zunächst bei der Gichtgasverbrennung verdampfen, und dann in den oberen Lagen des Besatzes kondensieren.

Verschlackungsversuche mit Gasstaub an drei verschiedenen Steinen mit Al_2O_3-Gehalten von 35 bis 50 % geben die Löslichkeit in Abhängigkeit von Al_2O_3-Gehalten wieder. Mit fallendem Al_2O_3-Gehalt und mit steigender Brennzeit und -temperatur nimmt die Löslichkeit zu. Eine Tränkung des Steines erfolgte nicht, ebensowenig konnte ein Gewichtsverlust festgestellt werden.

Wir danken der Deutschen Forschungsgemeinschaft für die Bereitstellung der Mittel zur Durchführung der Forschungsarbeiten auf dem Gebiet der Materialprüfung feuerfester Baustoffe.
Dem Verein Deutscher Eisenhüttenleute sind wir für die Finanzierung der Schwingungsmessungen an Cowpern dankbar.
Gleichzeitig danken wir Herrn Dr. König für die Übermittlung der Ergebnisse von Verschlackungsversuchen an Cowpersteinen.

Literaturverzeichnis

1 Neilson, J. B.: Aus: Dickmann, H. 100 Jahre Cowperwinderhitzung, 1958, S. 1-12
2 Gokhman, Yu. I.: Metallurgist (UdSSR) 8 (1957), S. 557-60
3 Leonidow, N.K.: Stal in Engl. (1959), S. 256-58
4 Kirichenko, N. O.: Stal in Engl. (1959), S. 258-59
5 Nitskevitch, E. A. u. Zaitsev, U. K.: Stal in Engl. (1959), S. 259-61
6 Petit, D.: J. Iron Steel Inst. 199 (1961), S. 33-46
7 Petit, D.: Iron Coal Trades Rev. 180 (1960), S. 407-10
8 Patentschrift DRP 239202 vom 1. 1. 1910
9 Patentschrift DRP 756182 vom 28. 10. 1938
10 Patentschrift Österr. P. 211341 vom 15. 3. 1960
11 Petit, D.: J. Iron Steel Inst. 202 (1964), S. 305-13

12 Kraner, H. M. : Blast Furnace and Steel Plant 50 (1962), S. 323-26

13 Slagley, W. E. und Coclidge, H. L: Ironmaking Proceedings 22 (1963), S. 37-54

14 Debeham, W.S. : Ironmaking Proc. 22 (1963), S. 27-35

15 Schumacher, H.: Stahl u. Eisen 86 (1966), S. 309-21

16 Schwiete, H. E., H. Müller-Hesse und A. K. Bose: Forschungsbericht d. Landes NRW, Nr. 398 und 544

17 Schwiete, H. E. und H. Klein: Forschungsbericht d. Landes NRW, Nr. 1427

o. Professor Dr. Phil. nat. habil. Hans-Ernst-Schwiete
Direktor d. Institutes für Gesteinshüttenkunde
d. Rhein. -Westf. Techn. Hochschule Aachen
Mauerstr. 5
D-51 Aachen

und

Dipl. -Ing. S. Galler
Institut f. Gesteinshüttenkunde
d. T. H. Aachen
Mauerstr. 5
D-51 Aachen

BEOBACHTUNGEN AN BRENNSCHACHTMAUERWERKEN VON HOCHOFEN-WINDERHITZERN

Von A. Heuer, Wiesbaden

Mit 16 Textabbildungen

I. MAUERWERKE INNENSTEHENDER BRENNSCHÄCHTE

1. Kurzschlüsse zwischen Brennschacht und Gitterwerk

An innenstehenden Brennschächten treten immer wieder Schäden auf, die weder durch Versagen der Steine im Hinblick auf ihre Feuerfestigkeit noch durch Fehler in der Bauausführung zu erklären sind. Vornehmlich in der zum Gitterwerk stehenden Wand des Brennschachtes entstehen Risse und Spalte. Von dem Augenblick an, wo heiße Rauchgase über einen solchen Riß oder Spalt den Weg in das benachbarte Gitterwerk finden und wenig erwärmter Wind in umgekehrter Richtung durchfließen kann, beginnt die Zerstörung, da dem schroffen, bei jedem Umstellen auf's Neue einsetzenden Temperaturwechsel weder die Brennschachtsteine noch die betroffenen Gittersteine gewachsen sind. Solche Kurzschlüsse werden im weiteren Verlauf zu erheblicher Leistungsverminderung der Winderhitzer führen, bis man schließlich zur Reparatur schreiten muß, die immer kostspieliger und zeitraubender wird, je länger man sie aufschiebt oder aus betrieblichen Gründen aufschieben muß. Will man den zerstörten Teil des Gitterwerkes mit erneuern, damit der Cowper wieder mit voller Leistung gefahren werden kann, ist es notwendig, das Gitterwerk bis zur Schadenstelle auszubauen, die meistens in der Gegend der mittleren Höhe des Brennschachtes angetroffen wird. Es muß somit mehr als die Hälfte des Gitterwerkes ausgebaut werden.

Welch fataler Schaden von einer Kurzschlußöffnung ausgehen kann, läßt Abb. 1 ahnen. Deutlich ist die grobe Zerstörung des hinter der Öffnung stehenden Gitterwerkes zu erkennen, das zum Teil schon von weiter oben nachgestürzt ist.

Den Beginn eines Kurzschlusses zeigt Abb. 2. Der in der Öffnung schrägliegende, zusammenhängende Block von 3 und einem halben Stein ist augenscheinlich nach Zerstörung und Herausfallen der darunter gelegenen Steine heruntergerutzscht und in die angetroffene Lage geraten. Deutlich zu erkennen ist, daß einige Steine in ihrer Längsachse gerissen sind, so z. B. die links und rechts der Öffnung

Abb. 1 : Kurzschlußöffnung in einer Brennschachtwand

Abb. 2 : Örtlich begrenzte Zerstörung in der Mittellinie einer Brennschachtwand

liegenden Steine der 4. sichtbaren Schicht sowie der oberste Stein der Öffnung, dessen fehlende Hälfte mit dem Steinblock abgesackt ist, während von dem untersten Stein des Blockes etwa die vordere Hälfte abgeplatzt ist, wie man am Schaden erkennen kann.

Diese Schadensstelle wurde etwas höher und ein wenig schräg gegenüber dem Heißwindaustritt in der zum Gitterwerk hin stehenden Wand eines Brennschachtes gefunden, der im übrigen keine weiteren, nur annähernd ähnliche Zerstörungen aufwies. Oberhalb und unterhalb der Öffnung war ein senkrecht verlaufender Riß im Mauerwerk zu erkennen, der auf dem Bild leider nicht zu sehen ist. Der betroffene Winderhitzer war etwa 3 Jahre in Betrieb gewesen. Abgesehen von der einige Millimeter tiefen Infiltration und die dadurch beim Abkühlenentstandene Krakelé-Struktur der Steinköpfe, war an den Steinen sonst nichts festzustellen, was auf ein Versagen hindeuten könnte.

Die Verbindung zum Gitterwerk ist durch einen Spalt gegeben, der im oberen Teil der Öffnung sichtbar und in Abb. 3, die nach Abheben des abgesackten Blockes gemacht wurde, deutlich zu erkennen ist. Der hellere Fleck auf dem Mauerwerk der äußeren Brennschachtwand beweist, daß der Block während des Betriebes des Winderhitzers in die Stellung von Abb. 2 gerutscht ist.

Abb. 3: Ansicht der Schadensstelle in Abb. 2 nach Entnahme des abgerutschten Steinblockes

Wäre der Cowper mit dieser Verbindung zwischen Brennschacht und Gitterwerk weiter gefahren worden, so würde die Schadensstelle das Ausmaß von Abb. 1 angenommen haben.

2. Mögliche Ursachen von Kurzschlußöffnungen

Wie kommt es nun zu solchen Kurzschlüssen ? Was ist die Ursache und was kann man tun, um diese gravierenden Schäden zu vermeiden oder wenigstens die Gefahr ihrer Entstehung einzudämmen ?

Die eingehende Erörterung dieses Problems ist heute umso wichtiger, als die Steigerung der Schmelzleistung der Hochöfen, der Bau größerer Hochofeneinheiten und das Blasen mit hocherhitztem Wind eine entsprechende Steigerung der Leistung der Winderhitzer im Hinblick auf Windmenge und Windtemperatur, also Wärmedurchsatz, erfordern. Das führt zwangsläufig zu größeren Winderhitzern, damit Gitterwerke mit der notwendigen Heizfläche und ausreichendem Speichergewicht untergebracht werden können. Dem hohen Rauchgasdurchsatz zufolge müssen die Brennschächte einen entsprechend großen freien Querschnitt haben, während ihre Höhe - im Falle von Innenschachtcowpern, mit denen wir uns in diesem Zusammenhang beschäftigen - der Gesamthöhe der Winderhitzer angepaßt ist.

Ohne Zweifel vergrößert sich das vorhandene Problem mit der Zunahme der Weite und der Höhe der Brennschächte, wie auch mit der Steigerung der Arbeitstemperatur.

Bevor aber anhand weiterer Beobachtungen und Überlegungen der Versuch unternommen wird, die Ursache der Schadenserscheinungen zu deuten, muß man sich vorerst eingehender mit der Funktion, den baulichen Gegebenheiten und der dadurch gegebenen Beanspruchung des Brennschachtes beschäftigen.

Die Funktion eines Brennschachtmauerwerkes ist in der Einfassung und Begrenzung eines senkrecht stehenden, kanalförmigen Brennraumes zu sehen, der runden, elliptischen, ovalen oder ähnlichen Querschnitt haben kann. Dieser Brennraum wird gleichzeitig zur Ableitung des Heißwindes zu dem im Brennschacht angeordneten Heißwindaustritt benutzt.

Das Brennschachtmauerwerk besteht üblicherweise aus zwei getrennten Mauerwerkskörpern und zwar dem *inneren* Brennschachtmauerwerk, das, in sich geschlossen und in sich verbunden, den Brennraum ganz umgibt und dabei zu einem Teil am Mantelmauerwerk anliegt, und dem *äußeren* Brennschachtmauerwerk, das einen zweiten Abschluß zum Gitterwerk hin bildet. Dabei umfaßt es das Innenmauerwerk nur auf der Gitterwerksseite und endet zu beiden Seiten am Mantelmauerwerk in verstärkter Dicke.

Beide Mauerwerkskörper werden vollkommen frei errichtet, d. h., sie sind nicht in benachbarte Mauerwerke eingebunden, damit sie sich ohne Behinderung ausdehnen können. Der höheren Erwärmung und der damit verbundenen größeren Ausdehnung des Innenmauerwerkes wird durch eine umlaufende Dehnfuge Rechnung getragen, die es sowohl vom Mantelmauerwerk, als auch vom äusseren Brennschachtmauerwerk trennt.

Ist diese Vorsorge gegenüber der thermischen Beanspruchung wirklich ausreichend?

Aufschluß darüber gibt eine nähere Betrachtung der Erwärmung des Brennschacht mauerwerkes bzw. der Temperaturverteilung in seinen verschiedenen Bereichen.

Um einen Überblick über den Erwärmungszustand zu erhalten, der unbeeinflußt von den Faktoren ist , die auf die Gleichmäßigkeit der Strömung und der Temperatur der Rauchgase einwirken können, wird vorausgesetzt,daß die Rauchgase den Brennschacht vollkommen gleichmäßig und ohne horizontalen Temperaturunterschied durchströmen.

In dem Teil oder Bereich des Innenmauerwerkes, der am Mantelmauerwerk anliegt, ist infolge der dicken Wandstärke und der Isolierung des Mantelmauerwerkes auf der gesamten Höhe nur ein geringes Temperaturgefälle möglich. Die Temperatur in der Mitte der Steine liegt also nur wenig tiefer als die Temperatur im Innern des Brennschachtes.

Im Gegensatz dazu herrschen in dem Teil des Brennschachtmauerwerkes, der den Abschluß zum Gitterwerk bildet, sehr unterschiedliche Temperaturverhältnisse, da der Wärmedurchgang in den verschiedenen Höhen dieses Mauerwerkes von dem jeweiligen Temperaturunterschied zwischen Brennschacht und Gitterschacht bestimmt wird. In den obersten Lagen ist kein Temperaturabfall in diesem Mauerwerk möglich, da die Temperaturen auf beiden Seiten gleich zu setzen sind. Im Verhältnis der nach unten hin abnehmenden Temperaturen im Gitterwerk erhöht sich der Temperaturunterschied zwischen Brennschacht und Gitterwerk gleichlaufend. Somit nimmt nach unten hin das Temperaturgefälle im Mauerwerk zu und die mittlere Steintemperatur ab.

Man sieht also, daß allein durch die Tatsache, daß der Brennschacht auf der einen Seite am Mantelmauerwerk anliegt und zur anderen Seite vom Gitterwerk umgeben ist, die wünschenswerte und für die Haltbarkeit sehr wichtige gleichmäßige und einheitliche Erwärmung des Brennschachtmauerwerkes, insbesondere der Innenschicht, überhaupt nicht erreicht werden kann.

Unterschiedliche Erwärmung eines Mauerwerkes zieht unterschiedliche Ausdehnungszustände nach sich. Man erinnere sich, daß das innere Brennschachtmauerwerk mit in sich verbundenen, geschlossenen Steinlagen gemauert ist. In dem unteren Teil muß sich der am Mantel anliegende Bereich, infolge der wesentlich höheren mittleren Steintemperatur mehr ausdehnen, als der gegenüberliegende Bereich, dessen mittlere Steintemperatur, vom Gitterwerk her beeinflußt, niedriger liegt. Erst weit oben gleichen sich die mittleren Steintemperaturen der beiden Bereiche an und, damit verbunden, auch die thermische Ausdehnung der Steine der einzelnen Lagen.

Das hohe Temperaturgefälle in den Steinen der unteren Abschnitte der zum Gitterwerk hin stehenden Brennschachtwand weist auf eine weitere starke Beanspruchung hin. Die Ausdehnungsunterschiede zwischen den vorderen und hinteren Enden der Steine führen zu Spannungszuständen in den Steinen, die im Zusammenwirken mit dem Belastungsdruck des darüber stehenden Mauerwerkes ein Abscheren oder Brechen der Steine bewirken können. Es ist denkbar, daß durch die Ausdehnungsverschiebungen im Mauerwerk viel höhere spezifische Drücke wirksam werden, als sie sich aus dem Gewicht des Mauerwerkes bei satter Auflage der Steine ergeben.

Die Temperaturverhältnisse im Brennschachtmauerwerk ändern sich, wenn der Betrieb unterbrochen wird und der Cowper einige Zeit in aufgeheiztem Zustand stehen bleibt. Die größten Veränderungen betreffen die "Gitter"-Brennschachtwand, und zwar vornehmlich wiederum die unteren Abschnitte dieses Brennschachtteiles. - Da der Einfluß des Gitterwerkes auf das Temperaturgefälle in diesem Mauerwerk sich mit Andauern der Stillstandzeit vermindert, das Mauerwerk aber durch Strahlung der gegenüberliegenden Wand Wärme aufnimmt, verschiebt sich das Temperaturprofil zum Gitterwerk hin und die mittleren Steintemperaturen steigen an. Die betroffenen Steinpartien dehnen sich entsprechend mehr aus.

In der Aufzählung der möglichen Beanspruchungen muß auch der Einfluß erwähnt werden, der durch die gegenüberliegende Anordnung von Brenner und Kaltwindeintritt gegeben ist. Was geschieht?

Nachdem frühere Brennerkonstruktionen, die mit Hilfe eines gebogenen metallischen Rohres die Einleitung des Heizgases in die Brennschachtachse vorsahen, wegen unzureichender Haltbarkeit verlassen wurden, werden heute außen angeordnete metallische Brenner (auch Maschinenbrenner genannt) weit verbreitet angewandt. Die Hersteller dieser Brenner versuchen mit den verschiedensten Mitteln eine möglichst gute Durchmischung, also eine kurze Flamme, zu erreichen. Die Brenner werden horizontal am Brennschachtfuß eingebaut und die mehr oder weniger voll entwickelte Flamme trifft, sei es senkrecht oder etwas schräg, auf das Brennschachtmauerwerk auf und wird dort umgelenkt. Bei engen Brennschächten kleiner Winderhitzer wird dieser Aufprall als zweite Durchmischungshilfe in Anspruch genommen. Bei weiten Brennschächten großer Winderhitzer, besonders aber bei Beheizung mit Gichtgas, ist die Flamme vor dem Aufprall schon weit entwickelt. Die hohe Aufprallgeschwindigkeit bewirkt auf jeden Fall eine tiefgehende Erwärmung des dem Brenner gegenüberliegenden Teiles der Brennschachtwand. Während der Blaszeit jedoch prallt der Kernstrom des Kaltwindes, ebenfalls mit hoher Geschwindigkeit und damit verbundener tiefen Einwirkung, gegen die Rückseite dieser Brennschachtwand, mehr oder weniger genau auf die Stelle, die auf der anderen Seite von der Flamme getroffen wurde.

Beide Einwirkungen führen zu einem eng zusammengeschobenen, schroffen Temperaturgefälle. Die tiefere Erwärmung der betroffenen Partie des Innenmauerwerkes bewirkt eine größere Ausdehnung, die einen Schub auf die darüber liegenden Steinreihen ausübt.

3. Rißbildung beim Aufheizen des Brennschacht-Mauerwerkes

Daß die geschilderten unterschiedlichen Temperaturgefälle und die daraus resultierende unterschiedliche Ausdehnung der einzelnen Bereiche des Brennschachtmauerwerkes allein schon zu Rissen im Brennschachtmauerwerk führen können, wurde an einem neu zugestellten Winderhitzer entdeckt, der sich noch im Stadium des Aufheizens befand, also noch nicht in Betrib genommen war. Hier scheiden alle Einflüsse aus, die durch den Betrieb des Winderhitzers möglich sind.

Der erwähnte Winderhitzer war behutsam bis auf eine Kuppeltemperatur von etwa 800° C aufgeheizt worden, als beim Einbau des Heißwindschiebers ein Riß in der gegenüberliegenden Wand bemerkt wurde. Die Untersuchung des dann vorsichtig kaltgeblasenen Cowpers ergab, daß in der Mitte der zum Gitterwerk stehenden Wand des ovalen Brennschachtes ein senkrecht verlaufender Riß klaffte, der einige Meter über dem Brennschachtboden sichtbar wurde und sich deutlich bis etwa 4 oder 5 mm unter dem oberen Brennschachtende abzeichnete, sich von dort aus aber in den Steinfugen verlor. Abb. 4 zeigt ein Stück dieses Risses, der von Lage zu Lage abwechselnd durch Fuge und Stein verlief, wie auf dem Bild deutlich zu erkennen ist. In etwa 15 mm Höhe war der Riss etwas von der Mittelsenkrechten der Brennschachtwand abgewichen, wie Abb. 5 zeigt, und sprang dann wieder in die Mittellinie zurück.

Abb. 4 : Teilansicht eines Risses, der in der Mittellinie einer Brennschachtwand während des Aufheizens entstand

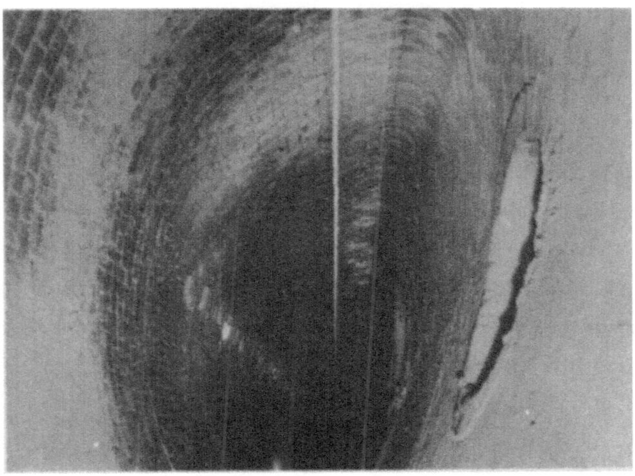

Abb. 5 : Ausschnitt des Risses, der in Abb. 4 zum Teil dargestellt ist

In den Ecken des ovalen Brennschachtes wurden ebenfalls Risse festgestellt. Sie gingen nur im oberen Teil senkrecht durch die Ecke, waren im mittleren und unteren Teil unterbrochen, indem sie seitlich zum Mantel hin verliefen, wie auf Abb. 6 zu sehen ist, die eine Teilansicht dieser Risse zeigt. Die Ausbildung dieser Risse beweist, daß die auf dem Bild links sichtbare, zum Gitterwerk hin stehende Brennschachtwand gewaltsam nach oben geschoben wurde, wobei es zu den vorgefundenen Rissen kam. Diese gewaltsame Verschiebung ist nur durch eine Mehrausdehnung dieser Wand während des Aufheizens zu erklären.

Abb. 6: Risse in der Ecke des Brennschachtes von Abb. 4 und 5

4. Einfluß von Unregelmäßigkeiten bei der Beheizung auf die Brennschachtbeanspruchung

Bei der bisherigen Erörterung des Erwärmungszustandes des Brennschachtmauerwerkes wurden die Einflüsse nicht berücksichtigt, die von unterschiedlicher Durchströmung des Brennschachtquerschnittes und von großen Temperaturunterschieden im Rauchgasstrom ausgehen. Sie interessieren auch nur soweit, als von ihnen eine zusätzliche Beanspruchung des Brennschachtmauerwerkes ausgeht und ihnen dadurch ein Einfluß auf die Entstehung von Schäden zuzuschreiben ist.

Bei elliptischen oder flach ovalen Brennschächten ist der Durchfluß in der Mitte des Querschnittes um einiges größer, als in den Ecken. Der dadurch gegebene höhere Wärmeübergang zu den Mittelstreifen der beiden Wände, die der Brennschachtmitte am nächsten liegen, bewirkt eine tiefere Erwärmung und eine entsprechende Mehrausdehnung. In der Wand, die am Mantelmauerwerk anliegt, ist der Einfluß nur gering, da - wie man gesehen hat - die Mitteltemperaturen dieser Steine sowieso sehr hoch liegen. In der Wand aber, die zum Gitterwerk hin steht, ist die Auswirkung wesentlich größer, vor allem in dem Bereich, in dem die Strahlung der Flamme die tiefer reichende Erwärmung noch begünstigt.

Ähnliche Einflüsse können auch von Strähnen unverbrannten Heizgases ausgehen, denn je später das Gas verbrennt, umso mehr hat es sich erwärmt und reagiert dann mit wesentlich höheren Flammentemperaturen. Solche Strähnen sind in Ecken von Brennschächten bis hinauf zum Brennschachtende und an der Brennschachtwand anliegend bis etwa zur halben Höhe des Brennschachtes festgestellt worden[1]. Sie sind die Folge einer mangelnden Durchmischung von Heizgas und Verbrennungsluft und ihre Ausbildung ändert sich nur, wenn z. B. durch Herauf- oder Herabsetzen der Durchsatzmenge eine andere Durchmischung eintritt.

Bereiche höherer Temperaturen im Rauchgasstrom entstehen auch durch Einfließen von heißem Wind in den Brennschacht bei nicht dicht schließendem Heißwindschieber. Der heiße Wind reagiert mit dem noch nicht verbrannten Heizgas und es kommt dann zur Bildung einer heißen Strähne im Rauchgasstrom. Infolge der hohen Geschwindigkeit des einfließenden Heißwindes legt sich die heiße Strähne an die gegenüber stehende "Gitter"-Brennschachtwand an, wodurch eine gleiche Einwirkung auf das Temperaturgefälle in der Wand und damit verbunden auf die Ausdehnung der Steine ausgeübt wird, wie vorher beschrieben.

5. Auswirkungen verschiedener, gleichzeitiger Beanspruchungen des Brennschachtes

In allen besprochenen Fällen ist die zum Gitterwerk hin stehende Brennschachtwand betroffen, deren unterschiedlicher Erwärmungszustand - wie vorher gezeigt wurde - alleine schon zu Rissen führen kann. Es ist durchaus möglich, daß erst durch das Zusammenwirken verschiedener Beanspruchungen eine so große Zerstörung des Mauerwerkes entsteht, die zum Stillsetzen des Cowpers zwingt. Andererseits dürfte feststehen, daß die Ausweitung einer Schadensstelle durch Schwingungen, wie sie z. B. von der Gebläsemaschine herrühren oder bei pulsierenden Verbrennungen entstehen, sehr beschleunigt wird.

Welcher Art Schäden durch Zusammenwirken verschiedener Einflüsse entstehen können, zeigen nachfolgende Bilder. Abb. 7 zeigt eine in der Mittelsenkrechten und über eine weite Strecke durchlaufende Zerstörung einer "Gitter"-Brennschachtwand. Die deutlich erkennbaren, seitlich ablaufenden Linien aufgerissener bzw. versetzter Fugen weisen darauf hin, daß eine Schubkraft in Richtung der Mittelachse der Wand wirksam wurde, die diese Zerstörung verursachte. Diese Schubkraft ist sicherlich durch Zusammenwirken verschiedener Einflüsse auf die Ausdehnung des Mauerwerkes zustande gekommen. Aus der Abbildung ist weiterhin zu erkennen, daß ein Versagen der Steine in bezug auf ihre feuer-

Abb. 7 : Durchlaufende Zerstörung in der Mittellinie eines Brennschachtes

festen Eigenschaften nicht vorliegt. Hier hätte jedes Material mit etwa gleicher Wärmeleitfähigkeit und gleichem Ausdehnungsverhalten das gleiche Schicksal erlitten.

In diesem Zusammenhang sei darauf verwiesen, daß bei einem Silikamauerwerk, wenn die Steine bis zu ihrem äußeren Ende über 600° C erhitzt sind, Temperaturunterschiede im Mauerwerk keinen nachteiligen Einfluß mehr ausüben können. Oberhalb von 600° C ist die Dehnungszunahme so klein, daß auch bei großem Temperaturgefälle im Stein nur eine geringfügige Mehrausdehnung des heißeren Endes möglich ist.

Im übrigen ist auf der Abbildungen deutlich zu sehen, daß die Ecksteine des Brennschachtes nicht beschädigt sind.

Eine gleichzeitige Zerstörung in der senkrechten Mittellinie der Brennschachtwand und in den Brennschachtecken zeigt Abb. 8. Hier fehlen die seitlich ablaufenden, abgetreppten Linien, aber unterhalb der Schadensstelle in der Brennschachtecke ist deutlich ein senkrechter Riss zu erkennen. Die auf der Abbildung nicht sichtbare andere Brennschachtecke zeigte die gleichen Erscheinungen. Man könnte annehmen, daß die Risse in den Ecken zuerst entstanden sind, so daß sich die ganze Wand verschieben konnte und es so zur Zerstörung der Ecksteine gekommen ist. Man kann aber auch vermuten, daß der obere Teil des Mauerwer-

Abb. 8: Durchlaufende Zerstörungen in der Mittellinie eines Brennschachtes sowie in der Brennschachtecke

kes schon so fest in sich verschweißt war, daß Entlastungsrisse, wie sie in der vorigen Abbildung zu sehen sind nicht entstehen konnten und somit die Ecksteine abrissen.

Diese beiden Abbildungen geben auch zu der Vermutung Anlaß, daß die Entstehung von Rissen und solchen erweiterten Zerstörungen ein plötzlich ablaufender Vorgang ist. In dem Augenblick, wo die Biege- und Scherfestigkeit der Verbandsteine, die in der Linie der geballten Schubkraft liegen, überschritten wird, bildet sich der Riß schlagartig. Die damit verbundene Erschütterung des Mauerwerkes führt dazu, daß die betroffenen Steine im oberen Teil der Risse aus dem Mauerwerk herausgedrückt werden und teilweise auch herunterfallen, so wie es auf den Abbildungen zu sehen ist.

Abb. 9 läßt - vor allem an der schrägen Stellung des fast unversehrten Ecksteines der mit 2 bezeichneten Lage - klar erkennen, daß die beiden Wände gewaltsam gegeneinander verschoben wurden. Die Zahlen stehen auf der zum Gitterwerk hin stehenden Wand. Diese Abbildung wurde etwa 4 m unterhalb des oberen Brennschachtendes aufgenommen. Sie zeigt deutlich, welch großes Ausmaß der Ausdehnungsunterschied der beiden Wände des inneren Brennschachtmauerwerkes annehmen kann, der - wie schon erwähnt - nur durch die Summierung kleiner Ausdehnungsunterschiede zustande kommt.

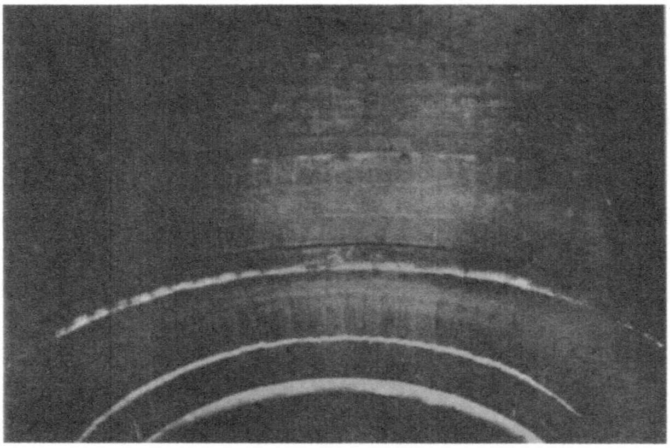

Abb. 9: Ausschnitt aus einer Zerstörung der Ecke eines Brennschachtes

Bei allen untersuchten Schadensfällen an Innenschacht-Winderhitzern der verschiedensten Systeme, von denen durch diese Abbildungen nur ein Ausschnitt wiedergegeben wurde, konnte nicht festgestellt werden, ob ein Stauchen der Mauerwerke stattgefunden hatte. Daß man mit einem Stauchen der Brennschachtmauerwerke rechnen muß, das unter dem Einfluß von Temperatur, Zeit und Belastung sehr langsam abläuft, wurde erst an außenstehenden Brennschächten festgestellt, wovon später die Rede sein wird.

Vorschläge zur Verhütung von Schäden an Brennschacht-Mauerwerken

Nach dieser eingehenden Auseinandersetzung mit Schäden an innenstehenden Brennschächten stellt sich nun die Frage, welche Maßnahmen und Vorkehrungen getroffen werden können, um die Gefahr der Entstehung der Schäden wenigstens zu vermindern. Hinweise dazu sind heute umso wichtiger, als - wie schon erwähnt - die moderne Hochofentechnik größere und heißer betriebene Winderhitzer verlangt.

A. Querschnittsform des Brennschachtes

Bei der Betrachtung der Abbildungen, die ausschließlich Schäden in ovalen oder ähnlich geformten Brennschächten zeigen, Querschnittsformen also, bei denen zur Vereinigung der beiden Wände des Innenmauerwerkes Ecken gebildet werden, kann der Eindruck entstanden sein, daß Schäden nur bei solchen Querschnitten entstehen. Dazu muß ergänzend berichtet werden, daß auch bei runden Brennschächten gelegentlich Zerstörungen gefunden wurden, aber im weit geringeren Ausmaß, als bei Querschnitten mit Ecken. Das ist sicherlich zum Teil darauf zurückzuführen, daß ein rundes Brennschachtmauerwerk in sich stabiler ist und daß die Rauchgase den Brennschacht mit einem gleichmäßigen Geschwindigkeitsprofil durchströmen. Der besondere Vorteil des runden Brennschachtes ist aber in den gleichmäßigen Übergängen des Bereiches des Innenmauerwerkes, der am Mantel anliegt, in den Bereich, der zum Gitterwerk hin steht, zu sehen. Man kann bei einem runden Brennschacht nicht von zwei verschiedenen Wänden des Innenmauerwerkes sprechen, wie das bei den Querschnitten mit Ecken baulich und bildlich richtig ist.

Runde Brennschächte nehmen einen etwa 6 bis 7 % größeren Raum ein, als Brennschächte mit gleich großem ovalem Querschnitt. Dieser Raum geht dem Gitterwerk verloren.

Brennschächten mit elliptischem oder ovalem Querschnitt sagt man eine Begünstigung der Gleichmäßigkeit der Verteilung der Rauchgase auf den Gitterwerksquerschnitt nach.

An Modellversuchen hat Hansen[2] aber schon 1952 nachgewiesen, daß bei einem Druckverlust im Gitterwerk von 34 mm WS eine Beeinflussung der Beaufschlagung durch die Querschnittsform nicht mehr besteht.

Der Fließwiderstand, den die Rauchgase beim Eintritt in das Gitterwerk überwinden müssen (Eintrittsdruckverlust, Kaminwirkung des Gitterwerkes, Reibung an den Kanalwänden, Austrittsdruckverlust), liegt bei den heute üblichen Hochleistungsgitterwerken und der großen Bauhöhe der Cowper wesentlich höher als 34 mm WS. Die Beaufschlagung des Gitterwerkes ist deswegen also auch bei rundem Brennschacht vollkommen gleichmäßig. Es ist somit sinnvoll bei Neubau oder Neuzustellung dem runden Brennschacht den Vorzug zu geben.

Will man aber an dem ovalen Querschnitt festhalten, so sollte man die beiden inneren Wände des Brennschachtes in den Ecken nicht verbinden, sondern durch senkrechte Dehnfugen trennen, so daß sie sich unabhängig voneinander verschieben können. Auch wäre zu überlegen, ob es nicht sinnvoll ist, ebenfalls in der Mittelsenkrechten der zum Gitterwerk hin stehenden Brennschachtwand eine senkrecht durchlaufende Gleitfuge vorzusehen.

B. Stärke des Brennschachtmauerwerkes

Was die Stärke des Brennschachtmauerwerkes anbetrifft, so werden folgende Vorschläge gemacht:

a) Die Dicke der äußeren Brennschachtwand von üblicherweise 300 mm auf

400 mm zu vergrößern und die Wand in eine vordere und hintere Schicht von je 200 mm aufzuteilen. Entsprechend der zu erwartenden Umfangsausdehnung sollte auch zwischen diesen beiden Schichten eine Dehnfuge vorgesehen werden.

b) Das Innenmauerwerk durch ein Verschleiß- oder Schutzmauerwerk mit einer Dicke von 125 bis 150 mm vor den gefährlichen Beanspruchungen zu schützen. Das Schutzmauerwerk sollte 2/3 der Gesamthöhe ausmachen, zumindest aber sollte es bis zu 6 oder 7 m über den Heißwindaustritt geführt werden.

Die gesamte Wandstärke würde dann im Bereich des Schutzmauerwerkes 725 bis 750 mm betragen und im oberen Drittel 600 mm. Durch die Verstärkung des äußeren Brennschachtmauerwerkes und durch das Schutzmauerwerk würde, vor allem in dem sehr gefährdeten Bereich, ein günstigeres Temperaturgefälle und damit verbunden, geringere Dehnungsunterschiede der einzelnen Schichten erreicht. Durch die Aufteilung des äußeren Mauerwerkes in zwei Schichten wird dieser Effekt noch gesteigert. Es wäre vernünftig, nicht nur die Steine des inneren Mauerwerkes, sondern auch die Steine aller Schichten mit Nut- und Feder-Verbindung vorzusehen.

C. Brenner

Es liegt auf der Hand und bedarf keiner weiteren Argumente, daß die Entwicklung der Flamme in Richtung Brennschachtachse wesentliche Vorteile für die Haltbarkeit des Brennschachtmauerwerkes bietet. Bei den sogenannten "Keramischen" Brennern ist diese Aufgabe in hervorragender Weise gelöst. Mehrere Brennertypen dieser Bauart haben sich schon seit Jahren im Hochofenbetrieb bewährt. Sie haben vor allem auch den Vorteil, daß pulsierende Verbrennungen nicht auftreten. Versuchsweise hat man Brenner dieser Bauart von 20 bis 140 % ihrer Solleistung gefahren, ohne daß irgendwelche Anstände festgestellt werden konnten.

Im Übrigen sei hier noch angeführt: Wenn es sich wirklich um einen - so wie es im Sprachgebrauch heißt - innenliegenden Brennschacht handeln würde, also tatsächlich um einen horizontalen Brennkanal, an dessen ein Ende man somit heran könnte, so würde es niemanden einfallen, den Brenner senkrecht zur Kanalachse anzuordnen.

6. Aufheizen des Winderhitzers

Der Durchführung des Aufheizens der Winderhitzer kommt besondere Bedeutung zu. Der Aufheizvorgang muß dem Erwärmungszustand im laufenden Betrieb des

Winderhitzers angepaßt sein und eine möglichst gleichmäßige Erwärmung aller Bauteile des Cowpers, vor allem des Brennschachtes, vorsehen. Als vorsichtiges Aufheizen ist nicht ein mit entsprechend geringer Heizquelle bewerkstelligtes, langsames Ansteigenlassen der Mauerwerkstemperaturen zu verstehen, wobei nach und nach erst die unteren und dann die oberen Bereiche des Mauerwerkes aufgeheizt werden, sondern vielmehr ein volles Durchfluten der freien Querschnitte mit entsprechend großer Rauchgas- oder Luftmenge bei Temperaturen, die dem gewollten Erwärmungsfortschritt angepaßt sind. Nur durch eine gleichmäßige Beströmung der aufzuheizenden Wände kann eine gleichmäßige Erwärmung der Mauerwerke erreicht werden.

Diese Anregungen sollen und können kein Rezept zur endgültigen Ausschaltung von Schäden an innenstehenden Brennschächten sein, doch werden sie in vielen Fällen zu deren Vermeidung beitragen.

Zu den beiden ersten Vorschlägen kann man einwenden, daß dadurch Mehrkosten entstehen. Sicherlich ist der Raumbedarf für z. B. einen runden Brennschacht, und dazu noch mit verstärktem Mauerwerk, größer und infolgedessen der für das Gitterwerk verbleibende Raum kleiner. Die höheren Geschwindigkeiten im Gitterwerk gleichen aber den Raumverlust zu einem guten Teil wieder aus, so daß nicht unbedingt eine Vergrößerung des Winderhitzers notwendig sein wird, vor allem dann, wenn z. B. die Blaszeit etwas verkürzt werden kann.

Die größere Menge an Steinen für den Brennschacht verursacht allerdings höhere Gesamtkosten für eine Zustellung. Dieser Ausgabenunterschied steht aber in keinem Verhältnis zu den Kosten einer Reparatur, die, einschließlich der Ausfallzeit und des möglicherweise dadurch verursachten Produktionsrückganges, um ein Vielfaches höher liegen.

Vollkommene Sicherheit gegenüber den verheerenden und kostspieligen Folgen von Brennschachtschäden bietet nur der Winderhitzer mit außenstehendem Brennschacht, der für die Erzeugung von sehr hoch erhitztem Wind schlechthin eine Notwendigkeit ist. Die Gegebenheit aber, daß bei bestehenden Anlagen die Anordnung eines Außenbrennschachtes aus Platzgründen nicht möglich oder nur durch große bauliche Veränderungen zu erzwingen ist, war mit Anlaß zu dieser eingehenden Erörterung der Probleme des Innenbrennschachtes gewesen.

II. AUSSENBRENNSCHÄCHTE

1. Kontrolle des Mauerwerkes des ersten Außenschachtcowpers nach 3 1/4 Betriebsjahren

Die Suche nach einem Winderhitzer, bei dem Kurzschlüsse zwischen Brennschacht und Gitterwerk unmöglich sind, führte im Jahre 1959 zum Bau des ersten Hochofenwinderhitzers mit außenstehendem Brennschacht[3]. Im Januar 1967 hat dieser Winderhitzer sein 7. Betriebsjahr ohne jegliche Störung oder Schaden vollendet, während die zur gleichen Zeit oder später zugestellten benachbarten Innenschachtcowper, die in der gleichen Weise betrieben werden, schon zu Brenn- acht schachtreparaturen Anlaß gaben.

Der Winderhitzer wurde nach 39 Betriebsmonaten, bzw. 3 1/4 Jahren zur Kontrolle der ff. Auskleidung kaltgeblasen und besichtigt. Sowohl die Mauerwerke des Brennschachtes, der Kuppel und Gitterschachtes, als auch das Gitterwerk befanden sich in einem so guten Zustand, daß der Winderhitzer ohne jede Veränderung oder Ergänzung sogleich wieder aufgeheizt und in Betrieb genommen wurde.

Abb. 10: Blick vom Gitterwerk auf die Brennschachteinmündung eines Außenschachtcowpers nach 3 1/4 Jahren Betriebszeit

Abb. 10 ist während der Kontrollbesichtigung aufgenommen worden und zeigt eine Teilansicht des Inneren der Kuppelhaube mit Blick auf die Brennschachteinmündung.

Im Vordergrund sind die Endsteine des Gitterschachtmantels und die Abdeckung des Kuppelbodens zu sehen, in die der Brennschacht einmündet. Hinter dem Brennschacht ist eine Lenkwand zu erkennen, die zum besseren Einfließen des Heißwindes in den Brennschacht dient. An das Kugelgewölbe über dem Brennschacht schließt sich nach oben hin das schrägliegende Tonnengewölbe an, dessen Verbindung mit dem Kugelgewölbe über dem Gitterschacht auf der Abbildung nicht mehr zu sehen ist. Im Zenit des Tonnengewölbes und zwischen den beiden obersten Lagen des Brennschachtmauerwerkes sind Abkühlungsspalte zu erkennen.

Das Mauerwerk des Brennschachtes wurde besonders sorgfältig untersucht. Außer einigen Abkühlungsfugen, die sich zwangsläufig bei der Abkühlung bilden müssen, da das Mauerwerk nur zum Teil der Abkühlungsschrumpfung des Umfanges folgen kann, waren weder Risse noch sonst irgendwelche Zerstörungen zu entdecken. Dies ist sicherlich darauf zurückzuführen, daß sich das Brennschachtmauerwerk, das von unten bis oben in der gleichen Stärke isoliert ist, gleichmäßig ausdehnte und andere schädliche Einflüsse, wie sie bei der Erörterung der Verhältnisse in innenstehenden Brennschächten besprochen wurden, nicht wirksam werden konnten.

Bis heute sind die Außenschachtcowper 4 verschiedener Systeme[3 bis 6]. (drei in der Bundesrepublik und eines in Japan) für den Hochofenbetrieb entwickelt und gebaut worden und z. T. schon mehrere Jahre in Betrieb, darunter einige zur Erzeugung von sehr hoch erhitztem Wind. Schäden an den Brennschächten, wie sie an Innenschachtcowpern auftreten, sind - trotz hoher und höchster thermischen Belastung - nicht bekannt geworden.

Der Außenschachtcowper in Völklingen ist für eine Kuppeltemperatur von 1250° C und eine Windtemperatur von 1000° C in der Ringleitung ausgelegt, die man damals - 1959 - für ausreichend hielt. Infolgedessen ist der Winderhitzer in seinen heißen Teilen mit einer halbtrockenen gepreßten A I-Qualität (39 bis 40 % Al_2O_3 + TiO_2) zugestellt worden.

2. Auswirkung des Stauchens von Brennschachtmauerwerken

Wenn es auch mit dem ersten Außenschachtcowper auf Anhieb gelang, die gefürchteten Brennschachtschäden zu vermeiden, so traten bei den, etwa 2 Jahre später gebauten, 7 weiteren Außenwinderhitzern der gleichen Bauweise (3 in Österreich und 4 in Frankreich) Erscheinungen auf, die bisher bei den Innenschachtcowpern nicht oder nur ungenügend beachtet wurden.

Die Cowper waren für eine Kuppeltemperatur von 1350° C und Windtemperaturen von 1100 bzw. 1150° C gedacht. Für die heißen Teile wurde eine Hartschamotte-Qualität mit 44 % Tonerde gewählt, die wegen ihres extrem niedrigen Gehaltes an Flußmitteln (max. 1, 5 %) als durchaus ausreichend befunden wurde.

Etwa 10 bis 12 Monate nach Inbetriebnahme zeigten sich außen am Blechmantel heiße Stellen - und zwar am Übergang vom Brennschacht zum Boden der Kuppelhaube - die vereinzelt sogar zum Aufplatzen von Schweißnähten führten. Da die Erscheinungen an betroffenen 7 Winderhitzern vollkommen gleichartig waren, sei über das Geschehen am Beispiel eines der 3 in Linz gebauten Außenschachtcowper berichtet.

Abb. 11 : Zustand der Brennschachteinmündung eines Außenschachtcowpers vor der Ausbesserung

Der Anblick, der sich beim Eintritt in die Kuppel bot (Abb. 11), ließ zunächst keinen Schluß über die Ursache zu. Weder an der Kuppelausmauerung, noch am Brennschachtmauerwerk war irgendeine Beschädigung zu entdecken. Lediglich die beiden aufklaffenden Spalten zwischen den 3 obersten Steinreihen des Brennschachtes, die in der Abbildung 11 deutlich zu sehen sind, wiesen darauf hin, daß die letzte Lage des eigendtlichen Brennschachtmauerwerkes tiefer lag, als im Einbauzustand Das Brennschachtmauerwerk war also um die Breite der beiden Spalten gestaucht.

Die Ausführung der Brennschachteinmündung und die Verbindung des Brennschachtmauerwerkes mit dem Mauerwerk der Kuppel und des Kuppelbodens dieser Cowper sind in Abb. 12 dargestellt. Besonders zu beachten sind die beiden oberen Ringe der großformatigen Steine B 3 und B 4, die zur Abdeckung der Ringfugen im Brennschachtmauerwerk in dieser Weise vorgesehen waren.

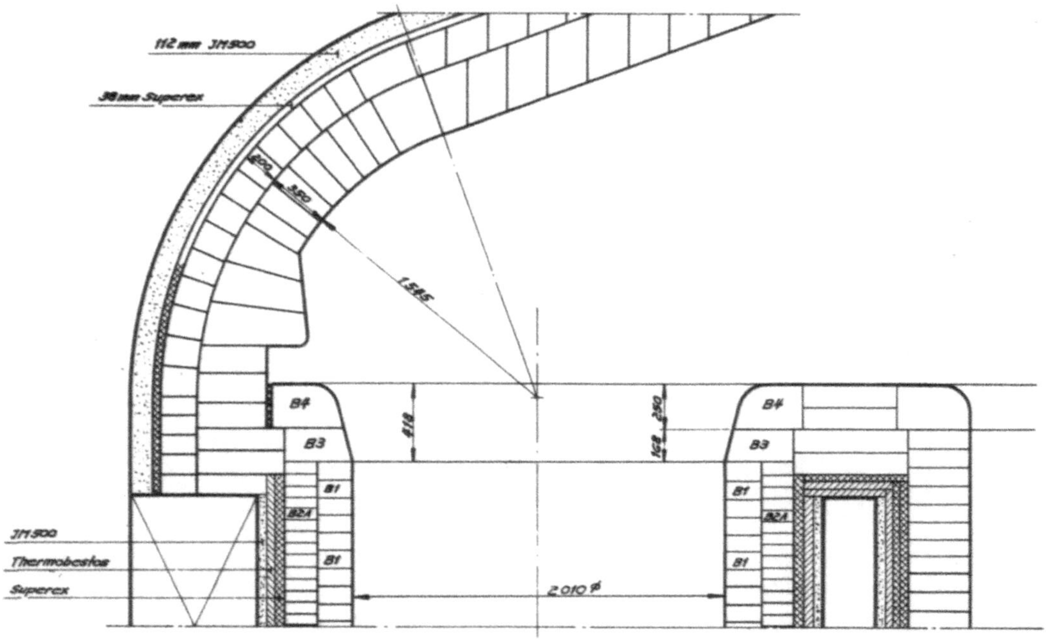

Abb. 12 : Brennschacht- und Gitterschachtmündung des Außenschachtcowpersin Linz. Zustand nach der Erstausmauerung

Den Zustand der Brennschachteinmündung, so wie er nach dem Kaltblasen angetroffen wurde, ist in Abb. 13 dargestellt. Der Steinring B 4 ist beim Abkühlen etwas oberhalb seiner ursprünglichen Lage auf den Resten der zur Abdichtung eingelegten Asbestschnüre hängengeblieben. Zwischen diesem Steinring und den Steinen B 4 klaffte ein Spalt von 75 mm und ein solcher von 80 mm zwischen dem Ring B 4 und der obersten Lage B 1 des Innenmauerwerkes des Brennschachtes, das somit um 155 mm abgesunken war.

An der verschiedenartigen Verfärbung des Kuppelmauerwerkes war zu erkennen, daß das gesamte Brennschachtmauerwerk sich vorher um 150 mm ausgedehnt hatte.

Im Verlaufe der Stauchung, die etwa über 10 Monate ablief, war dann der Punkt erreicht worden, wo die Stauchung größer wurde als die thermische Ausdehnung. Die Fuge , die sich dann öffnen mußte, ließ den heißen Wind an die Isolierung herantreten, die den Temperaturen nicht standhalten konnte, dann schrumpfte und schließlich vom heißen Wind zerstört wurde. Damit war der Zustand erreicht, der sich nach dem Abkühlen darbot.

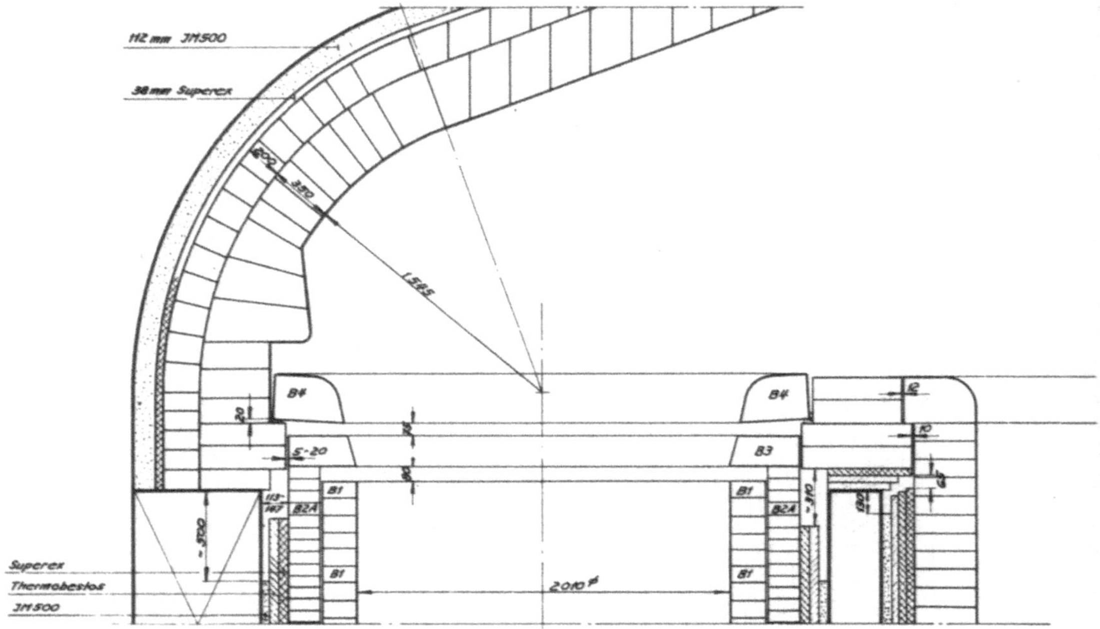

Abb. 13: Zustand der Ausmauerung nach 10 Monaten Betriebszeit. Stauchung des Innenfutters im Brennschacht 160 mm

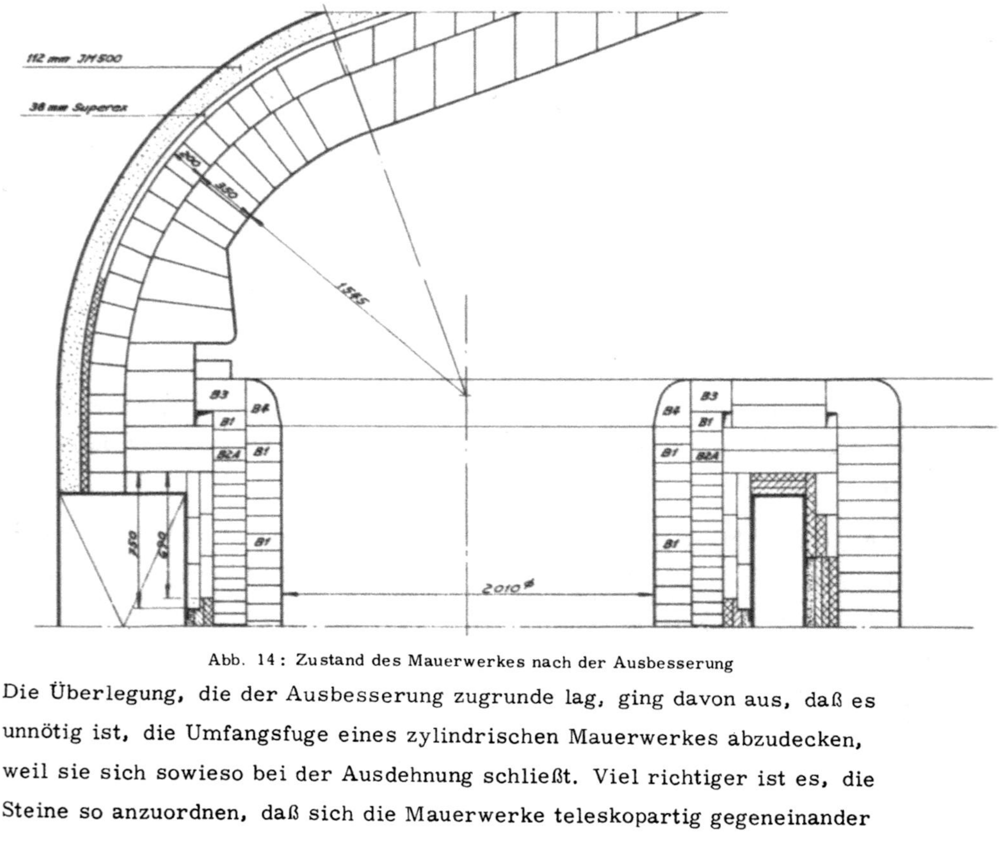

Abb. 14: Zustand des Mauerwerkes nach der Ausbesserung

Die Überlegung, die der Ausbesserung zugrunde lag, ging davon aus, daß es unnötig ist, die Umfangsfuge eines zylindrischen Mauerwerkes abzudecken, weil sie sich sowieso bei der Ausdehnung schließt. Viel richtiger ist es, die Steine so anzuordnen, daß sich die Mauerwerke teleskopartig gegeneinander verschieben können. Abb. 14 zeigt den Zustand der Brennschachteinmündung nach der Ausbesserung. Die großen Steine B 3 und B 4 wurden geteilt und so eingebaut, daß die umlaufende Ringfuge bis in die oberste Steinlage durchläuft.

Diese Erfahrungen wurden damals sofort auf die Winderhitzer übertragen, die zur Zeit des Auftretens dieser Erscheinung gebaut wurden, mit dem Erfolg, daß diese betriebsstörenden Folgen des Stauchens des Brennschachtmauerwerkes vermieden wurden.

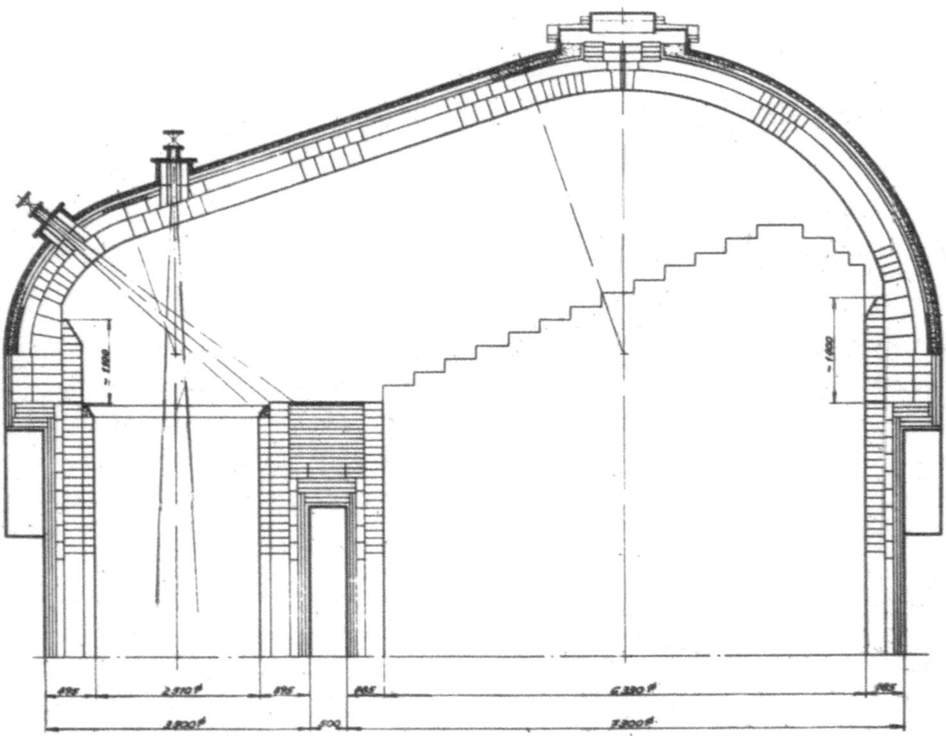

Abb. 15: Schnitt durch eine Kuppelhaube mit weit überlappender Einmündung von Brennschacht und Gitterschacht

Für die weitere Folge wurde die Konstruktion des Kuppelbodens und der Brennschachteinmündung so abgeändert (Abb. 15), daß eine weite Überlappung der Mauerwerke jeglichen nachteiligen Einfluß der Stauchung des Brennschachtmauerwerkes unmöglich macht.

3. Ursache und zeitlicher Ablauf der Stauchung eines Brennschachtmauerwerkes

Es ist inzwischen bekannt, daß ein heißes Mauerwerk - ohne thermische Überbelastung - allein durch sein Eigengewicht zusammengedrückt wird. Bei der großen Bauhöhe der Brennschachtmauerwerke und der damit gegebenen hohen Druckbelastung, muß also mit einer Stauchung gerechnet werden. Es wurde aber bisher niemals beobachtet und darüber berichtet, daß dieses Stauchen größer sein kann, bzw. größer ist, als die durch die thermische Ausdehnung gegebene Vergrößerung der Bauhöhe. Das liegt sicherlich daran, daß bei Innenschacht-cowpern zu solcher Aufmerksamkeit kein besonderer Grund vorlag, denn durch das Absacken des Mauerwerkes eines Innenschachtes wird nur ein entsprechendes Stück des Mantelmauerwerkes mehr bloßgelegt, das über dem Brennschacht sowieso freiliegt und dessen Wandstärke, bzw. Isolierung, entsprechend vorgesehen ist. Infolgedessen macht sich die Stauchung des Brennschachtmauerwerkes beim Innenschachtcowper nach außen, d. h. am Blechmantel, nicht bemerkbar.

Für das Stauchen eines Mauerwerkes dürften drei Faktoren maßgebend sein:

1. Die Schwindung der Mörtelfugen.
2. Ein mögliches Nachschwinden der Steine.
3. Die Druckzeiterweichung, bzw. das sog. Dauerstandsverhalten der Steine.

Ein erstes - zwar geringfügiges - Stauchen findet schon im kalten Zustand des Mauerwerkes statt, verursacht durch die Plastizität des Mörtels, die ein Zusammendrücken der Fugen in Abhängigkeit vom Belastungsdruck bewirkt. Bei der Erwärmung des Mauerwerkes ist durch Verdampfen des Anmachwassers und - später ablaufend - Sintern eine weitere Schrumpfung der Mörtelmasse nicht zu vermeiden.

Bei dem hier betrachteten Fall in Linz besteht das Brennschachtmauerwerk aus etwa 260 Steinlagen mit jeweils 98 mm Steinhöhe und 2 mm Fuge. Insgesamt sind also etwa 520 mm Mörtelfugen vorhanden. Unter der durchaus berechtigten Annahme, daß die Mörtelmasse um 10 % geschwunden ist, beträgt der sich daraus ergebende Anteil an der gemessenen gesamten Stauchung von 155 mm etwa 50 mm Die Verbleibenden 105 mm gehen zu Lasten der Nachschwindung und der Zeitdruckerweichung der Steine.

Durch das Aufmaß einzelner Höhenabschnitte des Brennschachtmauerwerkes wurde der Anteil eines jeden Abschnittes an der Gesamtstauchung nach 10 Monaten, dem Zeitpunkt der Ausbesserung, und nach 4 Jahren Betriebszeit, dem Zeitpunkt der Stillsetzung der Cowper infolge Außerbetriebnahme des Hochofens, festgestellt. Die Ergebnisse der Messungen sind in Abb. 16 dargestellt, wobei die innere, gestrichelte Kurve den Zustand nach 10 Monaten und die äußere, ausgezogene Kurve den Zustand nach 4 Jahren wiedergibt. Die Gegebenheiten be-

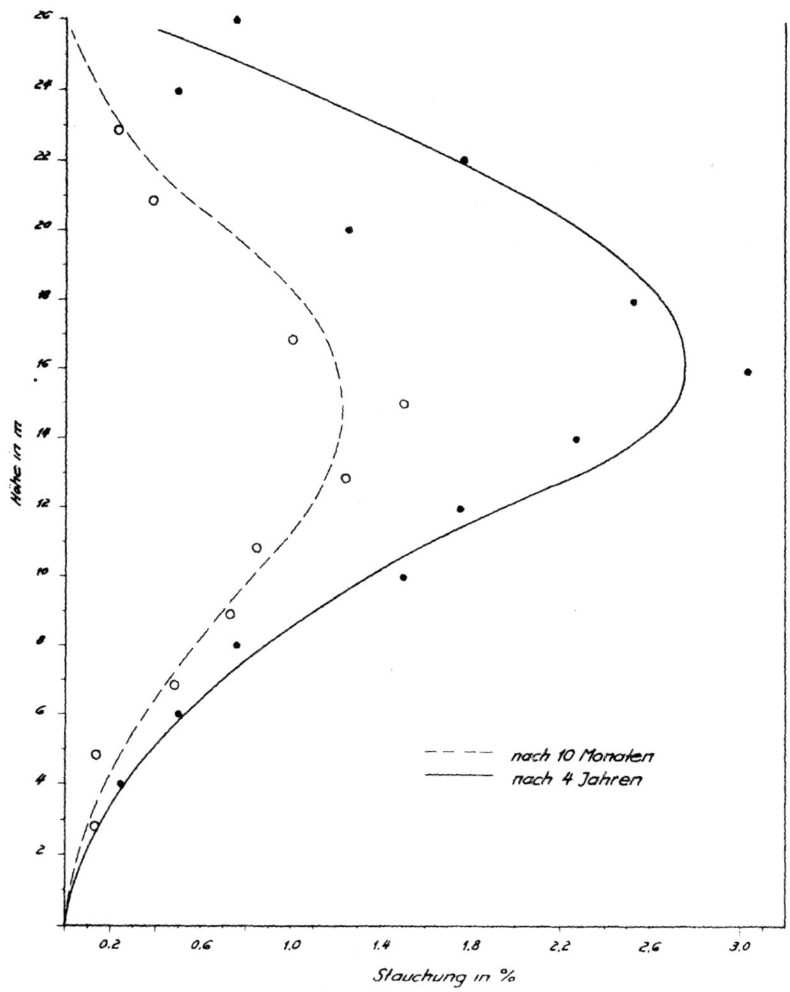

Abb. 16 : Stauchung eines Brennschachtmauerwerkes nach betriebszeiten von 10 Monaten und 4 Jahren

dingen die mehr oder weniger starke Streuung der Meßwerte ; die Kurvenzüge sollen somit auch nur die Tendenz der partiziellen Stauchung verdeutlichen. Es ist zu erkennen, daß im Bereich von 12 bis 20 m Brennschachthöhe ein deutliches Maximum der Stauchung vorhanden ist.

Die gesamte Stauchung des Brennschachtmauerwerkes, bezogen auf seine Höhe, betrug nach 10 Monaten 0, 6 %. Nach Abzug des weiter oben besprochenen Zusammendrückens der Fugen liegt der Anteil der Steine an der gesamten Stauchung bei 0, 4 %. Nach 4 Betriebsjahren erhöhte sich die Stauchung auf etwa 1, 3 %, bzw. etwa 1, 1 % nach Abzug des Fugenanteiles. Die gemessenen Höchstwerte der Stauchung (bei 15, bzw. 16 m Brennschachthöhe) betragen nach Abzug des Mörtelanteiles 1, 35 % und 2, 94 %, d. h., daß sich die Stauchung in diesem Bereich nach nahezu der fünffachen Zeit nur etwas mehr als verdoppelt hat. Die

Zunahme ist ziemlich genau proportional der Quadratwurzel aus der Zeit. Dieses Ergebnis kann in weitestem Sinne als eine Bestätigung der Formelansätze für die Berechnung des Dauerstandverhaltens angesehen werden.

Die Erörterung der Stauchungserscheinungen setzt die Kenntnis der Druck- und Temperaturbelastung der Mauerwerkssteine voraus. Die Druckbelastung ergibt sich aus der Mauerwerkshöhe und dem Volumengewicht der Steine und kann also für jede Steinlage - unter der Voraussetzung einer satten Auflage - errechnet werden.

Leider ist der Temperaturverlauf in den Steinen nicht bekannt, da entsprechende Messungen fehlen. Es ist nur ein Rückschluß mit Hilfe der Kuppeltemperatur, die während der ganzen Betriebszeit bei 1300 bis 1330° C lag, möglich. Nimmt man an, daß die Temperatur der Innenoberfläche des Brennschachtmauerwerkes in den oberen Zweidrittel der Kuppeltemperatur gleichzusetzen ist, dann ergeben sich aus Wärmedurchgangsberechnungen mittlere Steintemperaturen zwischen 1240 und 1268° C, bei einem Temperaturgefälle von 121°, bzw. 124° C in den Steinen.

Das ausgeprägte Maximum der Stauchung in dem Bereich zwischen 12 m (3, 22 kp/cm^{2}) und 18 m (1, 84 kp/cm^{2}) Brennschachthöhe läßt aber den Schluß zu, daß in diesem Teil höhere mittlere Steintemperaturen geherrscht haben. Der rasche Abfall der Stauchung unterhalb des Maximums trotz ansteigendem Belastungsdruck weist auf eine wesentlich niedrigere Temperaturbeanspruchung hin.

Auch die stark zurückgehende Stauchung im oberen Teil des Brennschachtes kann nicht allein durch die Verringerung der Druckbelastung hervorgerufen worden sein. Es ist anzunehmen, daß in diesem Teil die errechneten mittleren Steintemperaturen geherrscht haben, während im Bereich des Stauchungsmaximums die mittleren Steintemperaturen höher waren. Die oberen Meßwerte lassen erkennen, daß auch im Bereich, in dem nur eine geringe Druckbelastung vorliegt, also nur die Temperatur einwirkt, Stauchungen auftreten. Das heißt also, daß das Stauchen sich aus Schwindung und Druckzeiterweichung zusammensetzt.

Bei dem Aufmaß der Stauchung der Brennschachtmauerwerke der 4 mit der gleichen Erscheinung betroffenen Cowper in Frankreich konnte ein Bereich maximaler Stauchung nicht festgestellt werden. Es entstand vielmehr der Eindruck einer gleichmäßigen Beteiligung aller Steinlagen an der Stauchung. Allerdings wurden diese Cowper mit einer etwas niedrigeren Kuppeltemperatur betrieben

(1250 bis 1280° C) als die Cowper in Linz, und es ist anzunehmen, daß die Erwärmung des Brennschachtmauerwerkes gleichmäßiger war.

Daß Schwindung und Druckzeiterweichung der Steine der betroffenen Brennschächte an der Stauchung beteiligt waren, haben Untersuchungen der Volumenbeständigkeit bei langfristiger Erwärmung und des Dauerstandverhaltens ergeben. Durch volumenbeständigen Brand und Verwendung eines hochwertigen Bindemittels wurden diese Schwächen ausgeglichen.

Bei der Betrachtung der Abb. 10 wurde schon auf den Spalt hingewiesen, der sich bei der Abkühlung zwischen den beiden obersten Steinkränzen gebildet hatte. Dieser Spalt ist auch durch Stauchung des Mauerwerkes entstanden, die, auf die ganze Brennschachthöhe bezogen, 0,14 % ausmachte. Dieser Cowper wurde mit einer Kuppeltemperatur von 1220 bis 1230° C gefahren und mit einer langgezogenen Flamme beheizt. Es ist anzunehmen, daß die unter Zuhilfenahme der Kuppeltemperatur errechnete mittlere Steintemperatur von 1120° C nur für die obere Hälfte des Brennschachtmauerwerkes gültig ist. Bezieht man die Stauchung nur auf diesen Teil, so macht sie 0,28 % aus und zwar nach einer Betriebszeit von 3 1/4 Jahren, das sind etwa 28 000 Stunden.

Dauerstandversuche an dem zur Auskleidung verwandten Steinmaterial - in Nancy und in Wiesbaden durchgeführt - ergaben bei einer Belastung von 2 kp/cm² und 20 h Versuchsdauer für:

1100°	0, 18 %,
1200°	0, 46 %,
1250°	1, 24 % und
1300°	2, 82 %

Stauchung der Steinproben.

Diese Werte geben zwar einen deutlichen Hinweis auf die Temperaturabhängigkeit der Stauchung, lassen aber, im Vergleich mit dem in der Praxis gemessenen Wert, keinen eindeutigen Schluß auf das tatsächliche Verhalten im Betrieb zu. zu.

Es wird deshalb vorgeschlagen, das Verhalten der Steine, mehr als bisher, im Betrieb zu verfolgen. Dazu eignen sich besonders Winderhitzer mit außenstehendem Brennschacht, da hier die Messung der Temperaturen im Brennschachtmauerwerk ohne große Schwierigkeiten durchgeführt werden kann. Mit der Kenntnis der beträchtlichen Temperaturbelastung der Steine und dem Aufmaß des Mauerwerkes vor der Inbetriebnahme und nach dem Stillsetzen läßt sich dann Wesentliches über das Verhalten der Steine aussagen.

Aus den dargelegten Beobachtungen geht hervor, daß mit einem Stauchen der Brennschachtmauerwerke gerechnet werden muß. Es wurde schon gezeigt, daß eine weitgehende Überlappung des Brennschachtmauerwerkes und der Kuppelausmauerung - gleiches gilt auch für die Ausmauerung des Gitterschachtes - eine große Sicherheit vor nachteiligen Folgen des Stauchens bietet. Aus dem gleichen Grunde ist es ratsam, eine Herabsetzung der mittleren Steintemperaturen des Brennschachtmauerwerkes anzustreben, die man einmal durch Verstärkung der Dicke des Mauerwerkes (mindestens 250 mm) und zum anderen durch Vormauern eines sogenannten Schutzherdes (etwa 150mm) über die halbe Höhe des Brennschachtes erreichen kann.

An dieser Stelle sei den Herren der VÖEST für die Genehmigung der Veröffentlichung der Beobachtungen an den Außenschachtcowpern in Linz gedankt.

LITERATURVERZEICHNIS

1. Kessels, K: Stahl u. Eisen 75 (1955) S. 958-974
2. Hansen, M., : Arch. Eisenhüttenwes. 23 (1952) S. 245/252
3. Heuer, A., H. Tallmann u. O. Becker : Stahl u. Eisen 83 (1963) S. 669/75 -
4. Schumacher, H. : Stahl u. Eisen 86 (1966) S. 309/321
5. Brandi, H., G. Heynert u. F. Lobemeier : Stahl u. Eisen 86 (1966) S. 1345/54
6. Tsujihata, K., Y. Shiraishi, K. Ueshima u. A. Honda : Blast Furn. Steel Plant 1965, S. 242/248

Direktor Dipl.-Ing. Arthur Heuer
c/o Didier-Werke AG.
Lessingstraße 16
D 6200 Wiesbaden

Diskussionen zu den Vorträgen von E. Schwiete (Gallert) und A. Heuer.

S. Galler, Aachen:

Herr Direktor Heuer, Sie haben in Ihren Ausführungen ausführlich über die Auswirkungen der in den Cowpern auftretenden Beanspruchungen gesprochen. Daraus geht hervor, daß nicht allein die statischen Belastungen die beobachteten Zerstörungen bewirken können, sondern daß ganz erhebliche andere Zusatzbelastungen wie z. B. Wärmespannungen oder dgl. auftreten müssen.

Sind Ihnen Zahlenwerte dieser Zusatzbeanspruchungen oder vielleicht die Größenordnungen der auftretenden Beanspruchung bekannt? Derartige Angaben interessieren uns besonders im Hinblick auf unsere Dehnungs- und Dauerstandsuntersuchungen an feuerfesten Materialien, in denen die Belastungen bis zur Bruchgrenze gesteigert werden.

A. Heuer, Wiesbaden: Leider sind die Drücke und die zusätzlichen Beanspruchungen aus den Wärmespannungen nicht bekannt. Man kann nur aus der Ausbildung der Risse schließen, daß diese Beanspruchungen größer sind als die Biegefestigkeit der Steine.

Was die Frage nach der Lebensdauer von Winderhitzeranlagen betrifft, so scheint es nach den beiden vorhergegangenen Vorträgen bedenklich, darüber Voraussagen zu machen.

Doch rechnet man überschlägig mit einer mittleren Lebensdauer von 20 Jahren, obwohl man den Wind nicht hindern kann, die Cowpertürme anzustoßen, und seismische Störungen auf einem Hüttengelände kaum ausschalten kann. Wohl aber kann man den eingebauten Brennschacht herausnehmen oder auch ganz weglassen. Die Didier-Werke haben in Salzgitter die erste derartige Heißwindanlage gebaut und diese ist seit mehr als 4 Jahren in Betrieb. Sie erzeugt im Dauerbetrieb Wind von 1250° C. Die günstigen Auswirkungen auf den Hochofenbetrieb sind voll und ganz eingetreten: Kokseinsparung, Ermöglichung der Öleindüsung und Leistungssteigerung; letztere hat die Erwartung sogar etwas übertroffen. Wir hoffen sicher, daß die Anlage eine lange Lebensdauer - vielleicht sogar 20 Jahre - erreichen wird. Die Didier-Werke haben in Salzgitter eine Methanspaltanlage entworfen, gebaut und 8 oder 10 Jahre betrieben, mit 5 200 mm ϕ - also Winderhitzerdimension - und einer Arbeitstemperatur von 1520° C. Das Gitterwerk bestand schon damals aus Hilger-Steinen, die Kuppelwand teilweise aus Sillimanitsteinen. Die Beobachtungen an dieser Anlage führten dazu, in der Heißwindanlage für den Hochofen im wesentlichen - in den oberen Teilen ausschließlich - Silika- oder Koksofenqualität einzubauen.

A. Pontoni, Leoben: Weiß man etwas über die Verwendung eisenhältiger Silikasteine für die Cowperausgitterung? Aus Amerika und England hört man in letzter Zeit von Fe_2O_3-Zusätzen bis zu 15 %, um die TWB und die Raumbeständigkeit der Silikasteine zu verbessern. Halten Sie Zusätze dieser Höhe für vorteilhaft?

S. Kienow, Wiesbaden: Zusätze bis zu 15 % halte ich für sehr unwahrscheinlich und würde mich auch nicht getrauen sie anzuwenden. Eisenhältige Silikasteine wurden bereits vor dem 2. Weltkrieg von Prof. Salmang propagiert, weil durch die Bildung eisenreicher Schmelzen die Umwandlung des Quarzes in Tridymit mit der höchsten TWB der Kieselsäure - nicht in Cristobalit - stark gefördert wird. Damals haben sich diese Steine aber nicht eingeführt, weil damit eine Verminderung des t_a-Punktes verbunden war. In der Folgezeit hat Didier, gemäß einer Entwicklung von Dr. Klasse, eine eisenhaltige Qualität mit verhältnismäßig geringem Eisenoxydgehalt unter dem Namen "Stella-Ultra" herausgebracht, die den Fehler der Erniedrigung des t_a-Punktes nicht hat, weil hier keine Alkalien zugegen sind (Salmang hatte in diesem Zusammenhang Alkalien vorgeschlagen). Die Qualität "Stelle Ultra" hat sich in Gewölben und an anderen Stellen ausgezeichnet bewährt. Deshalb lag es nahe, für die Brennschächte mit hohen Temperaturen, bzw. das hochbeanspruchte Gitterwerk in Cowpern eisenoxydhaltige Steine zu verwenden, denn man muß auf gute Umwandlung Wert legen, damit nachher, wie Herr Gallert geschildert hat, keine Störungen durch Ausdehnungen auftreten. Man benötigt das Eisenoxyd aber nicht und kann eine gute Umwandlung auch auf der andere Weise erzielen.

ÜBER FEUERLEICHTSTEINE, IHRE EIGENSCHAFTEN UND IHREN EINSATZ IN WÄRMEBEHANDLUNGSÖFEN

Von R. Reißner, Wien und E. Cerwenka, Leoben

Zentrallaboratorium Leoben der Steirischen Magnesit-Industrie A -G , Wien

Mit 17 Textabbildungen

Ohne auf die große Zahl der verschiedenen Untersuchungen der letzten Zeit auf dem Gebiet der Feuerleichtsteine näher eingehen zu können, soll hier lediglich für die Eisen- und Stahlerzeuger ein Überblick über die Eigenschaften und Einsatzmöglichkeiten solcher Steine gegeben werden.

DEFINITION UND EINLEITUNG

Unter Feuerleichtsteinen versteht man wärmedämmende Leichtbaustoffe von geringer Wärmespeicherung für Anwendungstemperaturen von 1100° C aufwärts. Isoliersteine hingegen, z. B. auf Basis Kieselgur, Vermiculit u. a., können im allgemeinen nur bei niedrigeren Temperaturen eingesetzt werden.

Im Gegensatz zu den sogenannten dichten feuerfesten Steinen haben Feuerleichtsteine eine beträchtlich höhere Porosität von 45 bis über 80 Vol. %. Dies entspricht bei Schamotte-Feuerleichtsteinen einem Raumgewicht bzw. einer Rohdichte von 1, 5 bis zu 0, 4 g/cm^{3}.

Nach der stofflichen Grundlage kann man ähnlich wie bei den dichten feuerfesten Baustoffen folgende Einteilung treffen :

1. Feuerleichtsteine auf der Basis Aluminiumsilikat und Aluminiumoxyd, das sind Schamotte-Feuerleichtsteine aus feuerfesten Tonen und Schamotten und tonerdereiche Leichtsteine unter Verwendung von Sillimanit, Mullit, Bauxit, calzinierter Tonerde oder Korund.

2. Silikaleichtsteine und Leichtsteine unter Verwendung kieselsäurereicher Rohstoffe.

3. Sonder-Leichtsteine auf Basis Forsterit, Chrom-Magnesit, Chromit, Zirkonsilikat, Zirkonoxyd u. a.

Den Gegenstand dieser Ausführungen bildet die in ihrer Verbreitung wichtigste erste Gruppe von Feuerleichtsteinen auf der Basis feuerfester Tone und Schamotten und tonerdereicher Rohstoffe.

VORTEILE UND VORAUSSETZUNGEN FÜR DEN EINSATZ VON FEUERLEICHTSTEINEN

Die Vorteile des Einsatzes von Feuerleichtsteinen sind durch ihre wärmedämmenden Eigenschaften und ihr niedriges Raumgewicht gegeben. Dadurch erreicht man im Ofenbau:

a) niedere Ofenwandverluste, das bedeutet eine Verringerung der Wandstärken und dadurch geringeren Platzbedarf,

b) eine Einsparung an Gewicht und dadurch geringeren Aufwand für Fundamente, Armierungen und Hebevorrichtungen z. B. für Ofenhauben,

c) bei intermittierend betriebenen Öfen einen wesentlich niedrigeren Wärmeverbrauch durch geringe Wärmespeicherung und

d) eine Verkürzung der Aufheizzeiten, eine Verbesserung der Temperaturregelung und der Temperaturkonstanz durch geringe Wärmeableitung.

Die wesentlichsten Vorraussetzungen für den Einsatz von Feuerleichtsteinen sind ihre wärmetechnischen Eigenschaften und ihre Anwendungstemperatur bzw. Anwendungsgrenze.

Die günstigen wärmetechnischen Eigenschaften der Feuerleichtsteine leiten sich von der Wärmeleitung und den daraus errechneten Wandverlusten und Aussenwandtemperaturen und von der Wärmespeicherung als dem Produkt des Raumgewichtes mal dem spezifischen Gewicht ab.

Unter Ofenwandverlust ist diejenige Wärmemenge zu verstehen, die durch die Wand des Ofens nach außen fließt. Dieser Verlust bleibt im Dauerbetrieb bei gleicher Innentemperatur mit geringen Schwankungen gleich.

Bei zeitweiligem und periodischem Betrieb besteht der Wandverlust aus derjenigen Wärmemenge, die die Ofenwand bis zum Ende des Heizens aufspeichert und derjenigen, die die Wand während der Heizdauer nach außen abgibt.

Der Berechnung der Verluste liegen folgende Gleichungen zugrunde:

Wandverlust:

$$q = \frac{\lambda}{s} (t_i - t_a) \quad [kcal/m^2 \, . \, h]$$

$$q = a \cdot \frac{t_i - t_L}{\frac{s}{\lambda}} \qquad [\mathrm{kcal/m^2 \cdot h}]$$

Außenwandtemperatur :

$$t_a = t_i - q \, \frac{s}{\lambda} \qquad {}^{o}C$$

Speicherwärme :

$$q_{sp} = s \cdot \gamma \cdot c \left(\frac{t_i \; t_a}{2} - t_a \right) \qquad [\mathrm{kcal/m^2}]$$

q = Wandverlust in kcal/m^2 . h

λ = Wärmeleitzahl des feuerfesten Baustoffes in kcal/m. h. ^{o}C

t_i = Innenwandtemperatur in ^{o}C

t_a = Außenwandtemperatur in ^{o}C

s = Ofenwandstärke in m

q_{sp} = Speicherwärme in kcal/m^2

γ = Raumgewicht (Rohdichte) in kg/m^3

c = mittlere spezifische Wärme des feuerfesten Baustoffes

t_o = Ausgangstemperatur beim Wiederaufheizen

t_L = Temperatur der Umgebung

Die Größe a beinhaltet die Wärmeübergangszahl zwischen Außenwand und Umgebung und kann für den jeweiligen Wärmewiderstand $\frac{s}{\lambda}$ für die maßgebliche Innenwandtemperatur aus vorhandenen Diagrammen abgelesen werden[2].

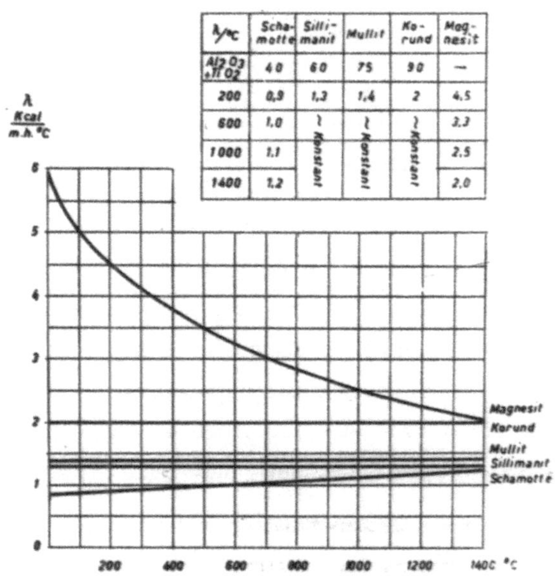

λ/°C	Schamotte	Sillimanit	Mullit	Korund	Magnesit
$Al_2O_3 + TiO_2$	40	60	75	90	—
200	0,9	1,3	1,4	2	4,5
600	1,0	~ Konstant	~ Konstant	~ Konstant	3,3
1000	1,1				2,5
1400	1,2				2,0

Abb. 1 : Wärmeleitzahlen feuerfester Baustoffe

Für die Berechnung der Wandverluste und Außenwandtemperaturen nimmt man die Wärmeleitzahlen der feuerfesten Baustoffe bei den geschätzten mittleren Wandtemperaturen an. Die Abbildungen 1 und 2 zeigen zum Vergleich die Wärmeleitzahlen dichter feuerfester Baustoffe und von Schamotteleichtsteinen verschiedener Raumgewichte sowie einem tonerdereichen Feuerleichtstein mit 60% Al_2O_3 in Abhängigkeit von der Temperatur.

°C	PS 5	PS 6	PS 8	PS 10	PS 12	PS SILLIN
200	0,15	0,18	0,26	0,31	0,37	0,27
400	0,15	0,19	0,28	0,34	0,40	0,28
600	0,17	0,21	0,31	0,38	0,44	0,29
800	0,19	0,24	0 33	0,41	0,48	0,31
1000	0,23	0,29	0,37	0,45	0,52	0,35
1200	0,29	0,34	0,41	0,48	0,57	0,40

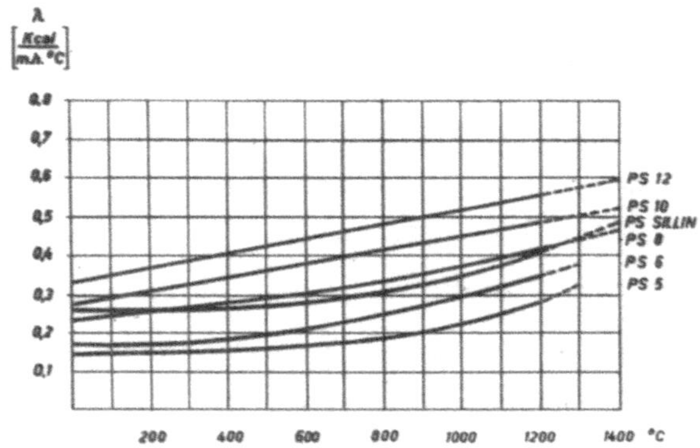

Abb. 2 : Wärmeleitzahl verschiedener Feuerleichtsteine

PS 5 = Schamottefeuerleichtstein mit Raumgewicht 0, 5 g/cm^3
PS 6 = Schamottefeuerleichtstein mit Raumgewicht 0, 6 g/cm^3
PS 8 = Schamottefeuerleichtstein mit Raumgewicht 0, 8 g/cm^3
PS 10 = Schamottefeuerleichtstein mit Raumgewicht 1, 0 g/cm^3
PS 12 = Schamottefeuerleichtstein mit Raumgewicht 1, 2 g/cm^3
PS-Sillin = tonerdereicher Feuerleichtstein mit 60 % Al_2O_3, Raumgewicht 1, 1 g/cm^3

Die mittlere spezifische Wärme ist für dichte Schamottesteine und Feuerleichtsteine gleich, die verschiedene Wärmespeicherung beruht auf dem Unterschied im Raumgewicht. Die folgenden Abbildungen 3, 4 und 5 zeigen Wandverluste, Außentemperaturen und Wärmespeicherungen verschiedener Wandausbildungen. Man kann daraus die große Wärmewirtschaftlichkeit eines Einsatzes von Feuerleichtsteinen gegenüber dichten Schamotte- und Magnesitsteinen entnehmen.

Ein Kostenvergleich einer Ofenkonstruktion mit dichtem Mauerwerk und einer solchen aus Feuerleichtsteinen kann oft trotz des höheren Preises der Feuerleichtsteine zugunsten dieser ausfallen.

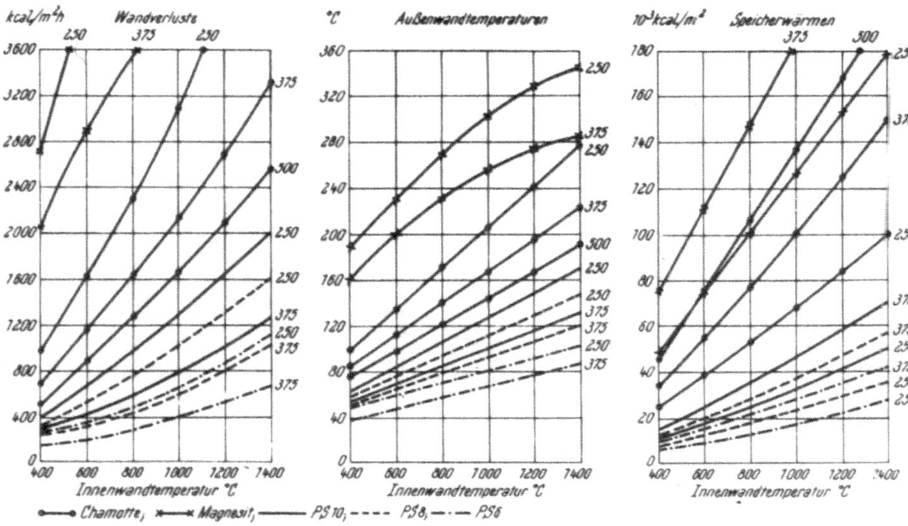

Abb. 3: Einfaches Mauerwerk aus dichten Baustoffen und Feuerleichtsteinen mit verschiedenem Raumgewicht bei verschiedenen Wandstärken (Wandstärken in mm)

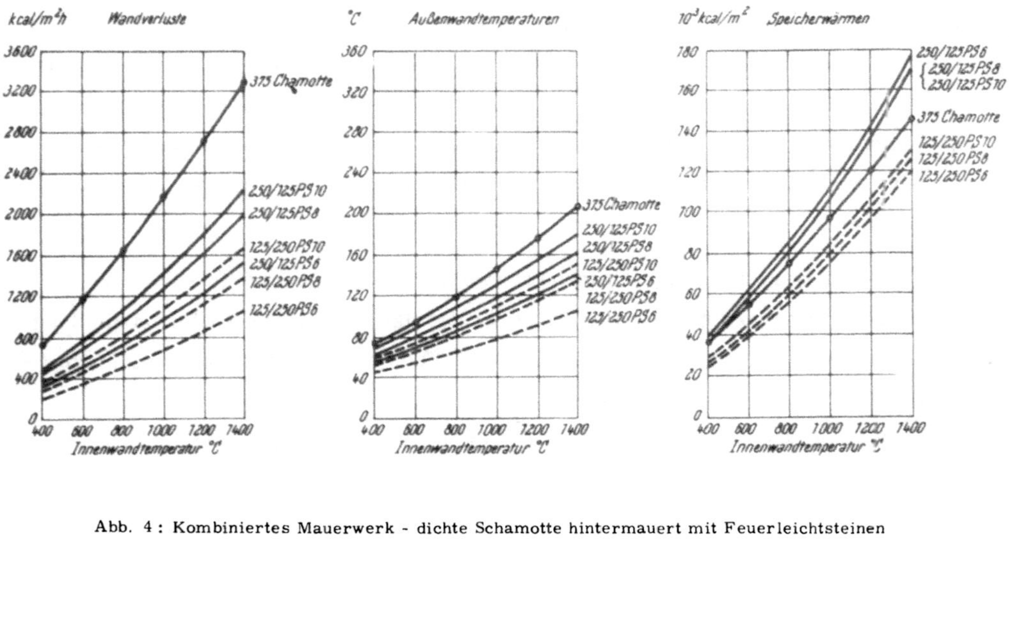

Abb. 4: Kombiniertes Mauerwerk - dichte Schamotte hintermauert mit Feuerleichtsteinen

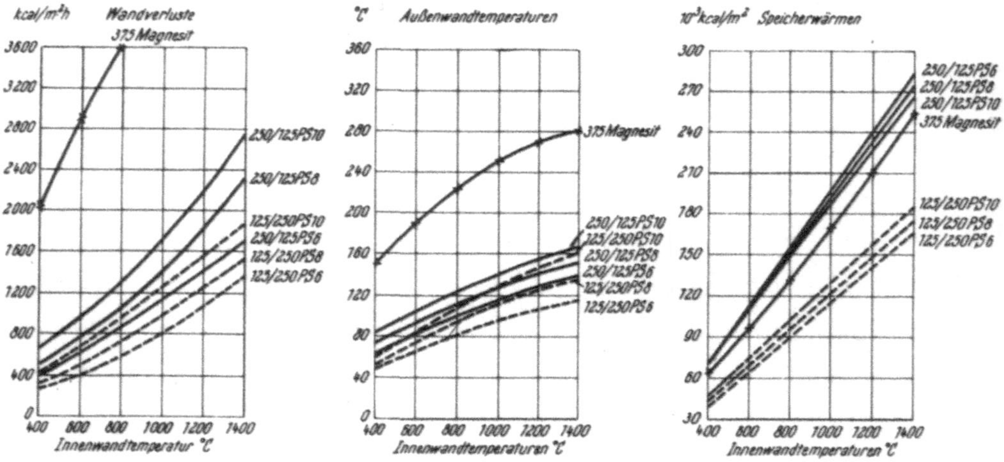

Abb. 5: Kombiniertes Mauerwerk - Magnesit hintermauert mit Feuerleichtsteinen

Bei einem Preisvergleich muß man von einer gleich dämmenden Wandstärke ausgehen. Zwangsläufig ergibt sich dabei bei Feuerleichtsteinen eine geringere Wandstärke und durch ihr niedrigeres Raumgewicht wesentliche Gewichtseinsparungen.

Für viele Zwecke wird man mit Normformaten oder zumindest mit davon abgeleiteten Formaten auskommen, welche rationeller gefertigt werden können und damit einen niedrigeren Verkaufspreis haben. Der Steinerzeuger kann heute allerdings auch Feuerleichtsteine in sehr komplizierter Form herstellen und es wird auch Anwendungsfälle geben, wo ein solcher Einsatz preislich gerechtfertigt ist.

Der Einsatz von Feuerleichtsteinen ist meist so, daß nur eine einseitige Wärmebeaufschlagung von der Ofenraumseite her erfolgt. Durch die Weiterentwicklung der Feuerleichtsteine können diese heute vielfach als direktes Mauerwerk (Heißisolierung) verwendet werden. Nur wenn vom Stein eine Resistenz gegenüber Schlacken und agressiven Gasen und Dämpfen gefordert wird, ist eine direkte Beaufschlagung wegen der hohen Porosität nicht möglich. In solchen Fällen genügen manchmal Deckschichten oder Schutzüberzüge. Bei massiver Einwirkung wird man als Innenauskleidung entsprechend dichte Erzeugnisse verwenden und dahinter dann Feuerleichtsteine oder Isoliersteine nehmen, je nach dem Temperaturverlauf durch die gesamte Zustellung.

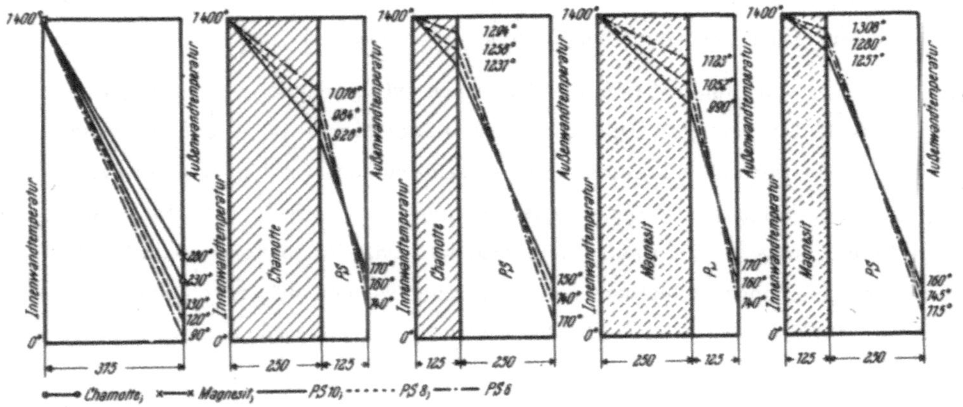

Abb. 6 : Temperaturverlauf in einfachen und kombinierten Mauerwerken

Eine vereinfachte Darstellung des Temperaturverlaufes in einfachen und kombinierten Mauerwerken zeigt Abb. 6. Sie läßt erkennen, daß bei Verwendung von Feuerleichtsteinen die Außenwandtemperaturen gegenüber Voll-Schamotte oder Magnesitsteinen wesentlich tiefer liegen. Bei Kombination von Schamotte oder Magnesit mit Feuerleichtsteinhintermauerung verschiedener Stärke treten oft noch sehr hohe Kontakttemperaturen zwischen Schamotte oder Magnesit einerseits und Feuerleichtsteinhintermauerung andererseits auf, die Außenwandtemperaturen sind entsprechend den Stärkenverhältnissen niedriger. In der Praxis werden die Außentemperaturen durch eine äußere Isolierschicht üblicher Art, z. B. aus Kieselgur, Asbest oder Glaswolle sowie Rotziegelmauerwerk, niedriger, die Kontakttemperaturen jedoch erhöht werden.

Bei den angenommenen Innenwandtemperaturen muß beachtet werden, daß sie stellenweise höher liegen als die Ofenraumtemperaturen selbst. Dies hängt wesentlich von der Art der Beheizung und der Größe und Ausbildung der Flamme im Verhältnis zur Größe und Form des Ofenraumes ab. In krassen Fällen kommt es auch zur direkten Flammenberührung mit dem feuerfesten Material der Wand. Auch die Strömungsverhältnisse und die Druckbedingungen im Ofen spielen eine wesentliche Rolle. Überdruckfeuerung gibt eine andere Temperaturverteilung als eine Unterdruckfeuerung. Für die Wandbeanspruchung muß immer damit gerechnet werden, daß lokale Überhitzungen durch ein strömungsmäßig und strahlungsbedingtes größeres Wärmeangebot auftreten, so daß das Mauerwerk für eine

Innentemperatur ausgelegt werden muß, die entsprechend höher ist, als es der mittleren Betriebstemperatur des Ofens entspricht. Reduzierende Ofenbedingungen erfordern einen besonders hohen Sicherheitsfaktor.

Die Zustellung von Öfen mit Feuerleichtsteinen erfolgt engfugig unter Verwendung von Leichtsteinmörtel. Die Anwendung dieser Mörtel ist jedoch nur dann gerechtfertigt, wenn deren Sintertemperaturen erreicht werden. Vielfach verwendet man chemisch-keramisch bindende Klebemassen, welche schon bei niedrigen Temperaturen verfestigen. Sie ermöglichen die Vermauerung von Leichtsteinen mit sehr engen Fugen von etwa 1 mm und werden auf verschiedener Basis, z. B. Silikat-, Phosphat- oder Tonerdeschmelzzementbindung u. a., hergestellt.

Auf ähnlicher Grundlage kommen auch die Porenverschlußmassen zum Einsatz. Das Aufbringen auf die poröse Oberfläche des Feuerleichtsteinmauerwerkes kann durch Streichen oder Spritzen der feuerraumseitigen Oberfläche nach der Zustellung des Mauerwerkes erfolgen. Solche Porenverschlußmassen wurden bereits für Anwendungstemperaturen bis 1600° C entwickelt. Beim Eintrocknen dieser Überzüge darf es zu keinen so großen Spannungen kommen, daß die Festigkeit der Unterlage, in diesem Fall des Feuerleichtsteines, überschritten wird. Bei höheren Temperaturen muß der Ausdehnungskoeffizient des eingebrannten Überzuges und der Unterlage möglichst gleich sein.

DIE FÜR DIE PRAXIS WICHTIGEN QUALITÄTSMERKMALE DER FEUERLEICHTSTEINE

1. Die Wärmeleitzahl

Die Wärmeleitzahl von Feuerleichtsteinen ergibt sich aus der Wärmeleitung des kristallinen Anteiles, der Glasphase und der Poren. Die luftgefüllten Poren unterbrechen entsprechend der geringen Wärmeleitfähigkeit und Wärmekapazität der Luft den Wärmefluß. Bei höheren Temperaturen wird die Wärme in den Poren infolge Luftbewegung auch durch Konvektion und schließlich an den Poreninnenwänden durch Strahlung übertragen. Die Wirkung der Strahlung wächst mit der Porengröße. Bei gleicher Gesamt-Porosität ergibt ein feinporiger Stein bei höheren Temperaturen eine bessere Wärmedämmung als ein Feuerleichtstein mit weniger, aber größeren Poren. Form, Richtung und Durchströmbarkeit der Poren sind daran ebenfalls beteiligt.

Außerdem wird die Wärmeleitfähigkeit noch von der Anordnung der homogenen Bereiche im Feuerleichtstein, den Übergangswiderständen an den Grenzflächen der Körner, Poren und Glasteilchen und von Wärme- und Gefügespannungen[3] beeinflußt.

Auf die Ermittlung der Wärmeleitzahlen feuerfester Baustoffe wurde in anderen Arbeiten bereits ausführlich eingegangen[4].

Einen Anhaltspunkt für die Wärmeleitzahl gibt bei ähnlicher Zusammensetzung und Porenausbildung das Raumgewicht.

Wie Abb. 7 zeigt, erhält man so eine annähernd lineare Beziehung zwischen Raumgewicht und der Wärmeleitzahl bei gleichen Ofenwandtemperaturen.

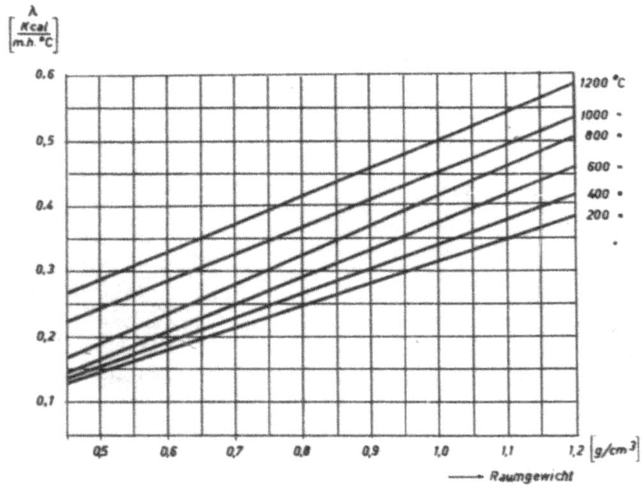

Abb. 7: Wärmeleitfähigkeit von Feuerleichtsteinen verschiedener Raumgewichte

Da die Wärmeleitzahl eine reine Stoffkomponente ist, kann die Wärmeleitfähigkeit bei gleichem Raumgewicht und verschiedener stofflicher Zusammensetzung erhebliche Unterschiede zeigen. Verschiedene spezifische Gewichte ergeben bei gleichem Raumgewicht auch verschiedene Porositäten. Abb. 8 vergleicht einen Schamotte-Feuerleichtstein und einen tonerdereichen Feuerleichtstein mit demselben Raumgewicht von 1,1 g/cm^3.

2. Volumsbeständigkeit

Von einem Feuerleichtstein muß man verlangen, daß er sein Volumen bis zur zulässigen Verwendungstemperatur auch im Dauerbetrieb nicht wesentlich verändert, damit es nicht zu übermäßigen Spannungen und dadurch zu Zerstörungen im Mauerwerk kommt.

Der Einfluß der reversiblen thermischen Ausdehnung ist im praktischen Einsatz der Feuerleichtsteine relativ gering. Der thermische Ausdehnungskoeffizient entspricht zwar ungefähr jenem der stofflich gleichen, dichten Steine, kommt

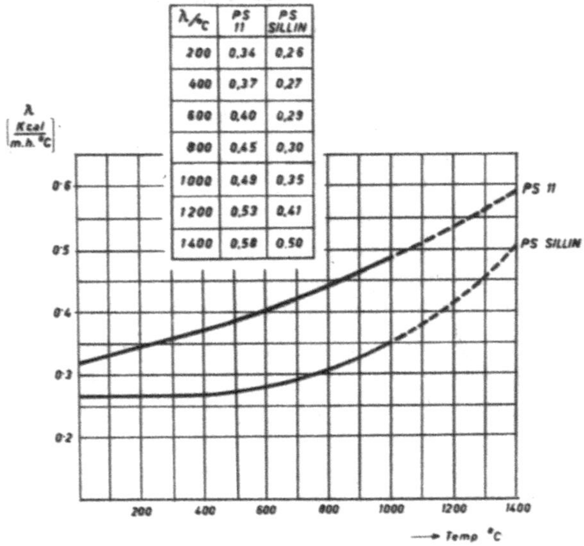

λ/°C	PS 11	PS SILLIN
200	0,36	0,26
400	0,37	0,27
600	0,40	0,29
800	0,45	0,30
1000	0,49	0,35
1200	0,53	0,41
1400	0,58	0.50

	RG	Al_2O_3 + TiO_2	spez Gew	Porosität
PS 11	1,1	38	2.65	58
PS-SILLIN	1,1	60	2.95	63

Abb. 8: Wärmeleitfähigkeit von Feuerleichtsteinen mit dem Raumgewicht 1,1 g/cm^3

jedoch durch die innere Nachgiebigkeit der hochporösen Feuerleichtsteine nicht voll zur Wirkung.

Die bleibende Schwindung oder Dehnung bezeichnet man als Nachschwinden bzw. Nachwachsen. Es sind dies jene Volumsänderungen, welche noch nach dem Abkülenh auf Raumtemperatur gegenüber dem kalten Ausgangszustand feststellbar sind.

Die Volumsbeständigkeit beeinflußt insbesondere die zulässige Verwendungstemperatur. Ein Feuerleichtstein kann nur bis zu jener Maximal-Temperatur eingesetzt werden, bei der seine vorübergehende oder bleibende Dehnung oder Schwindung ein bestimmtes Maß nicht überschreitet. Bei den Feuerleichtsteinen auf Tonerdesilikatbasis muß insbesondere das Nachschwinden kontrolliert werden. Dies geschieht durch Dauerbehandlung bei Temperaturen bis zur jeweiligen Anwendungsgrenze.

Abb. 9 zeigt das Nachschwinden einiger Feuerleichtsteine verschiedener Raumgewichte und verschiedener Zusammensetzung bei allseitiger Temperatureinwirkung und einer Haltzeit von 24 Stunden.

Wie man sieht, ist das Nachschwinden einerseits von der Zusammensetzung (Schamottefeuerleichtstein PS und tonerdereicher Feuerleichtstein PS-Sillin)

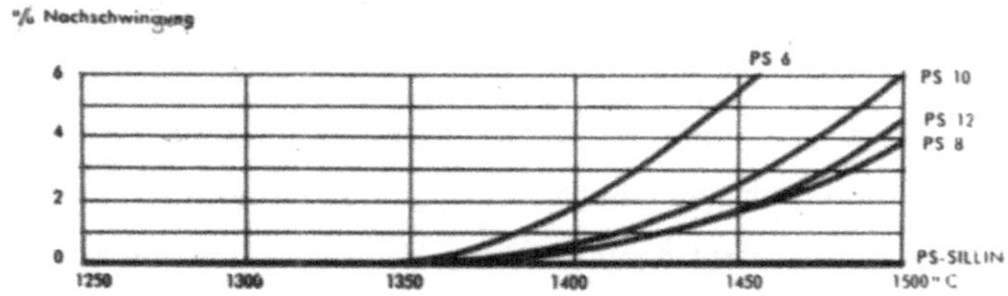

Abb. 9: Nachschwinden einiger Feuerleichtsteine verschiedener Raumgewichte und verschiedener Zusammensetzung bei allseitiger Temperatureinwirkung und einer Temperaturhaltezeit von 24 Stunden

abhängig, andererseits aber auch von der Textur und Porenausbildung (PS 6, PS 8 und PS-Sillin sind ausserordentlich feinporige Feuerleichtsteine, PS 10 und PS 12 enthalten höhere Anteile an gröberen Poren).

3. Festigkeit

Die Kaltdruckfestigkeit ist nur ein Anhaltspunkt für das mechanische Verhalten der Feuerleichtsteine . Im Einsatz wäre darüber hinaus die Festigkeit bei der herrschenden Temperatur (Heißdruckfestigkeit) maßgeblich. Es ist bekannt, daß die Festigkeit ähnlich wie bei dichten Schamottesteinen zwischen 900 und 1000 °C ein Maximum durchläuft, um dann wieder abzusinken. Feuerleichtsteine auf Schamottebasis zeigen allgemein ein weniger stark ausgeprägtes Festigkeitsmaximum als die Schamottesteine. Das Festigkeitsmaximum bei tonerdereichen Feuerleichtsteinen ist wiederum stärker ausgeprägt[3].

4. Standfestigkeit bei hohen Temperaturen

Bei der Standfestigkeit eines Feuerleichtstein-Mauerwerkes muß man berücksichtigen, daß es meist nur zu einer einseitigen Temperaturaufschlagung der Auskleidung kommt. Der Temperaturgradient ist in einer Feuerleichtsteinwand sehr groß und der Stein nimmt nur zum geringen Teil die Ofentemperatur an.

Die Standfestigkeit bei hohen Temperaturen wird oft in Ermangelung anderer Prüfeinrichtungen durch die Druckfeuerbeständigkeitsprüfung bei geringen Belastungen, meist 0,5 kp/cm^2, beurteilt. Man kann dazu auch den aufwendigen Druckfließ-Versuch heranziehen. Aber alle diese Methoden betreffen das Verhalten des Prüflings im homogenen Temperaturfeld und weichen daher von der Beanspruchung in der Praxis ab. Das Ziel müßte eine Prüfung sein, bei der die Wärmebeaufschlagung nur von einer Seite kommt, also etwa ein modifizierter Panel-Test.

5. Die Temperaturwechselbeständigkeit

Feuerleichtsteine können in Wärmebehandlungsöfen auch einem starken Temperaturwechsel unterworfen sein, z. B. bei diskontinuierlich betriebenen Öfen durch schnelles Aufheizen und Abkühlen. Große Temperaturunterschiede können auch zwischen Steinoberfläche und Steininnerem plötzlich auftreten. Die dadurch hervorgerufenen Spannungen können bei Überschreitung der Festigkeitsgrenze zur Zerstörung des Gefüges durch Rißbildung führen (Zug-, Schub- und Scherspannungen).

Gegenüber normalen Schamottesteinen ist nun die Temperaturwechselbeständigkeit von Feuerleichtsteinen schon infolge ihrer niedrigeren Festigkeit und geringeren Temperaturleitfähigkeit im allgemeinen schlechter. Durch Rohstoffauswahl und Gefügeausbildung kann sie jedoch verbessert werden.

Ein Anhaltspunkt über die Temperaturwechselbeständigkeit kann durch allseitiges Erhitzen auf 950° C und anschließendes Abkühlen an der Luft nach Auflage auf eine gekühlte Metallplatte erhalten werden.

Derartige Abschreckzahlen zeigen die für die bekannte Temperaturwechselbeständigkeitsprüfung üblichen Streuwerte. Besonders interessant ist das Verhalten feinporiger Feuerleichtsteine mit niedrigem Raumgewicht. Bereits nach ein bis zwei Abschreckungen treten die ersten sichtbaren Risse auf, pflanzen sich aber dann nicht mehr sehr wesentlich fort. Solche Steine halten trotz der entstandenen feinen Risse oft auch noch nach 20 und mehr Abschreckungen zusammen.

Tonerdereiche Feuerleichtsteine haben durch bessere Elastizitätseigenschaften des Feststoffgerüstes infolge der weitergehenden Mullitisierung eine bessere Temperaturwechselbeständigkeit als Schamotte-Feuerleichtsteine.

Im allgemeinen kann man bei den Abschreckversuchen immer wieder feststellen, daß die Steine in der Praxis ein viel besseres Temperaturwechselbeständigkeitsverhalten zeigen als man auf Grund der Laborwerte annehmen müßte.

Zahlentafel 1 gibt eine Zusammenstellung der Eigenschaftswerte von Schamotte-Feuerleichtsteinen verschiedener Raumgewichte und von einem tonerdereichen Feuerleichtstein

Zahlentafel 1 : Qualitätsmerkmale verschiedner Feuerleichtsteine

	PS 5	PS 6	PS 8	PS 10	PS 12	PS-Sillin
Raumgewicht, g/cm^3	0,5	0,6	0,8	1,0	1,2	1,1
Feuerfestigkeit, SK	31	31	32	32	33	37
" °C	1690	1690	1710	1710	1730	1825
Anwendungsgrenze °C	1300	1350	1400	1400	1420	1550
Kaltdruckfestigkeit kp/cm^2	10 - 15	15 - 20	50 - 60	80 - 100	100 - 125	100 - 150
Druckfeuerbeständigkeit bei Belastung von 0,5 kp/cm^2 t_a °C	1300	1350	1400	1400	1450	1500
t_a °C	1450	1550	1600	1600	üb. 1600	1650
Porosität Vol.-%	80	75	68	60	54	65
Al_2O_3 TiO_2 Gew.-%	36 - 40	36 - 40	36 - 40	36 - 40	36 - 40	60
Fe_2O_3 Gew.-%	ca. 1,5	ca. 1,5	ca. 1,5	ca. 1,5	ca. 1,5	unter 1,0
Mittlere Wärmeleitzahl zwischen 0 und 1000° C kcal/m.h. ° C	0,17	0,20	0,29	0,36	0,42	0,30
Lineare Nachschwindung (bei 24-stündiger Haltezeit auf der angegebenen Anwendungstemperatur) %	0,5	0,3	0,3	0,3	0,3	0,5
Nachschwinden von max. 2 % bei 24 Stunden °C	1380	1430	1450	1450	1450	1650

6. Anwendungsgrenze

Unter Anwendungsgrenze versteht man die Maximaltemperatur, mit welcher ein Feuerleichtstein ofenraumseitig noch dauerbeaufschlagt werden kann. Sie richtet sich nicht allein nach der Feuerfestigkeit, also dem Segerkegelfallpunkt. Viel maßgeblicher ist jene Grenztemperatur, bei welcher die Steine das zulässige Maß für das Nachschwinden oder Nachwachsen nocht nicht überschreiten. Für dieses Maß wird von der PRE in Anlehnung an amerikanische Normen die 3-% Grenze vorgeschlagen. Dies ist jene Temperatur, bei der ein Normalsteinabschnitt von 100 mm nach 24-stündiger Temperaturhaltezeit 2 % schwindet bzw. wächst.

Auf den ersten Blick erscheint dieser Wert zu hoch, man muß jeodch bedenken, daß die betreffenden Volumsänderungen bei einseitiger Temperaturbeaufschlagung, also als Mauerwerk, wesentlich geringer sind.

Von verschiedenen Seiten wird aus Sicherheitsgründen eine 1-% - Grenze ins Auge gefaßt. Nach unseren eigenen Erfahrungen mit Feuerleichtsteinen auf Basis Aluminiumsilikat und um bei der noch herrschenden Unsicherheit bezüglich der Aussagekraft der bisherigen Nachschwindversuche ganz sicher zu gehen, betrachtet man vom Standpunkt des Erzeugers jene Temperatur als Anwendungsgrenze, bei welcher ein Stein nicht mehr als 0, 5 % nachschwindet.

In neuester Zeit werden auch noch andere Möglichkeiten für einen Labortest hinsichtlich der Anwendungsgrenze vorgeschlagen. Insbesondere sind diese Prüfwerte, welche man aus der Druckfeuerbeständigkeitsprüfung bei 0, 5 kp/cm^2 oder 0, 25 kp/cm^2 der Biegeerweichung und der vollkommen belastungsfreien Dehnung ableitet[1]. Bei reduzierender Ofenatmosphäre muß die aus diesen Prüfungen abgeleitete Anwendungsgrenztemperatur um etwa 100° C herabgesetzt werden.

Gleichgültig welchen Test man aber letzten Endes als für die Bestimmung der Anwendungsgrenze am maßgeblichsten gefunden haben wird, die Bewährung in der Praxis wird stets das endgültige Urteil abgeben.

DIE ENTWICKLUNG GUTER, LEISTUNGSFÄHIGER FEUERLEICHTSTEINE

Die Entwicklung hochgezüchteter Feuerleichtsteine hängt von den Rohstoffen und deren Verarbeitung, wie Massenaufbereitung, Formgebung und Brand, weitgehend ab.

Als Rohstoffe werden reine feuerfeste Tone mit vorwiegend Kaolinit als Tonmineral bevorzugt. Dabei ist ein möglichst geringer Gehalt an Fremdmineralen und Flußmitteln anzustreben. Solche Tone geben beim Erhitzen charakteristische Wärmeeffekte, welche bei der Differenzialthermoanalyse einen in Abb. 10 wiedergegebenen bekannten Kurvenverlauf zeigen.

Kaolinit verliert unter Wärmeverbrauch zwischen 500 und 600° C sein Konstitutionswasser und geht in den sogenannten Meta-Kaolonit über. Zwischen 950 und 970° C erfolgt eine starke Wärmeabgabe und Verdichtung., die auf einen Ausheileffekt oder einen Erholvorgang des Gitters zurückzuführen sind, bei dem die rund 30 Vol. -% Gitterlücken vom Verlust des Konstitutionswassers verschwinden. Aus der entstandenen instabilen Zwischenform mit Spinellmatrix wachsen bei längerem Erhitzen über 1000° C durch Diffusion von Al^3 - und Si^4 -Ionen Mullitkristalle der Zusammensetzung $2Al_2O_3 \cdot SiO_2$ bis $3Al_2O_3 \cdot 2\,SiO_2$, indem SiO_2 aus dem Gitterverband ausgeschieden wird[5].

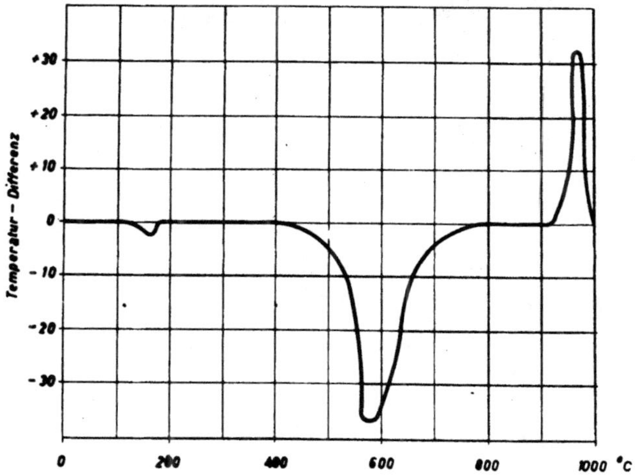

Abb. 10: DTA-Kurve von Kaolinit

Die vereinfachten Phasengleichgewichte im System Al_2O_3-SiO_2 sind in Abb. 11 wiedergegeben.

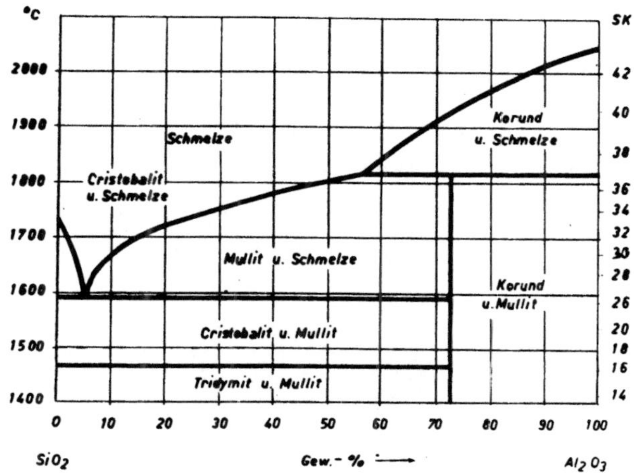

Abb. 11: Phasengleichgewichte im System $Al_2/_3$-SiO_2, SK = Segerkegelfallpunkt

Gute Schamotte-Feuerleichtsteine enthalten um 40 % Tonerde, eine Tonerdeanreicherung bringt eine Erhöhung der Feuerfestigkeit entlang der Liquiduskurve. Die stets anwesenden Flußmittel Alkalien, Erdkalien und Eisenoxyde setzen die Feuerfestigkeit je nach der Höhe ihres Gehaltes herab. Die stabile Verbindung bis zu hohen Temperaturen in diesem System ist der Mullit. Seine Bildung entsprechend der Gleichgewichtslage soll schon bei möglichst niedriger Temperatur und in feiner, gleichmäßiger Form erfolgen. Dabei soll sich eine möglichst geringe Menge an Glasphase ergeben. Diese ist weitgehendst von der Art des Tones und seinem Aufschluß abhängig.

Abb. 12 zeigt an Hand eines Pulverpräparates die nadelig ausgebildeten Mullit-Kristalle eines gebrannten Feuerleichtsteines mit 38 % Tonerde und einem Raumgewicht von 0,8 g/cm^3.

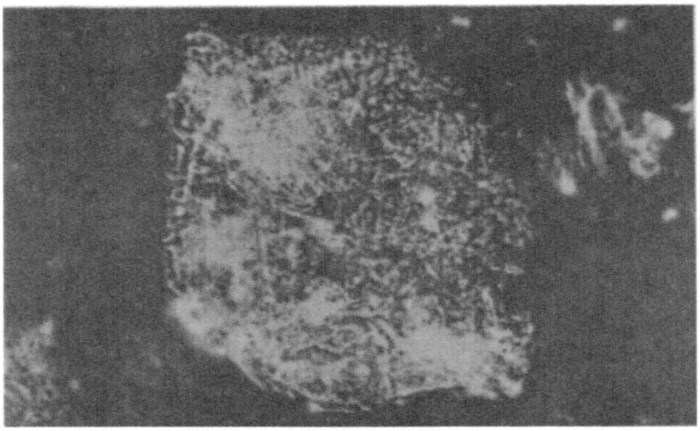

Abb. 12: Mullitkristalle eines gebrannten Schamotte-Feuerleichtsteines mit Raumgewicht 0,8 g/cm^3 Vergrößerung 1000-fach

Zählrohrgoniometeraufnahmen lassen die Mullitbildung durch Auftreten der charakteristischen "peaks" erkennen.

Während in Abb. 13 bei Schamotte-Feuerleichtsteinen nur Mullit erkennbar ist, tritt beim tonerdereichen Stein (Abb. 14) auch noch Korund auf. Bei längerer Temperaturbehandlung im Gebrauch setzt sich dieser Korund unter Aufnahme von Kieselsäure aus der Tonsubstanz laufend weiter in Mullit um.

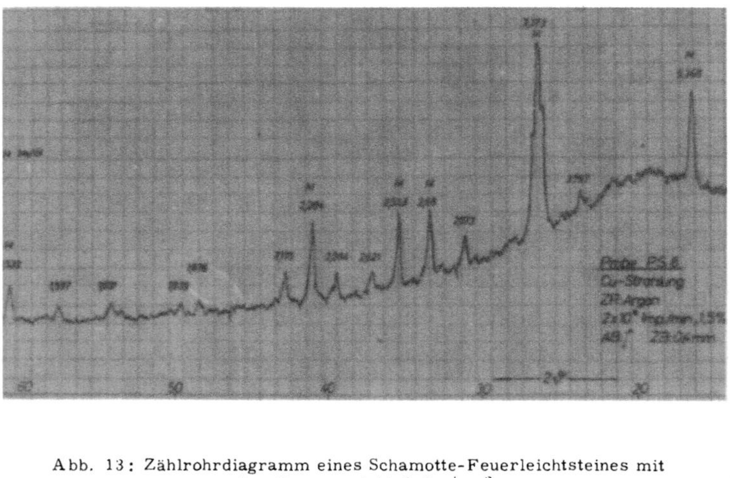

Abb. 13: Zählrohrdiagramm eines Schamotte-Feuerleichtsteines mit dem Raumgewicht 0,8 g/cm^3

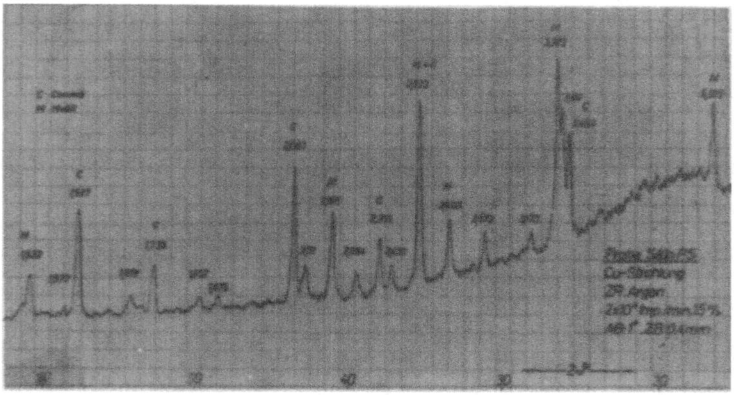

Abb. 14 : Zählrohrdiagramm eines tonerdereichen Feuerleichtsteines mit einem Raumgewicht von 1, 1 g/cm^3

Eine feine, gleichmäßige Mullitisierung der Tonsubstanz ist für die mechanischen und elastischen Eigenschaften eines Feuerleichtsteines dieser Art von entscheidender Bedeutung.

Feststoffgerüst und Poren bilden zusammen die Textur des Feuerleichtsteines. Über ihren Einfluß auf die Eigenschaften wurde bereits ausführlich gesprochen.

Abb. 15 zeigt eine Übersichtsaufnahme der Verteilung zwischen Feststoff und Poren bei einem Schamotte-Feuerleichtstein mit Raumgewicht 0, 8 g/cm^3.

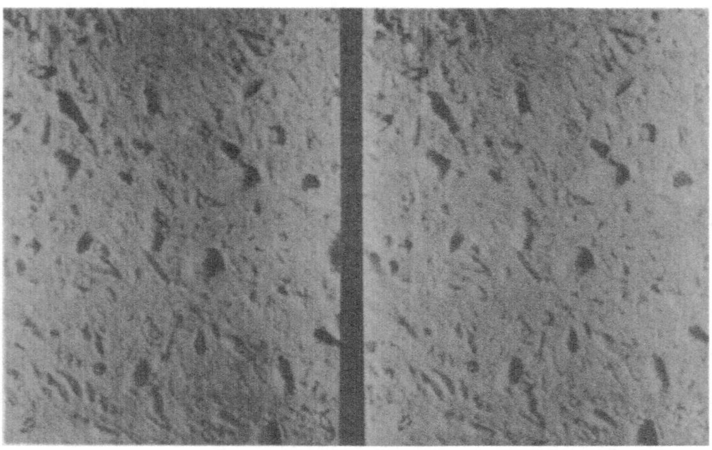

Abb. 15 : Stereo-Übersichtsaufnahme eines Schamotte-Feuerleichtsteines mit einem Raumgewicht von 0, 8 g/cm^3 Vergrößerung 4-fach

Für die Herstellung von Schamotte-Feuerleichtsteinen auf Aluminiumsilikat-Basis werden außer Ton noch mehr oder weniger große Zusätze von Magerungsmitteln (Leichtschamotte, Feuerleichtsteinbruch, Sillimanit, Bauxit, calzinierte Tonerde, Korund etc.) und Ausbrennstoffe verwendet.

Abb. 16 stellt ein Schema für den Produktionsablauf von Feuerleichtsteinen auf Aluminiumsilikat-Basis dar.

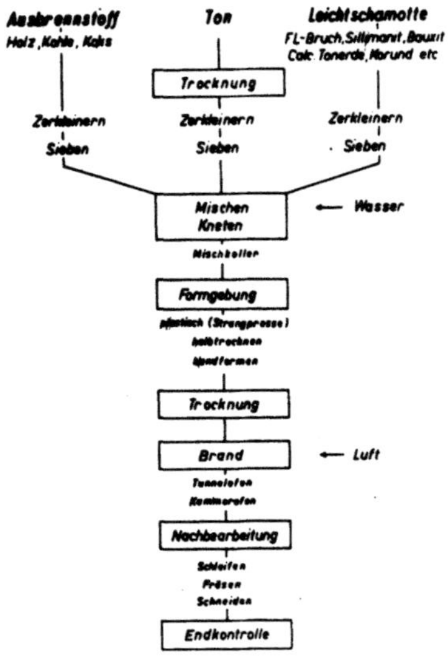

Abb. 16 : Produktionsablauf für Feuerleichtsteine

Die üblichsten Ausbrennstoffe zur Porenbildung sind Holz, Kohle und Koks in feinster Form. Sie sollen möglichst geringe, flußmittelarme Aschenbestandteile enthalten. Darüber hinaus finden noch Korkabfälle, Lederabfälle, Obstkerne und ähnliche Verwendung. Andere Porenbildner sind Gastreibemittel, Schäumer, Perlit, Reisschalenasche, Naphtalin, Kunststoffe u. s. f.

Die Formgebung beeinflußt sehr wesentlich die Textur, welche gleichmäßig und nach dem Brand möglichst mit geringen Spannungen durchsetzt sein soll. Es wird vorwiegend plastisch, gelegentlich aber auch halb-trocken durch Verpressen auf hydraulischen oder mechanischen Pressen verformt. Bei komplizierten Formen mit geringen Stückzahlen ist auch eine Handverformung mit Preßluftstampfern möglich.

Bei plastisch verformten Leichsteinen ist die besonders starke Richtungsabhängigkeit der Festigkeit und der Wärmeleitfähigkeit mit Rücksicht auf ihren späteren Einbau zu beachten.

Beim Brand von Feuerleichtsteinen in Tunnel- oder Kammeröfen ist bei Verwendung der üblichen Ausbrennstoffe dem vollständigen Ausbrand besondere Bedeutung beizumessen. Brennfehler durch schwarze Kerne treten dann auf, wenn der Ausbrennstoff vor der Oberflächenverdichtung noch nicht restlos verflüchtigt ist. Solche Steine sind mürbe und haben eine verminderte Isolierwirkung.

Feuerleichtsteine werden häufig noch einer Nachbearbeitung durch Schleifen, Fräsen oder Schneiden unterworfen. Die gute Bearbeitbarkeit der Feuerleichtsteine ermöglicht es dem Steinhersteller, heute genau auf das gewünschte Maß zugeschliffene, genormte, aber auch ausgefallene Formate in engsten Toleranzen zu erzeugen.

EINSATZ VON FEUERLEICHTSTEINEN IN DER PRAXIS

Über den Wert des Einsatzes von Feuerleichtsteinen in der Praxis ist man sich im Klaren, wie ein Beispiel unter Mitverwendung von Zahlen aus den "Wärmetechnischen Rechnungen" von W. Heiligenstaedt[2] zeigen soll:

In der folgenden Tabelle 2 wird der Einfluß der Wandausbildung auf den Wärmeverbrauch eines Temperofens mit abhebbarem Deckelgewölbe und einem Einsatz von 4,5 t Temperware und 6 t Erz wiedergegeben. Die Glühdauer einschließlich der Aufheizung beträgt 120 Stunden, die Abkühlung bis zur neuen Glühung 60 Stunden. Als Brennstoff dient Erdgas mit 8 500 kcal/Nm^3, für welches ein Richtpreis von ö. S. 0,65/Nm^3 angenommen wird. Verglichen werden folgende Ausmauerungen:

a) 380 mm Schamotte
b) 380 mm Feuerleichtsteine, Raumgewicht 0,95 g/cm^3
c) 250 mm Feuerleichtstein und
   125 mm Isoliersteine, Raumgewicht 0,45 g/cm^3
   100 mm Schlackenwolle

   Das Gewölbe besteht nur aus Feuerleichtsteinen und Schlackenwolle.

Die Einsparung an Brennstoffkosten pro Tonne Einsatz beträgt bei Verwendung von Feuerleichtsteinen gegenüber Schamotte 55 %. Die Isolierung verbessert ebefalls den Verbrauch., doch bringt sie nicht den vollen Nutzen, weil der Speicherverlust wegen der stärkeren Durchwärmung der Wand steigt. Bei kürzerer Glühdauer könnte sogar der Rückgang des Wandverlustes durch den erhöhten Speicherverlust ausgeglichen werden.

Zahlentafel 2 : Einfluß der Wandausbildung auf den Wärmeverbrauch und die Brennstoffkosten eines Temperaofens

	a) Schamotte		b) Feuerleicht-steine		c) Feuerleicht-steine Isolierung	
	kcal/Glühung	%	kcal/Glühung	%	kcal/Glühung	%
Nutzwärme	970.000	2,4	970.000	5,4	970.000	6,4
Töpfe u. Erz	2,210.000	5,5	2,210.000	12,2	2,210.000	14,7
Wandverlust	14,450.000	36,1	4,800.000	26,5	2,090.000	13,8
Speicherwerlust	4,750.000	11,9	2,130.000	11,8	3,170.000	21,0
Abgaseverlust	17,620.000	44,1	7,990.000	44,1	6,660.000	44,1
Wärmeverbrauth	40,000.000		18,100.000		15,100.000	
kcal/to	1 8,900.000		4,020.000		3,350.000	
Nm^3 Erdgas/to	105		47		40	
Kosten ö.S. /to	68,3		30,6		26,0	

Abb. 17 zeigt den Deckel eines Tempertiefofens aus Schamotte-Feuerleichtsteinen (Raumgewicht 1,0 g/cm^3, Format 4G4) nach ca. 4000 Betriebsstunden bei 1000° C (entsrpechend etwa 100-maligem Aufheizen). Die Abhebe-Temperatur beträgt 1000° C. Dieser Ofen gehört zu einer Anlage aus 6 Öfen gleicher Art und einem kleineren Ofen, erdgasgefeuert durch Brennerkanäle, Besatzgut ca. 13 t Temperware.

Abb. 17 : Tempertiefofen-Deckel nach 4000 Betriebsstunden bei 1000° C, ent-entsprechend etwa 100-maligem Aufheizen, Abhebe-Temperatur 1000° C, zugestellt mit Feuerleichtsteinen STYROZELL PS 10 (Raumgewicht 1,0 g/cm^3)

Allgemeine Anwendungsgebiete für den direkten, feuerraumseitigen Einsatz von Feuerleichtsteinen sind insbesondere Wärmebehandlungsöfen, Glühöfen verschiedenster Art, Walzwerköfen, Schmiedeöfen, Stoßöfen, Temperöfen u. a.

Von der vielfältigen praktischen Bewährung des Einsatzes von Feuerleichtsteinen in Wärmebehandlungsöfen können hier lediglich einige Beispiele mit kurzer Beschreibung herausgegriffen werden. Ein Durchlaufglühofen zum Wärmebehandeln von Stangenmaterial und für Drahtbunde, Leistung 1,8 t/h, Erdgasbeheizung, ist bereits 4 Jahre in Betrieb. Alle Zonen sind mit Feuerleichtsteinen (Raumgewicht 0, 8 bis 1, 2 g/cm^3) ausgemauert. Der Zustand des Mauerwerkes ist einwandfrei. Bei einer Grobkorn-Glühanlage zur Wärmebehandlung von Schmiedeteilen ist die Isotherm-Zone mit Feuerleichtsteinen (Raumgewicht 0, 8 g/cm^3) zugestellt und seit 4 Jahren einwandfrei in Betrieb. In einem großen österreichischen Stahlwerk wurde vor kurzem ein Banddurchlaufglühofen mit Schamotte-Feuerleichtsteinen (Raumgewicht 0, 5 g/cm^3) zugestellt. In demselben Stahlwerk ist eine Vergütungsanlage, bestehend aus Normalisieröfen, Härteöfen und Anlaßöfen zur Wärmebehandlung von Schmiedeteilen, ausgemauert mit Feuerleichtsteinen (Raumgewicht 0, 8 bzw. 1, 2 cm^3), Beheizung mit Koksofengas, bereits seit 3 Jahren in Betrieb, wobei der Zustand des Mauerwerkes vollkommen in Ordnung ist. In Haubenglühöfen bietet sich der Einsatz von Feuerleichtsteinen auch wegen ihres geringen Gewichts zur Einsparung des Aufwandes für Aufhebe- und Tragkonstruktion an. In einem österreichischen Edelstahlwerk ist eine Haubenglühofenalage, bestehend aus zwei Ferré-Hauben, Strahlrohr beheizt, und zwei direkt beheizten Ofenhauben zum Glühen von Bändern aus legiertem Stahl unter Schutzgas, ausgemauert mit Feuerleichtsteinen (Raumgewicht 0, 5 g/cm^3), bereits in bestem Zustand. Lediglich leichte mechanische Beschädigungen am unteren Rand wurden inzwischen mit Feuerleichtsteinen ausgebessert. Ein Vorteil war hier die Möglichkeit der Verwendung der bestehenden Krananlagen, deren Hubkraft mit 5 t begrenzt war. In zahlreichen Haubenglühöfen für ausländische Stahlwerke hat sich in den letzten Jahren der Einsatz von tonerdereichen Feuerleichtsteinen (60 % Al_2O_3, Raumgewicht 1, 1 g/cm^3) für den Zylindermantel und Schamotte-Feuerleichtsteine (Raumgewicht 0, 8 g/cm^3) für die Haubendecke bestens bewährt. In einem steirischen Eisenwerk werden gegenwärtig unter anderem für einen modernen Schmiedebetrieb ein Entspannungsglühofen und drei Normalisieröfen als Herdwagenöfen verschiedener Größe unter Verwendung von Feuerleichtsteinen (Raumgewicht 0, 8 g/cm^3) für die Gewölbe und Seitenmauer gebaut.

Bei zusätzlicher Beanspruchung durch Schlacken, Flugstäube oder schädliche Atmosphären können Feuerleichtsteine durch Überzüge geschützt oder als Hintermauerung auch für hohe Kontakttemperaturen bei geringen Verschleißfutterstärken eingesetzt werden.

Durch die Entwicklung der Feuerleichtsteine steht heute für viele Anwendungsgebiete ein maßgenauer Konstruktionswerkstoff mit sehr guten Festigkeiten und günstigen wärmetechnischen Eigenschaften bis zu Höchsttemperaturen zur Verfügung.

ZUSAMMENFASSUNG

Nach einer Definition für Feuerleichtsteine zur Unterscheidung von Isoliersteiben einerseits und sogenannten dichten feuerfesten Steinen andererseits wird auf die thermischen Eigenschaften und deren Bedeutung für den Einsatz von Feuerleichtsteinen auf Basis Aluminiumsilikat und Tonerde eingegangen. Dabei spielen die wirtschaftlichen Momente für die Wahl solcher Steine eine große Rolle. Die Vorteile der Isolierwirkung von Feuerleichtsteinen gegenüber dichten feuerfesten Baustoffen werden an Hand von Kurven und Diagrammen für einschichtige und mehrschichtige Mauerwerke verglichen und Beispiele für den Temperaturverlauf in solchen Mauerwerken angeführt. Die für die Praxis wichtigen Qualitätsmerkmale von Feuerleichtsteinen wir Wärmeleitfähigkeit, Porosität, Raumgewicht, Volumsbeständigkeit, Wärmeausdehnung, Festigkeit und Temperaturwechselbeständigkeit werden besprochen. Der Frage der Anwendungsgrenztemperatur wird besondere Bedeutung beigemessen. Es folgt einiges über die Entwicklung guter Feuerleichtsteine, die Bedeutung der physikalisch-chemischen Grundlagen, die Rolle der Rohstoffe und den Produktionsablauf für Schamotte-Feuerleichtsteine und tonerdereiche Feuerleichtsteine. Abschließend werden noch einige Beispiele für den praktischen Einsatz solcher Feuerleichtsteine in Wärmebehandlungsöfen angeführt.

LITERATURVERZEICHNIS

1 SCHWIETE, H. E. und K. KONOPICKI, Institut für Gesteinshüttenkunde Technische Hochschule Aachen und Forschungs-Institut der Feuerfest-Industrie Bonn: In Vorbereitung "Klassifikation und Eigenschaften wärmedämmender Steine - Kritik der Prüfmethoden - Richtlinien zur Anwendung von wärmedämmenden Steinen - Entwicklungstendenzen auf dem Gebiet der Feuerleichtsteine"

2 HEILIGENSTAEDT, W.: "Wärmetechnische Berechnungen für Industrie-Öfen", 3. Auflage, Verlag Stahl-Eisen, Düsseldorf, 1955

3 SCHWIETE, H. E. : Tagung von 24. 1. 1966 im Haus der Technik, Essen über "Feuerfest-Stoffe im Ofenbau und Hüttenwesen" Vulkan-Verlag Dr. W. Classen-Essen 1966, H 77, S. 47-61

4 LEHMANN, H.: "Stand und Entwicklungstendenzen bei der Prüfung feuerfester Werkstoffe", Vortrag gehalten am 2. 3. 1967 anläßlich der Vortragsreihe "Feuerfeste Baustoffe in der Eisenhüttenindustrie" des technisch-wissenschaftlichen Vereins EISENHÜTTE ÖSTERREICH in Leoben.

5 FREUND, F. : Ber. Dtsch. Keram. Ges. 44 (1967) H 1, S. 5-13 "Kaolinit - Metakaolinit, Modellfall eines Festkörpers mit extrem hohen Störstellenkonzentrationen."

Dr. phil. Richard REISSNER und
Dipl. Ing. Dr. techn. Ernst CERWENKA
Zentrallaboratorium der steirischen
Magnesit-Industrie A.-G.
8700 Leoben

METALLKERAMISCHE WERKSTOFFE IN DER EISENINDUSTRIE

Von G. Strohmeier, K. Sedlatschek und E. Pipitz, Reutte

Mit 17 Textabbildungen

Pulvermettalurgische Verfahren ermöglichen die Herstellung von Werkstoffen, die aus Metallen und nichtmetallischen Komponenten bestehen. Für diese Werkstoffe hat sich auch im deutschen Sprachgebrauch der Begriff "Cermets" eingeführt. Es ist zweckmäßig, diese Verbundwerkstoffe weiter zu unterteilen:

a) In Werkstoffe auf der Basis: Metall und Hartstoffe wie Karbide, Boride, Silizide, Nitride und

b) in die Oxyd-Cermets auf der Basis: Metall und Metalloxyd.

Die Verbundwerkstoffe auf der Basis Metall-Metallkarbide, die Hartmetalle, sind in der Stahlindustrie und im Maschinenbau unentbehrliche Materialien geworden. Ihr Hauptanwendungsgebiet ist die spanabhebende und spanlose Bearbeitung von Eisen und Stahl sowie der Werkzeugbau. In diesem Bericht soll jedoch auf diese Hartmetalle nicht weiter eingegangen werden.

Wenn man Oxyd-Cermets betrachtet, so haben die verschiedensten Gründe dazu geführt, sich mit der Entwicklung dieser Verbundstoffe zu beschäftigen und sie technisch anzuwenden.
Hierzu seien einige typische Beispiele genannt:

1. Die oxydische Komponente soll bestimmte physikalische Eigenschaften verbessern

Das thorierte Wolfram z. B. also ein Sinterwerkstoff auf der Basis $W-ThO_2$ hat im Vergleich zu reinem W eine stark erhöhte Elektronen-Emission. Dadurch ergeben sich wesentliche Verbesserungen bei Dauer-Elektroden für das Lichtbogen-Schweißverfahren und für Plasmabrenner. Auch in einer Reihe von Elektronenröhren werden die guten Emissions-Eigenschaften des thorierten W ausgenützt. Gleichzeitig wirkt sich dort die hohe Rekristallisationsfestigkeit durch eine verbesserte thermische Stabilität aus.

2. Die oxydische Komponente soll bestimmte mechanische Eigenschaften der metallischen Komponente verbessern

Durch Einbau von fein verteilten Oxyden hoher mechanischer Festigkeit wird die Warmfestigkeit bzw. die Kriechfestigkeit erhöht. Typische Beispiele dieser Art von Verbundwerkstoffen sind:

a) Das mit hohem Al-Oxydanteil gesinterte Aluminium nach dem S. A. P.-Verfahren, welches z. B. für hochwertige Kolben von Verbrennungsmotoren eingesetzt wird.

b) Das theorierte Nickel auf der Basis Ni-ThO_2 ergibt bei sehr hoher Temperatur eine stark erhöhte Warmfestigkeit im Vergleich zum reinen Nickel und allen warmfesten Nickellegierungen, Teile von Raketentriebwerken, Raketenspitzen usw.

c) Für thermisch mechanisch extrem hoch beanspruchte Bau- und Konstruktionsteile der Raketentechnik wird auch das schon kurz besprochene thorierte Wolfram eingesetzt.

3. Die oxydische Komponente soll metallurgische Eigenschaften wie z. B. die Korrosionsfestigkeit gegen Metallschmelzen und Schlacken verbessern

Als Beispiel dieser Gruppe können hier angeführt werden:

a) Verbundkörper aus Chrom-Oxyd und Chrom, die vor allem als Material für Thermo-Element-Schutzrohre entwickelt wurden. Ihr Anwendungsgebiet ist die Temperaturmessung bei der Erzeugung und Verarbeitung von Eisen, Stahl und anderen Metallen.

b) Verbundkörper auf der Basis Cr und Al_2O_3 wurden als oxydationsbeständiges Schutzrohrmaterial bis zu Temperaturen von 1600 bis 1650° entwickelt.

c) Verbundkörper aus Mo und Al_2O_3 wurden ebenfalls für die Verwendung als Thermo-Schutzrohre entwickelt, die bis zu Temperaturen von 1800 bis 1900° verwendbar sind.

d) Verbundkörper auf der Basis Cr, Mo und Al_2O_3 und Cr, W und Al_2O_3 werden derzeit vor allem in der Cu-Industrie auch für Meßzwecke eingesetzt.

4. Entwicklung des Cermotherms und einer Methode zur Dauertemperaturmessung im LD-Tiegel

Das LD-Verfahren hat unter allen Stahl-Erzeugungsverfahren die besten Voraussetzungen für eine automatische Steuerung des Prozeßablaufes. Dies ist umso bedeutungsvoller, weil durch den schnellen Ablauf des LD-Prozesses alle Beeinflussungsmöglichkeiten unter Zeitdruck stehen. Nun braucht aber jede elektronische Verfahrenssteuerung bestimmte Impulse, die für den Verfahrensablauf charakteristisch sind und die dem Computer laufend eingegeben werden müssen. Für diesen Vorgang wäre die jeweilige Temperatur der Schmelze sehr geeignet, wenn sie oft genug und mit genügender Genauigkeit zur Verfügung stehen würde. Auch ohne den Gedanken an eine automatische Verfahrenssteuerung ist die Frage, welche Temperatur die Schmelze jeweils hat, für die Herstellung einer LD-Charge von größtem Interesse, da bisher zur Lenkung des Verfahrens ohnehin nur sehr wenige und z. T. noch subjektive Merkmale zur Verfügung stehen. Gleichzeitig ergibt die laufende Temperaturaufschreibung ein objektives Protokoll über den zeitlichen Ablauf der metallurgischen Vorgänge jeder einzelnen Charge, was für Fehlerursachenforschung von entscheidender Bedeutung sein kann.

Über diese Problematik und alle vorherigen, nicht befriedigenden Versuche zur laufenden Temperaturmessung im LD-Stahlwerk Linz, fanden ausführliche Gespräche zwischen der VÖEST und dem Metallwerk Plansee statt. Es wurde daraufhin beschlossen, eigene Entwicklungsarbeiten mit dem Ziel der laufenden Temperaturmessung im LD-Tiegel einzuleiten.

Es wurde dabei absprachegemäß so vorgegangen, daß die Entwicklung der notwendigen Werkstoffe zum Arbeitsgebiet des MP gehören sollte. Die Überprüfung der Haltbarkeit und der Eignung für die kontinuierliche Temperaturmessung im LD-Prozeß wurde von der VÖEST durchgeführt.

Die Entwicklungsarbeiten begannen damit, daß ein Werkstoff gesucht werden sollte, welcher den Beanspruchungen im LD-Tiegel genügend lang widerstehen könnte. Erst dann sollten die weiteren Möglichkeiten bzgl. der Temperaturmessung untersucht werden. Es wurden die verschiedensten Materialien und ihre Kombinationen in Form von Probestäben in die Ausmauerung des LD-Tiegels eingebaut und ihre Widerstandsfähigkeit getestet. Die Ergebnisse mit den bekannten Materialien: Metallisches Wolfram, metallisches Molybdän, Molybdän und Al_2O_3, Hartstoffe auf der Basis Karbide und Boride, Titannitride usw.

zeigten sehr bald, daß alle Hoffnungen, die auf ihre Eignung gesetzt wurden, vergeblich waren. Es wurden Ideen, für die schon Patente zur Temperaturmessung angemeldet wurden, nicht weiter verfolgt, einfach weil die Beständigkeit des vorgesehenen Materials im LD-Tiegel nicht die unbedingt notwendigen Werte ergeben hatte. Auch alle anderen Versuche, die Temperaturmessung im LD-Tiegel durchzuführen, ergaben zunächst keine befriedigenden Ergebnisse.

Die ersten positiven Ergebnisse brachten die Anwendungen von neu entwickelten metallkeramischen Sinterwerkstoffen. Die im obigen erwähnten Sinterwerkstoffe auf der Basis Cr und Cr_2O_3 hatten schon als Schutzrohre nicht genügend Haltbarkeit gezeigt und auch die vom Metallwerk Plansee noch einmal erprobten Mo und Al_2O_3-Materialien brachten keine ausreichende Standfestigkeit. Die besten Ergebnisse wurden erreicht mit Cermets auf der Basis Mo und ZrO_2, die mit Abstand die höchsten Standfestigkeiten im Konverterbetrieb erbrachten. Die guten Ergebnisse mit stabilisiertem ZrO_2 wurden durch den hohen Schmelzpunkt, die gute Thermoschockbeständigkeit, den kleinen Elastizitätsmodul und die hohe Zerreißfestigkeit gegeben (Zahlentafel 1).

Zahlentafel 1: Eigenschaften von metallkeramischen Sinterwerkstoffen

Physikalische und mechanische Eigenschaften	gesintertes Al_2O_3	stabilisiertes ZrO_2
Wärmeleitfähigkeit bei 1000°C kcal/m. h. °C	4,5	1,7
Schmelzpunkt, °C	2030	2650
Arbeitstemperaturen maximal, °C	1900	2300
Wärmeausdehnung 0 - 1300° C	$7,7.10^{-6}$	$10,5.10^{-6}$
Dichte, g/cm^3	3,7-3,9	5,4 - 6,0
Spez. Wärme bei 1400° C cal/cm^3, °C	1,03	1,02
E-Modul, 1500°C kp/mm^2	17500	8500
Zerreißfestigkeit, 1300° C kp/mm^2	4,5	8,4
Spez. Gewicht, g/cm^3	3,7-3,9	5,4 - 6,0

Das metallurgische Verhalten gegenüber flüssigem Stahl und sauren bzw. basischen Schlacken zeigen Abb. 1 und 2.

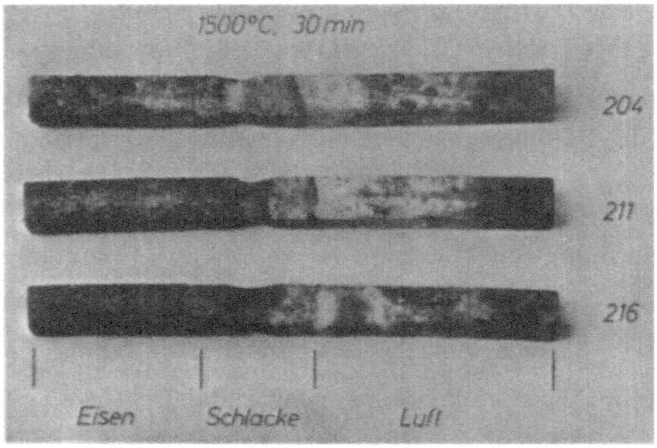

Abb. 1: Verhalten von Cerotherm gegenüber sauren Schlacken

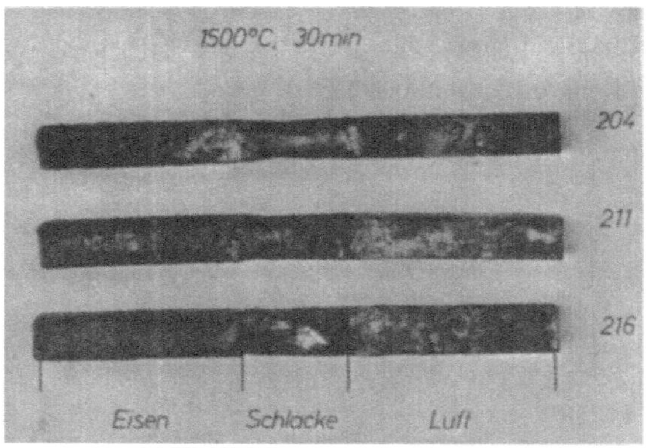

Abb. 2: Verhalten von Cerotherm gegenüber basischen Schlacken

Es wurden Schutzrohre aus diesem Material hergestellt und im 5 t-Versuchs-Tiegel der VÖEST eingebaut. Die Ergenisse erfüllten den ursprünglichen Wunsch der LD-Stahlwerker, daß eine Temperatur-Meßmethode entwickelt werden sollte, die über die Betriebsdauer einer Schicht im LD-Tiegel durchstehen sollte, um die Einbaumanipulationen nur einmal - zur Zeit des Schichtwechsels - durchführen zu müssen. Es wurden mit den neu entwickelten Schutzrohren Haltbarkeiten bis zu 18 LD-Schmelzen erreicht, womit eine Standfestigkeit über die Schichtdauer bei ununterbrochener Temperaturmessung mit Sicherheit gegeben war. Das Cermothermrohr vor und nach dem Einsatz zeigt Abb. 3.

Das Material, welches den Namen Cermotherm erhielt, hatte für die Temperamessung günstige Eigenschaften. Die mechanischen Eigenschaften, die Wärmeleitfähigkeit und die Thermoschockbeständigkeit waren ausgezeichnet. Das

Abb. 3 : Thermoelement-Schutzrohre am Cermotherm vor und nach dem Einsatz

Cermotherm ließ sich auch spanabhaebend gut bearbeiten und konnte in verschiedenster Zusammensetzung bezüglich der Mo und ZrO_2-Gehalte den Verwendungszwecken angepaßt werden. Die Empfindlichkeit der Temperaturanzeige ist deshalb so gut, weil die Wärmeleitfähigkeit des Cermotherms durch die metallische Komponente Molybdän, trotz der Gegenwart von ZrO_2, immer noch besser ist als jene von Stahl. In Abb. 4 sind die mit Cermotherm-Schutzrohren und Pt-Pt Rh-Elementen gemessenen Temperaturkurven von 2 LD-Chargen gezeigt.

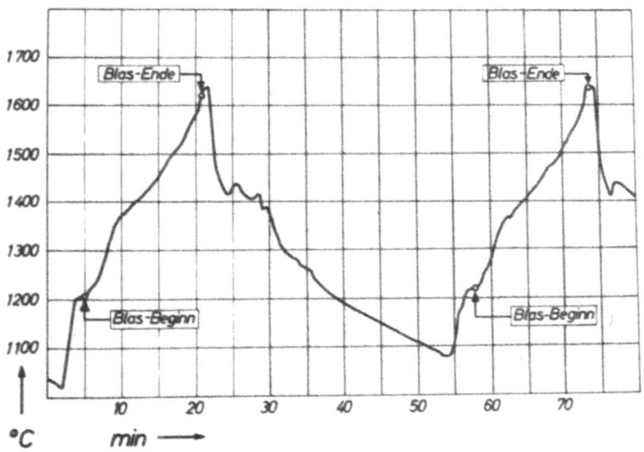

Abb. 4 : Temperaturkurven von 2 LD-Schmelzen

Trotz der guten Haltbarkeit der Cermotherm-Schutzrohre blieben noch Wünsche des Betriebes offen bzw. wurden neue Wünsche geweckt, die ursprünglich nicht Ziel der Entwicklungsarbeiten waren. Unbefriedigend war bei den Schutzrohren die Verwendung der üblichen Thermoelemente Pt-Pt Rh bezüglich ihrer Alterungserscheinungen, die sich bei der bisher erreichten Lebensdauer der Schutzrohre schon bemerkbar machten. Die Alterung kann nur verhindert werden, wenn man ein geeignetes dichtes keramisches Rohr in das Cermotherm-Schutzrohr einbaut, wodurch der Wärmeübergang verschlechtert wird. Ein weiterer Nachteil, den alle Schutzrohr-Messungen gemeinsam haben ist das Problem, im erschütterungsreichen Betrieb die Lötstelle des Thermoelementes immer korrekt an der Innenwand des Schutzrohres zu fixieren, um einen immer gleichmäßigen und guten Wärmeübergang während des gesamten Meßvorganges einzuhalten. Die Entwicklungsarbieten wurden deshalb weiter fortgesetzt, wobei das Ziel die Vermeidung obiger Schwierigkeiten und auch eine Verlängerung der Standzeiten für die Temperatur-Meßeinrichtung war. Es wurde bewußt auf ein Schutzrohr verzichtet und der Weg eines eingesinterten Meßelementes erprobt. Die Voraussetzung war, daß für das Pt-Pt Rh-Thermoelement, ein neues Element auf der Basis Mo und MoRe zum Einsatz kam, welches sich voll bewährt hat. Seine Vorteile gegenüber dem Pt-Pt Rh-Element waren:

a) keine Alterungserscheinungen im Kontakt mit Cermotherm.

b) Größere Thermokraft (Abb. 5).

c) Die Möglichkeit, auch die Lötstelle in Cermotherm einzusintern und damit einen guten Wärmeübergang zu erreichen.

d) Wesentlich günstigere Preislage.

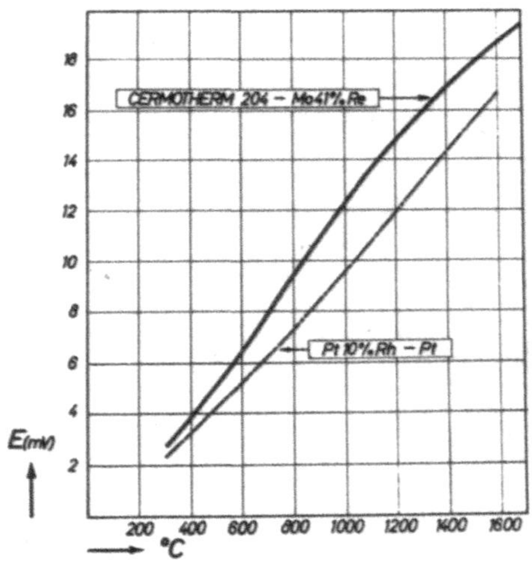

Abb. 5: Temperaturspannung eines Mo41Re-Mo- und eines Pt-Pt10Rh-Thermoelementes

Die in Cermotherm eingesinterten Mo und MoRe-Elemente haben sich bewährt und diese Technik gab völlig neue Gesichtspunkte für die Dauertemperaturmessung im LD-Tiegel. Erstmalig im Laufe der Entwicklungsarbeiten schien eine Temperaturmessung über die gesamte Lebensdauer der Tiegelausmauerung im Bereich der technischen Möglichkeiten zu liegen.

Die Kombination der Eigenschaften des Cermotherm und der Mo und MoRe-Thermoelemtene ergaben mit der Möglichkeit die Lötstelle einzusintern, verschiedene technische Anwendungsvariationen (Abb. 6).

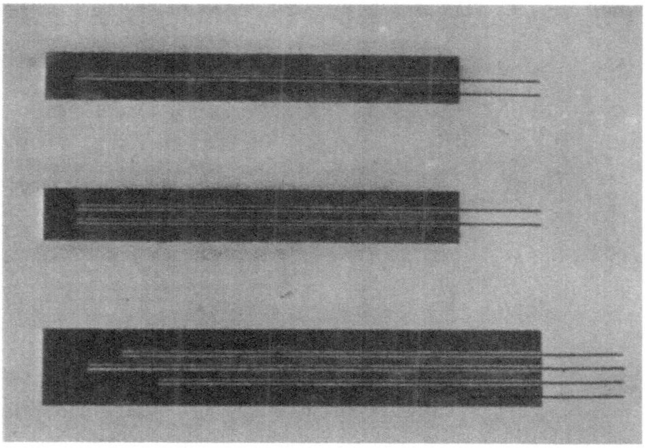

Abb. 6 : Cermothermmeßstäbe mit eingesinterten Mo-Mo-Re Thermoelementen

a) Meßstäbe mit einem eingesinterten Thermoelement, von dem nur der MoRe-Schenkel bis auf die Lötstelle isoliert ist und die metallische Komponente der Cermotherm, das Mo, den zweiten Schenkel bildet.

b) Meßstäbe, bei denen bei Schenkel des eingesinterten Thermoelementes Mo und MoRe isoliert sind.

c) Meßstäbe, die mehrere versetzte Thermoelemente, nach der Variante a) oder b) enthalten, wobei die Abstände der einzelnen eingesinterten Lötstellen so gewählt werden, daß bei Verschleiß des Meßstabes und damit zusammenhängendem Ausfall der vordersten Meßstelle die nächste Meßstelle die Temperaturmessung übernehmen könnte.

d) Die Möglichkeit einer Kombination von Meßstäben des Systems c) durch Einbau eines Bundels socher Meßstäbe, die so fein aufeinander abgestimmt sind, daß für z. B. jeweils 20 oder 30 LD-Chargen immer eine neue Meßstelle vorhanden ist. (Abb. 7 und 8).

Die praktische Erprobung der neuen technischen Möglichkeiten im 5 t-Versuchskonverter der VÖEST erbrachte sehr interessante Ergebnisse. Die Anwendung der Methode a) mit nur einem isolierten Schenkel des Thermoelementes ergab im LD-Tiegel eine nicht erwartete, gewisse Überlagerung der Thermo-Ströme mit anderen Strömen. Die Überlagerung der zwei Stromarten zu verhindern und die Thermokraft für sich auswerten zu können, mußten Meßstäbe nach der

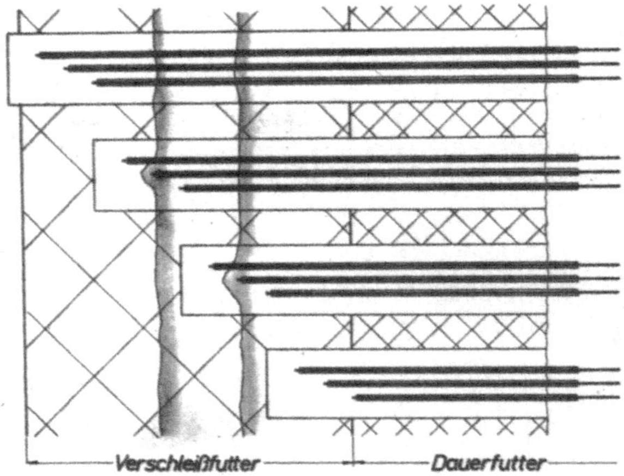

Abb. 7 : Cerotherm-Meßstäbe für Meßbündel

Abb. 8 : Cerotherm-Meßstäbe für Meßbündel, Ansicht

Methode b) mit voll insoliert eingesintertem Thermoelement eingebaut werden, wobei eine zusätzliche Ableitung aus dem Cermotherm-Körper auch die Möglichkeit ergab, die anderen Ströme aufzuzeichnen (Abb. 9 und 10). Es zeigte sich dabei, daß diese Ströme vermutlich mit dem Reaktionsablauf im Konverter im Zusammenhang stehen und daß sie charakteristische Merkmale aufweisen. An der Deutung und Auswertung dieser Ströme wird noch gearbeitet. Ihr Aussehen ist so charakteristisch, daß sie im Stahlwerk den Namen "EKG der Schmelze" bekommen haben. Gleichzeitig war es einwandfrei möglich, die Thermoströme des eingesinterten Mo und MoRe-Elementes zur Temperaturbestimmung zu erhalten.

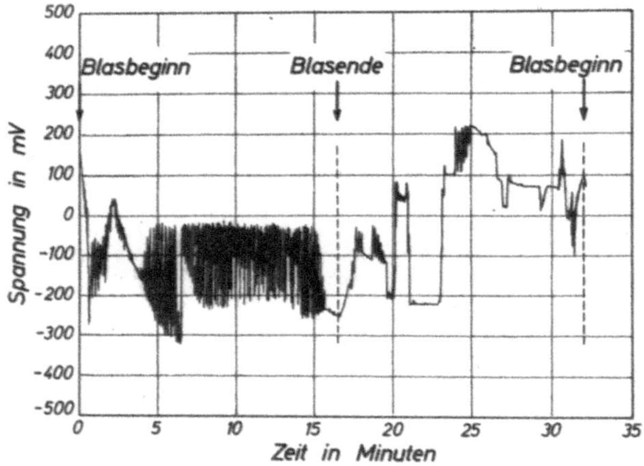

Abb. 9: "EKG" einer LD-Schmelze

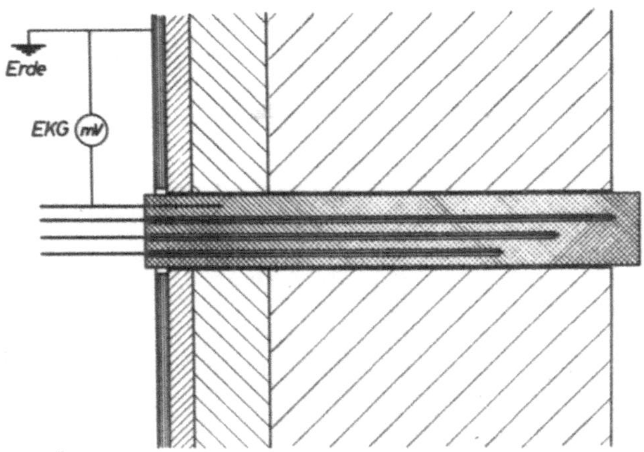

Abb. 10: "EKG"-Schaltung

Nach guten Ergebnissen im Versuchs-Tiegel wurden die Meßstäbe in der Produktionsanlage eingesetzt. Es kamen gleich Temperatur-Meßstäbe mit versetzten Thermoelementen zum Einsatz, die bisher zahlreiche Erprobungen im Normalbetrieb mitgemacht haben. Beim derzeitigen Stand der Entwicklung zeigte es sich, daß es zweckmäßig ist, nicht mehr als drei versetzte Meßstellen an einem Stab unterzubringen. Die Frage der zweckmäßigsten Isolation der eingesinterten Thermoelement-Drähte ist noch nicht vollständig geklärt. Mit Meßstäben, die drei versetzte Elemente hatten, konnte eine Temperatur-Anzeige von jeweils 100 bis 120 Schmelzen dauernd verfolgt werden.

In Abb. 11 wurden die Abstich-Temperaturen der einzelnen Schmelzen einer derartigen Versuchsreihe aufgezeichnet, wobei das charakteristische Verhalten der einzelnen Meßstellen bis zu ihrem Ausfall dargestellt wurde.

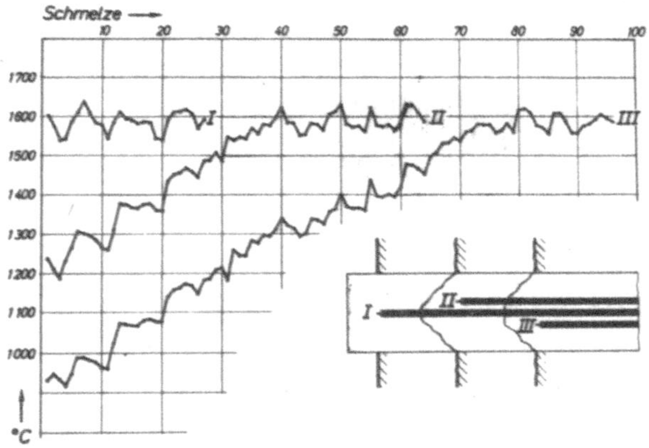

Abb. 11: Meßstab mit 3 Meßstellen im LD-Konverter, Temperaturkurve

Einen Meßstab vor dem Einbau und die Reste eines im Einsatz gewesenen Meßstabes zeigt Abb. 12.

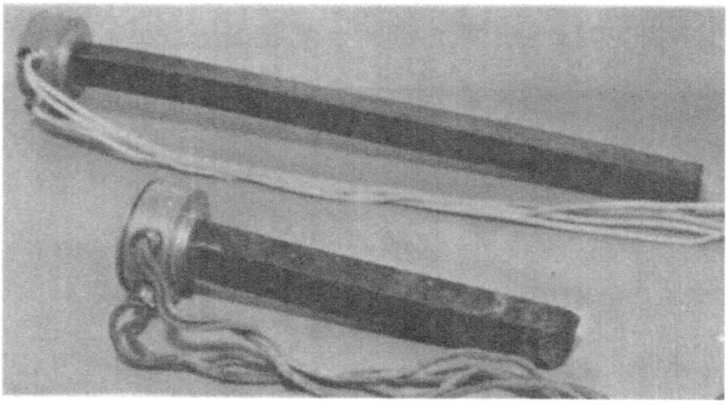

Abb. 12: Meßstab vor dem Einbau und Reste eines im Einsatz gewesenen Meßstabes

Mit einer Kombination von vier bis fünf solcher Meßstäbe, die entweder als Bündel oder versetzt eingemauert sind, könnte daher eine Temperaturmessung über die ganze Tiegel-Reise durchgeführt werden, ohne daß während dieses Zeitraumes irgendwelche Ein- oder Umbaumanipulationen vorgenommen werden müßten.

Eingesinterte Meßelemente lassen sich natürlich nicht nur für die Temperaturmessung im LD-Tiegel einsetzen. Kleine Meßstäbe mit einem Thermoelement können in vielen Fällen anstelle der bisherigen Kurzzeit-Tauchelemente verwendet werden, wobei ihr Vorteil darin besteht, daß man viele Einzelmessungen, entsprechende Dauermessungen oder beides je nach Bedarf hintereinander durchführen kann. So wurden von den Rheinischen-Hüttenwerken kleine Meßstäbe in die Abstichrinne von Kupolöfen eingebaut und damit Dauermessungen bis zu 29 Stunden durchgeführt. Damit war diese Meßmethode bereits wirtschaftlicher als die vorher angewendeten Methoden. Wir sind sogar der Meinung, daß diese Werte noch verbessert werden können, wenn der Meßstab, nicht wie bei diesem Versuch von oben durch die Schlackenschicht, sondern von unten durch das Rinnenmauerwerk eingebracht wird, da Schlackenzonen immer zu einem höheren Verschleiß führen dürften. Es gibt noch andere Verwendungsgebiete für Meßstäbe zur Dauertemperaturmessung. So im Gießereibetrieb, beim Strangguß, beim Vergießen von hochwertigem Gußeisen usw. Überall, wo exaktes Einhalten von Temperaturbereichen Voraussetzung für gute Qualität und wirtschaftliche Arbeitsweise ist, werden sich angepaßte Formen der Temperatur-Meßstäbe wirtschaftlich einsetzen lassen.

Es wird aber sicherlich auch Anwendungsgebiete geben, wo der Einsatz von Cermotherm-Schutzrohren vorteilhafter ist. Neben den dickwandigen Rohren, wie sie ursprünglich im LD-Tiegel eingesetzt wurden, haben sich dünnwandige Rohre gut bewährt (Abb. 13). Bei Krupp wurden solche Rohre mit gutem Erfolg

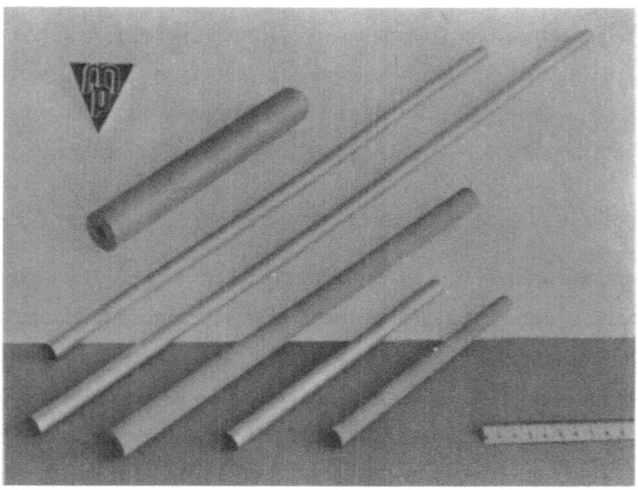

Abb. 13: Dickwandige und dünnwandige Cerotherm-Thermoelementschutzrohre

eingesetzt, wobei sie eine mehrfach bessere Haltbarkeit erzielten, als die vorher benutzten Materialien. Bei einer Wandstärke der Schutzrohre von 4 mm hielten diese Art der Schutzrohre in mehreren Versuchsreihen jeweils den Beanspruchungen von 8 Schmelzen im 3 t-LD-Versuchstiegel stand.

Von entscheidender Bedeutung für die Meßelemente ist die wirtschaftliche Seite des Meßproblemes. Die Kosten der Meßelemente werden im wesentlichen vom Gewicht der Stäbe und dem angewandten Herstellungsverfahren bestimmt, welche jeweils den Wünschen und Notwendigkeiten des Verbrauchers angepaßt werden können. Ein kleiner Meßstab mit eingesintertem Thermo-Element von etwa 15 cm Länge, wie er bei Rheinstahl in der Kupol-Ofen-Abstichrinne eingesetzt wurde, hat etwa einen Richtpreis von ö. S. 650,-- und seine Wirtschaftlichkeit war mit diesem Preise gegeben. Die Größenordnung der Kosten eines Bündels aus vier Meßstäben wie es für die Dauertemperaturmessung im LD-Tiegel vorgesehen ist, möge anhand eines Beispieles aus der Praxis angeführt werden.

Das Gesamtgewicht der vier Meßstäbe wäre rund 29 kg und Abstand der zwölf versetzten Meßstellen voneinander beträgt jeweils 4 cm. Mit einer solchen Anordnung wäre eine Dauertemperaturmessung über etwa 480 Chargen möglich. Der Richtpreis käme auf rund ö. S. 25.000,--, womit ein Betrag von 50,-- bis 60,-- ö.S. je Charge zu erwarten wäre. Dies zeigt, daß die Kosten einer solchen Dauertemperaturmessung je Tonne Stahl nicht wesentlich höher wären, als die Kosten der bisher üblichen Kurzzeit-Temperaturmessung. Am Rande sei noch erwähnt, daß die immer wieder anfallenden Abfallstücke aus Cermotherm je nach der Zusammensetzung zwischen 40 bis 80 Gewichtsproznete reines metallisches Molybdän enthalten, welches nach entsprechender Zerkleinerung der Cermotherm-Abfälle direkt als Legierungsmaterial verwendet werden kann. Die übrigen Bestandteile bereiten in dieser Hinsicht keinerlei Schwierigkeiten, was zu einer entsprechenden Kostengutschrift beim Cermotherm-Einsatz führt.

5) Eigenschaften und Einsatzmöglichkeiten des Cermotherms

Das Cermotherm wird auf pulvermetallurgischem Wege, d. h. auf dem Sinterwege hergestellt. Seine Hauptbestandteile sind Mo als metallische und ZrO_2 als oxydische Komponente. Die volumsmäßigen Anteile der beiden Hauptbestandteile können weitgehend variiert und damit den verschiedensten Verwendungszwecken angepaßt werden. Die Beständigkeit gegen geschmolzene Metalle ist in erster Linie gegeben durch die oxydische Komponente ZrO_2, die Beständigkeit gegen flüssige Schlacken, soweit sie nicht zu oxydierend sind, wird durch das Mo erreicht. Die Schmelzpunkte beider Hauptkomponenten liegen über 2600° C, wodurch das Cermotherm einen Erweichungspunkt über 2200° C besitzt, sodaß auch die höchsten Temperaturen der Stahl-Metallurgie nicht zum Erweichen des Cermotherm führen. Ein Nachteil ist die geringe Oxydationsbeständigkeit des Mo ab 600° C. Sie wirkt sich im Cermotherm nicht ganz so krass aus wie bei reinem Mo, da an der Oberfläche das Absublimieren des MoO_3 durch das ZrO_2 verlangsamt wird. Beim Einsatz von Cermotherm muß aber auf die mangelhafte Oxydationsbeständigkeit Rücksicht genommen werden, wobei in den meisten Fällen durch Kühlung, Schutzgas oder ähnliche Maßnahmen, Schwierigkeiten überwunden werden können.

Cermothermansätze können durch Pressen, plastisches Strangpressen, Schlikkerverfahren usw., zu den verschiedensten Formteilen verarbeitet werden. Nach dem Fertigsintern ist eine weitere Formgebung nur durch spanabhebende Bearbeitung wie Fräsen, Drehen, Bohren, Schleifen usw. möglich, während eine spanlose Verformung wie Schmieden oder Walzen nicht durchgeführt werden kann.

Die Eigenschaften von reinem ZrO_2 werden im Cermotherm durch die metallische Phase des Mo in folgender Richtung verbessert (Zahlentafel 2 und Abb. 16).

Zahlentafel 2: Änderung der Eigenschaften von reinem ZrO_2 durch Zusatz von Mo

Eigenschaften und Oxydationsverhalten	Mo	204	211	216	stab. ZrO_2
Molybdän, Vol. %	100	60	50	40	0
Dichte, g/cm^3	10,2	8,2 - 8,5	7,8 - 8,1	7,45 - 7,7	5,4 - 6,0
Gewichtsabnahme an Luft bei 950° C, 135 min, mg/cm^3	1240	88	40	10	0
Elektrische Leitfähigkeit, 20° C $m/Ohm. mm^2$	19,8	5,8	3,9	1,85	~ 0
Wärmeleitfähigkeit bei 20° C cal/cm. °C. s	0,34	0,138	-	-	0,006
Vickershärte, kp/mm^2	150	370	470	630	~ 1200
E-Modul, 20° C, kp/mm^2	33600	25400	24400	22700	17900
Zerreißfestigkeit, 20° C kp/mm^2	50	30	22	18	14
Therm. Ausdehnungskoeffizient 1500° C. x 10^6	6,5	9,8	10,9	12,2	-

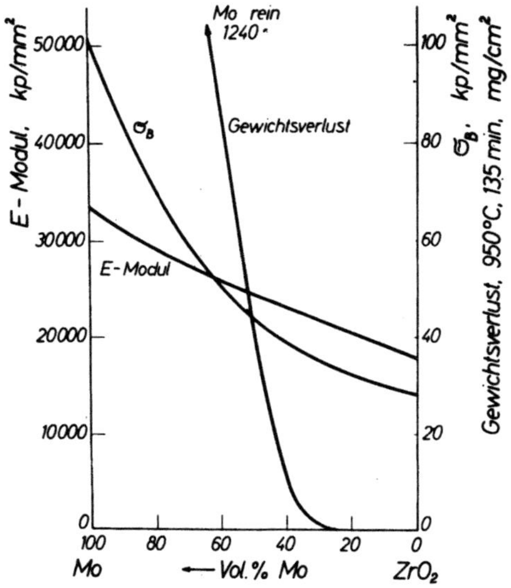

Abb. 14 : Eigenschaften von Cerotherm in Abhängigkeit von Vol.-% Mo

a) Wärmeleitfähigkeit und elektr. Leitfähigkeit werden mit steigendem Mo-Gehalt stark erhöhrt.

b) Thermoschockfestigkeit und Temperaturbeständigkeit werden sehr verbessert.

c) Das Material ist praktisch gasdicht.

d) Die wichtigsten mechanischen Eigenschaften wie Biegebruchfestigkeit, Zugfestigkeit, Druckfestigkeit, Dehnung und Schlagfestigkeit, werden schon bei Raumtemperatur wesentlich erhöht.

e) Die Korrosionsfestigkeit und Beständigkeit gegen eine Reihe von Schlacken werden verbessert.

Die Eigenschaften des reinen Mo werden im Cermotherm durch die ZrO_2 Komponente auf dem Sektor der Korrosionsbeständigkeit gegenüber flüssigen Metallen wesentlich verbessert. Ein Cermotherm-Meßstab im LD-Tiegel hat eine bessere Haltbarkeit als die Tiegelausmauerung, wodurch der Meßstab immer etwas vorsteht.

Den Gefügebau von drei Cermothermsorten im Vergleich zu ZrO_2 und Mo zeigt Abb. 15 bei 200 facher Vergrößerung.

Das Cermotherm wurde ursprünglich für die Temperaturmessung im LD-Tiegel entwickelt, seine guten mechanischen und metallurgischen Eigenschaften ermög-

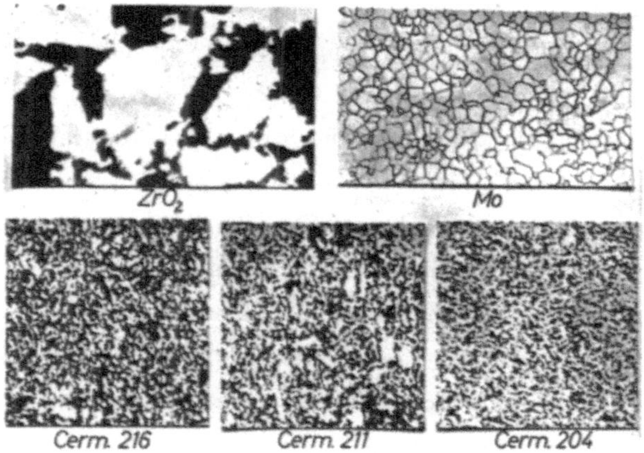

Abb. 15 : Gefüge von ZrO_2, Cerotherm und Mo

lichen aber einen viel weitergehenderen Einsatz. Es kann als Bau- und Konstruktionsmaterial (Abb. 16) an thermisch extrem belasteten Stellen eingesetzt werden, wo reine metallische oder keramische Werkstoffe versagen. Die sprunghafte technische Entwicklung in der Metallurgie bringt naturgemäß immer grössere Anforderungen an die Qualität der eingesetzten Werkstoffe und schafft

Abb. 16 : Konstruktions- und Bauteile aus Cerotherm

immer mehr kritische Stellen im Verfahrensablauf. Es sei hier erinnert an die Probleme Metallspritzen, Stranggießen , Spezialgußverfahren, Vakuum-Metallurgie usw. Ein Teil der Probleme ist für Metalle mit niedrigem Schmelzpunkt bereits gelöst, aber für andere Metalle, wie z. B. Eisen und Stahl, wegen ihrer aggressiven Eigenschaften noch nicht. Die Schwierigkeiten liegen dabei fast immer auf der Werkstoffseite und auch dabei nur an ganz bestimmten kritischen Stellen der Verfahrenstechnik. Der Strangguß bei Cu z. B. läuft über die ganze Woche kontinuierlich ab. Beim Stranggießen von Stahl ist man bisher im laufenden Betrieb über chargenweise Abgießen noch nicht hinausgekommen. Es ist ein verständliches Ziel, auch hier zum Dauergießen zu kommen, umsomehr, als durch das LD-Verfahren der Rhytmus der Stahlerzeugung und des Strahggießens übereinstimmen würden. Das Dauerstranggießen von Stahl kann nur dann erreicht werden, wenn für die kritischen Stellen wie Stopfen, Stopfenverschluß, Zwischengefäß, sowie für die Eingußproblematik in die Kokille, neue technische Lösungen gefunden werden. So zeigten Versuche bei Böhler mit normalen Ausguß-Stopfen die aus Cermotherm gefertigt waren (Abb. 17), über den Zeitraum wo die bisherigen Materialien schon zerstört waren, überhaupt noch keinen Verschleiß durch den flüssigen Stahl. Wie lange eine derartige Haltbarkeit besteht, kann beim derzeitigen chargenweisen Abguß noch gar nicht festgestellt werden, weil am

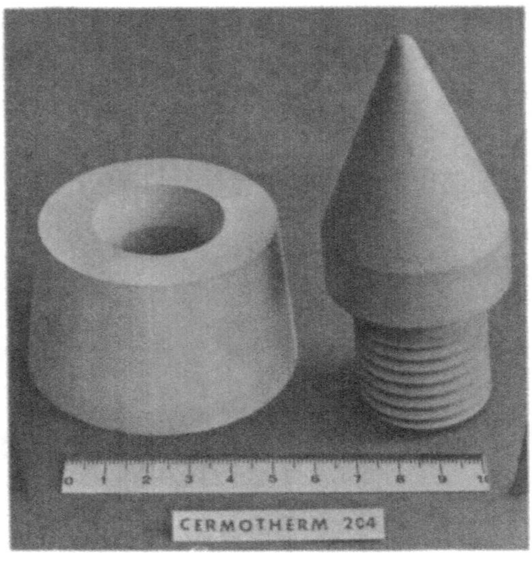

Abb. 17 : Stopfen und Ausgußstein für das Gießen von Stahl aus Cerotherm

Ende des Gusses die Stopfen immer wieder im Reststahl einfroren und nachher umständlich wieder gereinigt werden mußten. Bei mechanischer Reinigung wurden die Stopfen dann meist beschädigt, doch hat sich Abschmelzen des Reststahles im Induktionsofen bewährt, wenn dies auch keine wirtschaftliche Arbeitsweise darstellt. Die Formen der bisherigen Stopfen waren durch ihren hohen Verschleiß während des Gießvorganges konstruktiv bestimmt. Es ist aber sicher nicht sinnvoll, ein neues Material, welches z. B. durch flüssigen Stahl kaum verschlissen wird, konstruktiv gleich wie die bisherigen keramischen Werkstoffe zu gestalten.

6) Zusammenfassung

Der Eisenhüttenmann wird noch viele Wünsche bezüglich Arbeitsverfahren haben, die bei anderen Metallen z. T. schon erfüllt sind und deren Erfüllung beim Stahl neue konstruktive Gedanken und neue Werkstoffe voraussetzt. Es darf nicht übersehen werden, daß derartige Verfahren meist auch meß- und regeltechnisch neue Anforderungen stellen und oft auch hierfür neue Entwicklungen, vor allem auf der Materialseite, notwendig sind.

Nach den Erfahrungen im Metallwerk Plansee sind Entwicklungsarbeiten dieser Art dann sehr fruchtbar, wenn eine enge und vertrauensvolle Zusammenarbeit zwischen dem Werkstoffhersteller und jenen Stellen, die solche Probleme zu lösen haben, besteht. Man muß dabei berücksichtigen, daß neuartige Werkstoffe meist auch neue konstruktive Lösungen erfordern und es nicht zweckmäßig ist, einfach die bisherigen Lösungen ohne Berücksichtigung der Werkstoffeigenschaften zu übernehmen.

Die metallkeramischen Sinterwerkstoffe haben eine Reihe von Eigenschaften, die mit den bisherigen Werkstoffen nicht erreicht werden konnten. Sie erweitern in vielen Fällen unsere technischen Möglichkeiten, wobei die neuen Grenzen der Möglichkeiten davon abhängen werden, wieweit die speziellen Eigenschaften dieser Werkstoffe konstruktiv berücksichtigt wurden.

Dipl.-Ing. Dr. G. Strohmeier, Dr. K. Sedlatschek und
Dr. E. Pipitz, Metallwerk Plansee A.G.,
6600 Reutte

Der sehr gute Besuch der Tagung, die umfangreiche Diskussion und die starke Teilnahme an der anschließenden Besichtigung des Forschungsinstitutes der Veitscher-Magnesit-Werke AG. in Leoben-Göß zeigten die Bedeutung, die die Eisenhüttenindustrie dem Thema der Tagung zumißt. Es liegt aber auch im Interesse der Feuerfest-Industrie selbst, der Eisenhüttenindustrie gründliche Kenntnisse der Eigenschaften und des Verschleißverhaltens der Feuerfest-Erzeugnisse zu vermitteln, weil nur so eine optimale Nutzung gewährleistet ist. Hier bietet eine Vortragstagung mit anschließender Diskussion die beste Gelegenheit, Kontakte zwischen Erzeugern und Abnehmern herzustellen und Anregungen zu geben. Die Veranstalter dieser Tagung danken allen Vortragenden für ihre Mühe und den Tagungsteilnehmern und Diskussionsrednern für ihr Interesse.

F. Trojer

GPSR Compliance

The European Union's (EU) General Product Safety Regulation (GPSR) is a set of rules that requires consumer products to be safe and our obligations to ensure this.

If you have any concerns about our products, you can contact us on ProductSafety@springernature.com

In case Publisher is established outside the EU, the EU authorized representative is:

Springer Nature Customer Service Center GmbH
Europaplatz 3
69115 Heidelberg, Germany

Batch number: 10584556

Printed by Printforce, the Netherlands